教育部财政部职业院校教师素质提高计划成果系列丛书

机械制造精度检测

主　编　方建疆　祁文军　张双侠
副主编　万晓静　海几哲　吴登磷　田多林
主　审　韩亚兰　李郝林

华东师范大学出版社

图书在版编目（CIP）数据

机械制造精度检测/方建疆，祁文军，张双侠主编
.—上海：华东师范大学出版社，2020
ISBN 978-7-5760-0298-0

Ⅰ.①机… Ⅱ.①方… ②祁… ③张… Ⅲ.①机械制造—精度—检测—高等学校—教材 Ⅳ.①TH161

中国版本图书馆 CIP 数据核字(2020)第 184667 号

机械制造精度检测

主　　编　方建疆　祁文军　张双侠
责任编辑　李　琴
特约审读　朱　鑫
责任校对　刘　瑾　时东明
装帧设计　庄玉侠

出版发行　华东师范大学出版社
社　　址　上海市中山北路 3663 号　邮编 200062
网　　址　www.ecnupress.com.cn
电　　话　021-60821666　行政传真 021-62572105
客服电话　021-62865537　门市(邮购)电话 021-62869887
地　　址　上海市中山北路 3663 号华东师范大学校内先锋路口
网　　店　http://hdsdcbs.tmall.com/

印 刷 者　上海昌鑫龙印务有限公司
开　　本　787×1092　16 开
印　　张　16.25
字　　数　396 千字
版　　次　2020 年 9 月第 1 版
印　　次　2020 年 9 月第 1 次
书　　号　ISBN 978-7-5760-0298-0
定　　价　35.00 元

出 版 人　王　焰

教育部财政部职业院校教师素质提高计划成果系列丛书

出版说明 >>>

自《国家中长期教育改革和发展规划纲要(2010—2020年)》颁布实施以来，我国职业教育进入到加快构建现代职业教育体系、全面提高技能型人才培养质量的新阶段。加快发展现代职业教育，实现职业教育改革发展新跨越，对职业学校"双师型"教师队伍建设提出了更高的要求。为此，教育部明确提出，要以推动教师专业化为引领，以加强"双师型"教师队伍建设为重点，以创新制度和机制为动力，以完善培养培训体系为保障，以实施素质提高计划为抓手，统筹规划，突出重点，改革创新，狠抓落实，切实提升职业院校教师队伍整体素质和建设水平，加快建成一支师德高尚、素质优良、技艺精湛、结构合理、专兼结合的高素质专业化的"双师型"教师队伍，为建设具有中国特色、世界水平的现代职业教育体系提供强有力的师资保障。

目前，我国共有60余所高校正在开展职教师资培养，但由于教师培养标准的缺失和培养课程资源的匮乏，制约了"双师型"教师培养质量的提高。为完善教师培养标准和课程体系，教育部、财政部在"职业院校教师素质提高计划"框架内专门设置了职教师资培养资源开发项目，中央财政划拨1.5亿元，系统开发用于本科专业职教师资培养标准、培养方案、核心课程和特色教材等系列资源。其中，包括88个专业项目，12个资格考试制度开发等公共项目。该项目由42家开设职业技术师范专业的高等学校牵头，组织近千家科研院所、职业学校、行业企业共同研发，一大批专家学者、优秀校长、一线教师、企业工程技术人员参与其中。

经过三年的努力，培养资源开发项目取得了丰硕成果。一是开发了中等职业学校88个专业(类)职教师资本科培养资源项目，内容包括专业教师标准、专业教师培养标准、评价方案，以及一系列专业课程大纲、主干课程教材及数字化资源；二是取得了6项公共基础研究成果，内容包括职教师资培养模式、国际职教师资培养、教育理论课程、质量保障体系、教学资源中心建设和学习平台开发等；三是完成了18个专业大类职教师资资格标准及认证考试标准开发。上述成果，共计800多本正式出版物。总体来说，培养资源开发项目实现了高效益：形成了一大批资源，填补了相关标准和资源的空白；凝聚了一支研发队伍，强化了教师培养的"校—企—校"协同；引领了一批高校的教学改革，带动了"双师型"教师的专业化培养。职教师资培养资源开发项目是支撑专业化培养的一项系统化、基础性工程，是加强职教教师培养培训一体化建设的关键环节，也是对职教师资培养培训基地教师专业化培养实践、教师教育研究能力的系统检阅。

自2013年项目立项开题以来，各项目承担单位、项目负责人及全体开发人员做了大量深入细致的工作，结合职教教师培养实践，研发出很多填补空白、体现科学性和前瞻性的成果，有力推进了“双师型”教师专门化培养向更深层次发展。同时，专家指导委员会的各位专家以及项目管理办公室的各位同志，克服了许多困难，按照两部对项目开发工作的总体要求，为实施项目管理、研发、检查等投入了大量时间和心血，也为各个项目提供了专业的咨询和指导，有力地保障了项目实施和成果质量。在此，我们一并表示衷心的感谢。

编写委员会
2016年3月

前言>>>

本书是教育部、财政部职业院校教师素质提高计划成果系列丛书之一。

教材的内容贯彻“学术性”、“职业性”和“师范性”融合的要求，以职教教师教育专业化的培养目标为导向，以打破普通高等教育课程、专业学科课程、教育学科课程各自为政、课程割裂的现有局面为突破，面向机电专业教学领域三性整合。

教材编写组调研多家企业、职业院校、全国职教师资培养培训基地，掌握职业岗位对机电类中职教师及应用型本科毕业生的要求，在广泛征求教育部专家指导委员会专家、行业专家、教育专家及高校、职业院校教师的意见基础上，确定了教材的编写形式、各部分内容的联系以及涉及专业理论知识的深度与广度。

“机械制造精度检测”是工科院校和机械制造业中必不可少的重要技术基础课之一，是从事制造业的老师、学生和工程技术人员应掌握的专业技术知识。随着工业的发展，机械制造精度检测显得尤其重要，它是保证产品精度完美的重要手段。只有高精度的检测，才能有高质量的产品。

本教材以工作过程系统化课程开发理论为指南，课程内容的序化以工作过程为参照物，注意工作过程的完整性，强调工作任务的典型性。编者们将工作过程总结细化，重构出八个学习情境，将机械制造精度检测技术巧妙融合于各个工作任务中，充分体现了“做中学”、“学中做”的思想。整本教材将机械制造精度设计与检测内容融为一体，通俗易懂。

本教材由尺寸精度与检测、尺寸链的计算、形状和位置精度及检测、表面粗糙度与检测、滚动轴承的精度与检测、角度与锥度精度及检测、螺纹精度与检测、渐开线圆柱齿轮精度与检测八个学习情境组成，每个学习情境的内容采用由浅入深、由低到高、以点带面的方式进行设置。通过学习情境引入工作任务，而每个学习任务由任务目标、任务描述、任务实施流程、任务知识仓库及任务实施过程、总结与评价、拓展与提高六个部分组成。

每个任务在设置时，将与之相关的专业理论知识穿插于不同工作过程的各个流程中。学习情境中的各个学习任务之间，以并列或递进关系进行设置，由简单到复杂，引导学生不断巩固前一部分的教学活动，掌握本课程的教学技能，实现“教是为了不教”。

参加本书编写工作的有：新疆大学方建疆、祁文军、万晓静、海几哲、黄艳华、胡国玉、董平，新疆农业职业技术学院张双侠、田多林，宝武集团八钢公司吴登磷。方建疆、祁文军、张双侠任主编，万晓静、海几哲、吴登磷、田多林任副主编，全书由祁文军统稿。

全书由上海理工大学李郝林教授审阅，并提出了许多宝贵意见。在教材编写过程中，教育部职业技术教育中心研究所姜大源教授、吴全全主任提出了很多关键性、建设性的意见。此外，教材内容还涉及一些教学仪器厂商提供的产品资料，在此一并表示感谢。由于作者水平有限，书中难免有错漏或不妥之处，恳请读者提出，以便修改。

编　者

2020.05

目 录 >>>

学习情境一

尺寸精度与检测

情境导入

机械零部件的几何精度包含零部件的尺寸精度、形状精度和位置精度以及表面粗糙度等，是根据零件在机器中的使用来确定的。尺寸精度主要研究线性尺寸的公差、极限与配合。尺寸精度检测是机械制造业中必不可少的重要内容，包括认识互换性，学会测量轴与孔，排除或减小测量误差，并根据公差配合选择合理的装配。我们首先要学习的是掌握游标卡尺、千分尺、百分表的正确读数和常用量仪的使用方法。

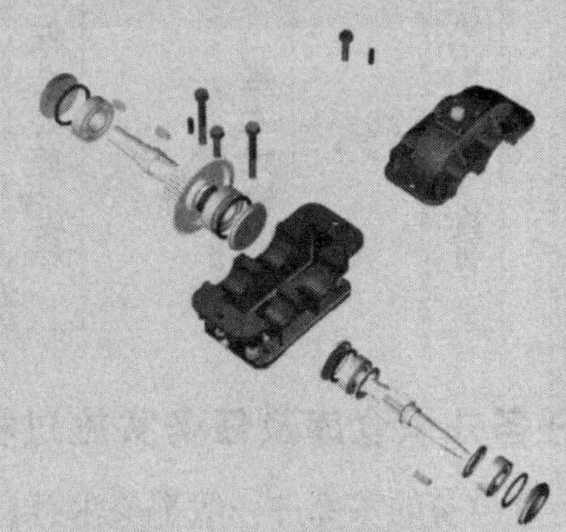

情境目标

知识目标

1. 认识轴与孔尺寸精度的分类标准；
2. 学习轴与孔的配合制度，误差的计算排除和数据的处理；
3. 理解工业发展中尺寸精度的重要性。

技能目标

1. 掌握游标卡尺、千分尺、百分表及常用量仪的使用方法，以及误差的计算；
2. 熟练掌握轴与孔尺寸偏差、公差、极限尺寸和配合公差的计算方法。

任务一　轴与孔的配合

一、任务目标

1. 认识互换性和在实践中合理运用互换性；
2. 掌握轴与孔的常用术语，并熟练地运用公式计算轴与孔的配合情况；
3. 熟练运用表格查找轴与孔的标准公差；
4. 掌握偏差定义，并根据实际情况合理选择基本偏差；
5. 根据偏差等已知条件计算尺寸公差，并正确标注。

二、任务描述

在机械设计时，尺寸的设定是非常关键的，一个拥有合理设计尺寸的产品才称得上好产品。任务一主要讲解的是在设计轴与孔时需要注意轴、孔配合的偏差、公差、配合类型。

三、任务实施流程

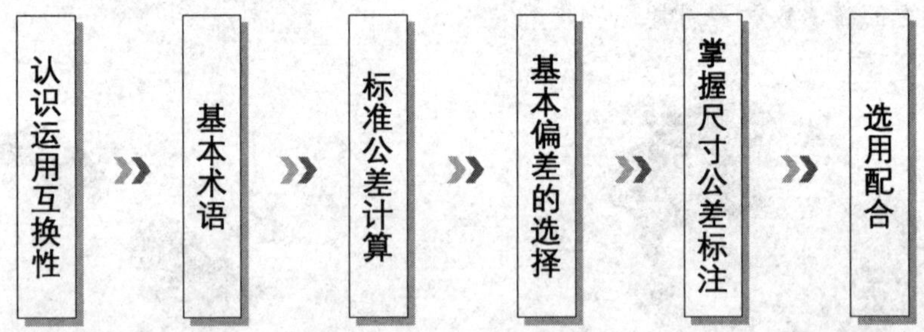

四、任务知识仓库及任务实施过程

对于一个设备的零部件一般都要求有良好的互换性。对零部件的尺寸精度应根据设计要求确定公差大小，为保证零部件有良好的互换性能，其公差与偏差值应统一按标准确定。

1. 互换性

(1) 互换性的意义

在人们的日常生活中，有大量的现象涉及互换性。例如灯泡坏了可以换个新的，自行车、手表、缝纫机、汽车、拖拉机中某个零件坏了，都可以迅速换上一个新的，并且在更换与装配后，能很好地满足使用要求。零部件的互换性就是同一规格的零部件按规定要求制造，能够彼此相互替换且能保证使用要求的一种特性。具有互换性的产品其设计周期短、制造成本低、使用维修更方便。

(2) 互换性的分类

机械制造中的互换性，可分为几何参数互换性与功能互换性。几何参数互换性是指机器的零部件只在几何参数，如尺寸、形状、位置和表面粗糙度方面所具有的互换性，所以又称狭义互换性，即通常所讲的互换性；有时也局限于指保证零件尺寸配合要求的互换性。功能

互换性是指机器的零件在各种性能方面都达到了互换性的要求，又称广义互换性。

互换性按其程度可分为完全互换(绝对互换)与不完全互换(有限互换)。若零件在装配或更换时，不仅不需选择，而且不需辅助加工与修配，装配后能满足使用性能要求，则其互换性为完全互换性。当装配精度要求较高时，采用完全互换将使零件制造公差很小，加工困难，成本很高，甚至无法加工。这时，可将零件的制造公差适当地放大，使之便于加工，而在零件完工后，再用测量器具将零件按实际尺寸的大小分为若干组，使每组零件间实际尺寸的差别减小，装配时按相应组进行(例如大孔与大轴相配和小孔与小轴相配)。这样既可保证装配精度和使用要求，又解决了加工困难，降低成本。此时仅组内零件可以互换，组与组之间不可互换，故称为不完全互换性。对标准部件或机构来说，互换性又可分为外互换与内互换。外互换是指部件或机构与其相配件间的互换性。例如轴承外圈与缸体孔的配合。

例 1.1.1　一个规格为 AC200V、50 Hz、40 W 螺口的灯泡坏了，我们只需要一个相同规格的灯泡换上便可。

AC200V、50 Hz、40 W 是功能互换性，相同螺口是几何参数互换性。

例 1.1.2　活塞与缸体孔的配合。为了确保配合间隙的大小，采用选配法，在同一规格的活塞中选取与缸体孔相配合达到要求的间隙量的活塞，并标上对位标号。一个缸体孔对应一个活塞对号入座，如图 1.1.1 所示。

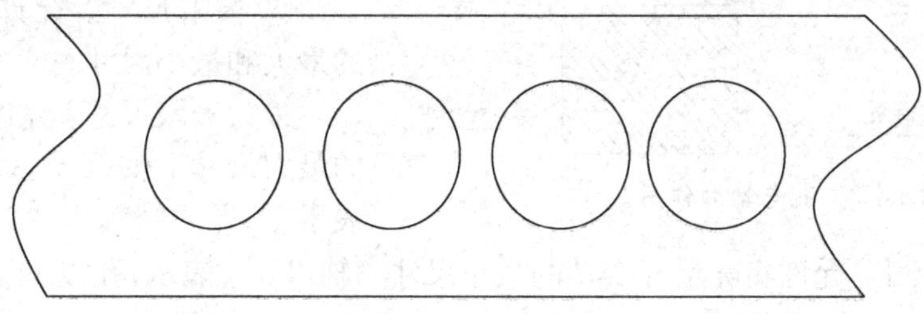

图 1.1.1　缸体图

2. 公差与配合的基本术语及定义

(1) 孔与轴

孔是指工作面或测量面为包络面的工件。孔的直径尺寸用 D 表示。

轴是指工作面或测量面为被包络面的工件。轴的直径尺寸用 d 表示。

从装配关系看，孔是包容面，轴是被包容面；从广义的方面看，孔和轴的轴截面既可以是圆形又可以是非圆形。

(2) 尺寸

① 尺寸：用特定单位表示长度值的数值。如直径、长度、宽度、高度、深度等。

② 基本尺寸：由设计规定的尺寸称为基本尺寸，一般要符合标准尺寸系列，以减少定值刀具、量具、夹具的种类。以“D”表示孔基本尺寸，“d”表示轴基本尺寸。

③ 实际尺寸：通过测量所得到的尺寸称为实际尺寸。由于存在测量误差，实际尺寸并不是被测尺寸的真值。真值是客观存在的，因此，只能以测得尺寸作为实际尺寸。由于形状误差等影响，零件同一表面不同位置的实际尺寸往往不相等。

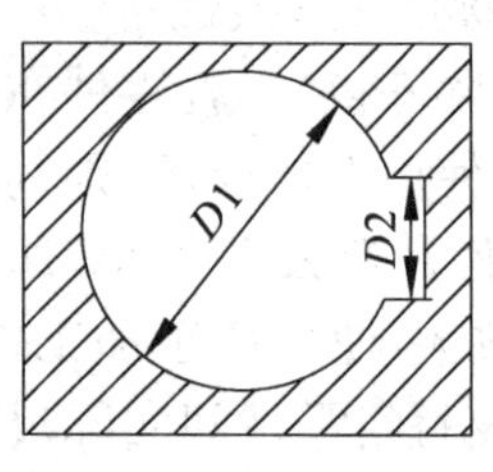

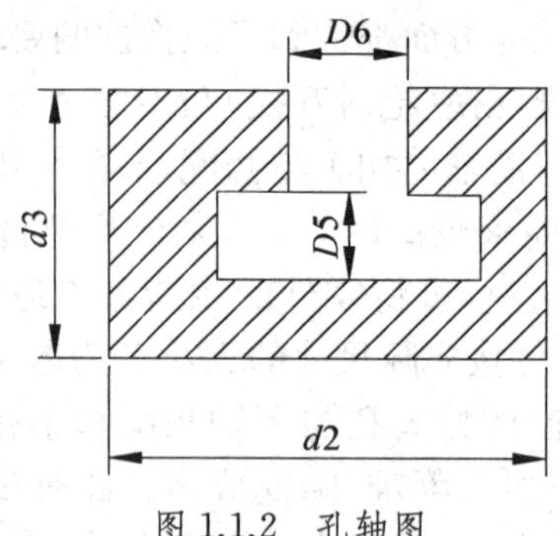

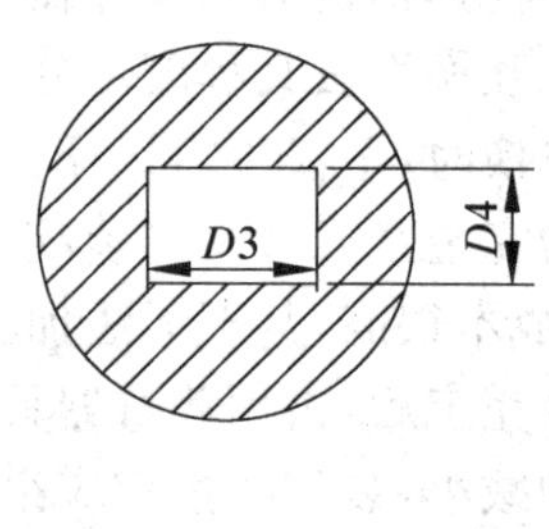

图 1.1.2　孔轴图

④ 作用尺寸：是指在工作过程中能与理想结合面发生作用的尺寸。分为孔作用尺寸和轴作用尺寸。

孔的作用尺寸是在配合面全长上，与实际孔内接的最大理想轴的尺寸。

轴的作用尺寸是在配合面全长上，与实际轴外接的最小理想孔的尺寸。

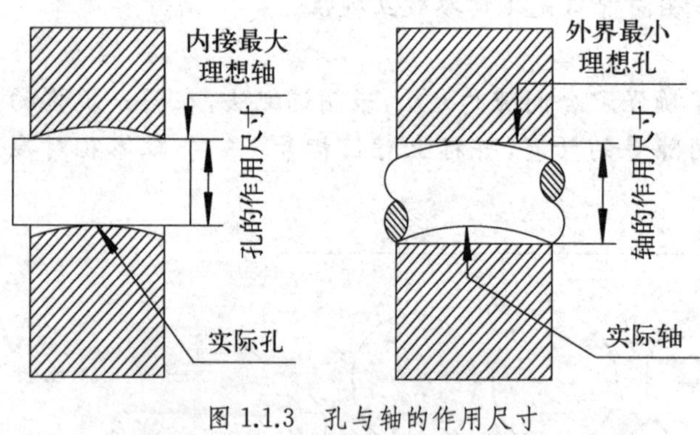

图 1.1.3　孔与轴的作用尺寸

任何孔、轴都有不同程度的形状误差。如图 1.1.3 所示，弯曲孔的作用尺寸小于该孔的实际尺寸，弯曲轴的作用尺寸大于该轴的实际尺寸。若工件没有形状误差，则其作用尺寸等于实际尺寸。

⑤ 极限尺寸：允许实际尺寸变动的最大和最小尺寸。

最大极限尺寸：允许实际尺寸变动的最大尺寸。轴以 $d_{\max}$ 表示，孔以 $D_{\max}$ 表示。

最小极限尺寸：允许实际尺寸变动的最小尺寸。轴以 $d_{\min}$ 表示，孔以 $D_{\min}$ 表示。

(3) 偏差

尺寸偏差(简称偏差)：某一尺寸减去基本尺寸所得的代数差即为尺寸偏差。

极限偏差＝极限尺寸－基本尺寸(ES 表示上偏差，EI 表示下偏差；大写表示孔，小写表示轴)。

$$上偏差＝最大极限尺寸－基本尺寸(\mathrm{ES}=D_{\max}-D;\ \mathrm{es}=d_{\max}-d) \tag{1.1.1}$$

$$下偏差＝最小极限尺寸－基本尺寸(\mathrm{EI}=D_{\min}-D;\ \mathrm{ei}=d_{\min}-d) \tag{1.1.2}$$

(4) 尺寸公差

尺寸公差(简称公差)是指最大极限尺寸减去最小极限尺寸所得的差值，或上偏差减去下偏差所得的差值。它是允许尺寸的变动量。孔和轴的公差分别用 T_h 和 T_s 表示。

公差与极限尺寸、极限偏差的关系用公式表示为：

$$T_h=D_{\max}-D_{\min}=\mathrm{ES}-\mathrm{EI} \tag{1.1.3}$$

$$T_s=d_{\max}-d_{\min}=\mathrm{es}-\mathrm{ei} \tag{1.1.4}$$

公差是一个没有符号的绝对值(最大尺寸总是大于最小尺寸，上偏差总是大于下偏差)。

公差仅表示尺寸的变化范围，是指某种区域大小的数值指标，所以公差不是代数值，没有正负之分，也不可能为零。

(5) 公差带

公差带：将代表孔或轴的上偏差和下偏差或者最大极限尺寸和最小极限尺寸的两条直线，所限定的一个区域叫公差带。

公差带图：用以表示孔、轴的基本尺寸、极限尺寸、极限偏差与公差的相互关系的示意图称之为公差带图。如图 1.1.4 所示。

零线：在公差带图 1.1.4 中，表示基本尺寸的一条直线称为零线，以其为基准确定公差和偏差。正偏差位于零线的上方，负偏差位于零线的下方。

将离零线最近的偏差称为“基本偏差”。例如图 1.1.4 中的 EI 和 es。

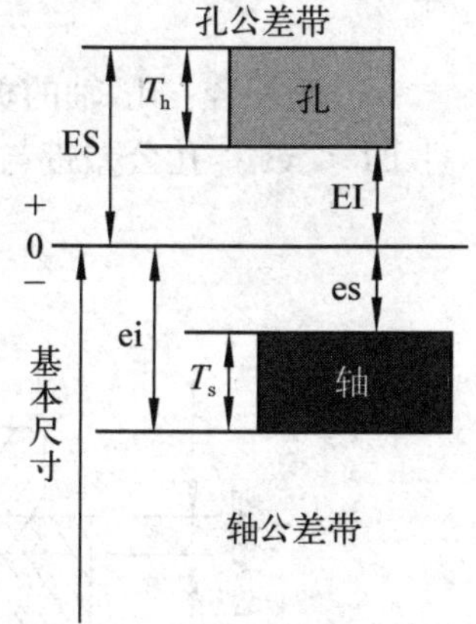

图 1.1.4　孔、轴公差带图

(6) 配合

配合是指基本尺寸相同的，相互结合的孔与轴公差带之间的关系。轴与孔的配合分三种，分别为间隙配合、过盈配合、过渡配合。

间隙配合：轴的最大尺寸小于等于孔的最小尺寸。孔公差带位于相配合的轴公差带之上，如图 1.1.5 所示。

最大间隙：孔的最大极限尺寸减去轴的最小极限尺寸所得的代数差称为最大间隙，用 X_{max} 表示。

$$X_{max}=D_{max}-d_{min}=ES-ei \tag{1.1.5}$$

最小间隙：孔的最小极限尺寸减去轴的最大极限尺寸所得的代数差称为最小间隙，用 X_{min} 表示。

$$X_{min}=D_{min}-d_{max}=EI-es \tag{1.1.6}$$

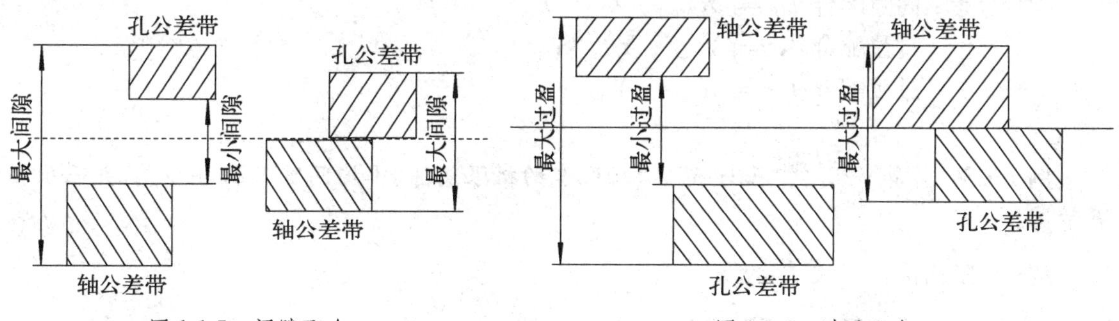

图 1.1.5　间隙配合　　图 1.1.6　过盈配合

过盈配合：轴的最小尺寸大于等于孔的最大尺寸。孔公差带位于相配合的轴公差带之下，如图 1.1.6 所示。

最小过盈：孔的最大极限尺寸减去轴的最小极限尺寸所得的代数差称为最小过盈，用 Y_{min} 表示。

$$Y_{min}=D_{max}-d_{min}=ES-ei \tag{1.1.7}$$

最大过盈：孔的最小极限尺寸减去轴的最大极限尺寸所得的代数差称为最大过盈，用

Y_{max}表示。

$$Y_{max}=D_{min}-d_{max}=EI-es \tag{1.1.8}$$

过渡配合：孔、轴的极限尺寸或极限偏差的关系为：$D_{max}>d_{min}$且$D_{min}<d_{max}$或$ES>ei$且$EI<es$。孔公差带与相配合的轴公差带重叠，如图 1.1.7 所示。

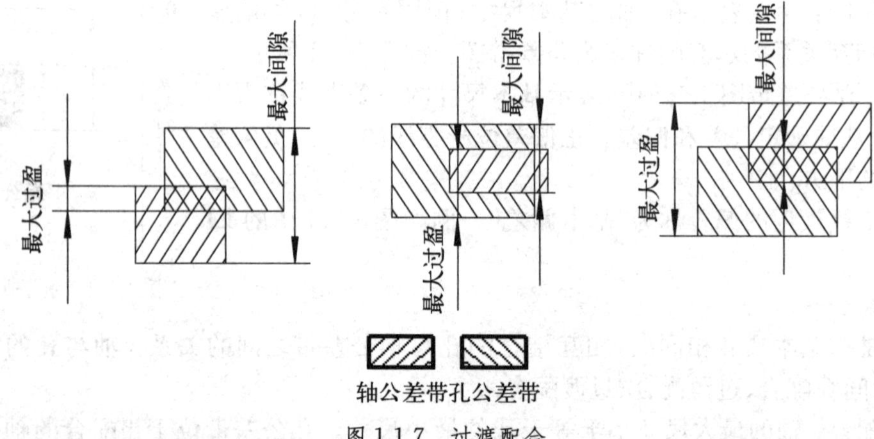

图 1.1.7 过渡配合

最大间隙：孔的最大极限尺寸减去轴的最小极限尺寸所得的代数差称为最大间隙，用X_{max}表示。

$$X_{max}=D_{max}-d_{min}=ES-ei \tag{1.1.9}$$

最大过盈：孔的最小极限尺寸减去轴的最大极限尺寸所得的代数差称为最大过盈，用Y_{max}表示。

$$Y_{max}=D_{min}-d_{max}=EI-es \tag{1.1.10}$$

配合公差：间隙配合 $T_f=|X_{max}-X_{min}|$；

过盈配合 $T_f=|Y_{max}-Y_{min}|$；

过渡配合 $T_f=|X_{max}-Y_{max}|$。

例 1.1.3 计算$\phi 25_{0}^{+0.024}$孔与$\phi_{-0.034}^{-0.021}$轴配合的极限间隙、平均间隙及配合公差，并画出公差带图。

解： 极限间隙：

$$X_{max}=ES-ei=+0.024-(-0.034)=0.058\ \text{mm}$$

$$X_{min}=EI-es=0-(-0.021)=0.021\ \text{mm}$$

平均间隙：

$$X_{av}=\frac{X_{max}+X_{min}}{2}=\frac{0.058+0.021}{2}=0.039\,5\ \text{mm}$$

配合公差：

$$T_f=|X_{max}-X_{min}|=|0.058-0.021|=0.037\ \text{mm}$$

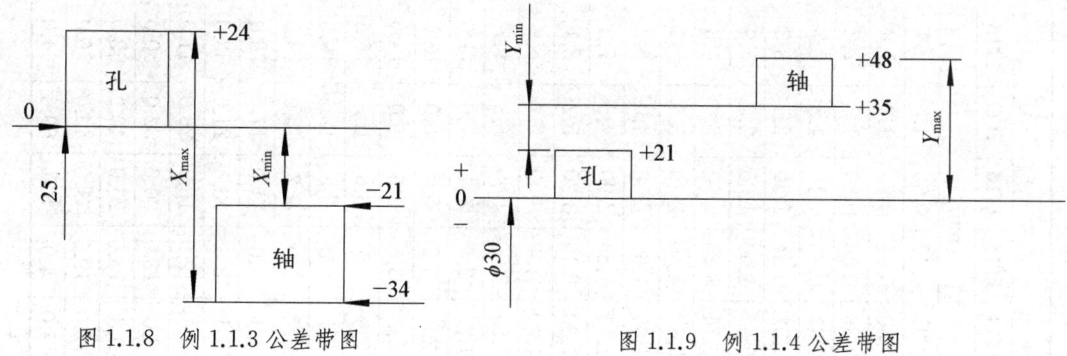

图 1.1.8　例 1.1.3 公差带图　　　　图 1.1.9　例 1.1.4 公差带图

例 1.1.4　计算 $\phi30^{+0.048}_{+0.035}$ 轴与 $\phi30^{+0.021}_{0}$ 孔相配合的极限过盈和配合公差，画出公差带图。

解： 极限过盈：$Y_{max}=EI-es=-0.048$；

$Y_{min}=ES-ei=-0.014$ mm。

配合公差：$T_f=|Y_{max}-Y_{min}|=0.034$ mm。

变更孔、轴公差带位置可以组成不同性质的配合。因此，国标对孔、轴公差带之间的相互位置关系规定了两种配合制，即基孔制配合与基轴制配合。

① 基孔制配合：基本偏差为一定的孔的公差带与不同基本偏差的轴的公差带形成各种配合的一种制度，称为基孔制配合。如图 1.1.10(a)所示。基孔制配合中的孔是基准件，称为基准孔，其代号为 H，它的基本偏差为下偏差，其数值为零，公差带在零线的上方。

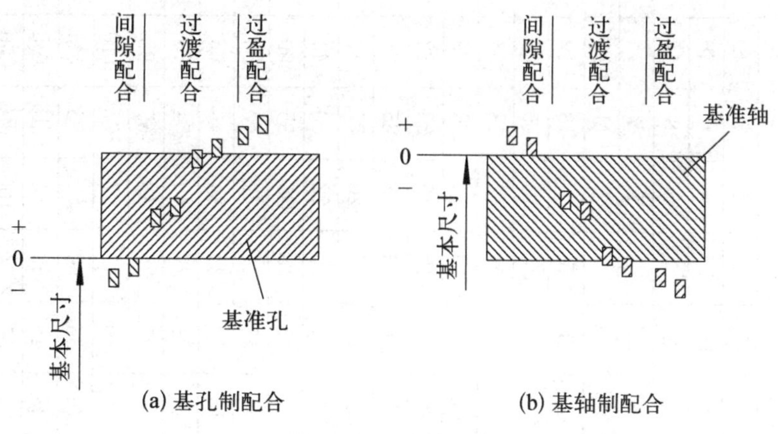

图 1.1.10　孔轴配合

② 基轴制配合：基本偏差为一定的轴的公差带与不同基本偏差的孔的公差带形成各种配合的一种制度，称为基轴制配合。如图 1.1.10(b)所示。基轴制配合中的轴是基准件，称为基准轴，其代号为 h，它的基本偏差为上偏差，其数值为零，公差带在零线的下方。

3. 标准公差

(1) 标准公差等级与公差值

标准公差是国际规定的用以确定公差带大小的任一公差值。标准公差数值如表 1.1.1

表 1.1.1　标准公差数值表

基本尺寸 mm	公差等级																			
	IT01	IT0	IT1	IT2	IT3	IT4	IT5	IT6	IT7	IT8	IT9	IT10	IT11	IT12	IT13	IT14	IT15	IT16	IT17	IT18
	(μm)														(mm)					
≤3	0.3	0.5	0.8	1.2	2	3	4	6	10	14	25	40	60	100	0.14	0.25	0.40	0.60	1.0	1.4
>3～6	0.4	0.6	1	1.5	2.5	4	5	8	12	18	30	48	75	120	0.18	0.30	0.48	0.75	1.2	1.8
>6～10	0.4	0.6	1	1.5	2.5	4	6	9	15	22	36	58	90	150	0.22	0.36	0.58	0.90	1.5	2.2
>10～18	0.5	0.8	1.2	2	3	5	8	11	18	27	43	70	110	180	0.27	0.43	0.70	1.10	1.8	2.7
>18～30	0.6	1	1.5	2.5	4	6	9	13	21	33	52	84	130	210	0.33	0.52	0.84	1.30	2.1	3.3
>30～50	0.6	1	1.5	2.5	4	7	11	16	25	39	62	100	160	250	0.39	0.62	1.00	1.60	2.5	3.9
>50～80	0.8	1.2	2	3	5	8	13	19	30	46	74	120	190	300	0.46	0.74	1.20	1.90	3.0	4.6
>80～120	1	1.5	2.5	4	6	10	15	22	35	54	87	140	220	350	0.54	0.87	1.40	2.20	3.5	5.4
>120～180	1.2	2	3.5	5	8	12	18	25	40	63	100	160	250	400	0.63	1.00	1.60	2.50	4.0	6.3
>180～250	2	3	4.5	7	10	14	20	29	46	72	115	185	290	460	0.72	1.15	1.85	2.90	4.6	7.2
>250～315	2.5	4	6	8	12	16	23	32	52	81	130	210	320	520	0.81	1.30	2.10	3.20	5.2	8.1
>315～400	3	5	7	9	13	18	25	36	57	89	140	230	360	570	0.89	1.40	2.30	3.60	5.7	8.9
>400～500	4	6	8	10	15	20	27	40	63	97	155	250	400	630	0.97	1.55	2.50	4.00	6.3	9.7
>500～630	4.5	6	9	11	16	22	30	44	70	110	175	280	440	700	1.10	1.75	2.8	4.4	7.0	11.0
>630～800	5	7	10	13	18	25	35	50	80	125	200	320	500	800	1.25	2.0	3.2	5.0	8.0	12.5
>800～1 000	5.5	8	11	15	21	29	40	56	90	140	230	360	560	900	1.40	2.3	3.6	5.6	9.0	14.0
>1 000～1 250	6.5	9	13	18	24	34	46	66	105	165	260	420	660	1 050	1.65	2.6	4.2	6.6	10.5	16.5
>1 250～1 600	8	11	15	21	29	40	54	78	125	195	310	500	780	1 250	1.95	3.1	5.0	7.8	12.5	19.5
>1 600～2 000	9	13	18	25	35	48	65	92	150	230	370	600	920	1 500	2.30	3.7	6.0	9.2	15.0	23.0
>2 000～2 500	11	15	22	30	41	57	77	110	175	280	440	700	1 100	1 750	2.80	4.4	7.0	11.0	17.5	28.0
>2 500～3 150	13	18	26	36	50	69	93	135	210	330	540	860	1 350	2 100	3.30	5.4	8.0	13.5	21.0	33.0
>3 150～4 000	16	23	33	45	60	84	115	165	260	410	660	1 050	1 650	2 600	4.10	6.6	10.5	16.5	26.0	41.0
>4 000～5 000	20	28	40	55	74	100	140	200	320	500	800	1 300	2 000	3 200	5.00	8.0	13.0	20.0	32.0	50.0
>5 000～6 300	25	35	49	67	92	125	170	250	400	620	980	1 550	2 500	4 000	6.20	9.8	15.0	25.0	40.0	62.0
>6 300～8 000	31	43	62	84	115	155	215	310	490	760	1 200	1 950	3 100	4 900	7.60	12.0	19.5	31.0	49.0	76.0
>8 000～10 000	38	53	76	105	140	195	270	380	600	960	1 500	2 400	3 800	6 000	9.40	15.0	4.0	8.0	60.0	94.0

注：基本尺寸小于 1 mm 时，无 IT14 至 IT18。

所示。公差值的大小与公差等级和基本尺寸有关。公差等级是确定尺寸精确程度的等级。国家标准规定了 20 个公差等级，用符号 IT01、IT0、IT1、IT2、IT3、…、IT18 表示，IT 即为国际公差 ISOTOLERANCE 的缩写。从 IT01 至 IT18 公差等级依次降低，公差值按几何级数增大。同时，标准公差值还随基本尺寸的增大而增大。

(2) 公差值的计算

常用尺寸段（基本尺寸小于等于 500 mm）的标准公差计算公式可见表 1.1.2，基本尺寸在 500～3 150 mm 范围内时按 $T = a \cdot I$ 公式计算（式中，a——公差等级系数，I——公差单位）。

表 1.1.2　标准公差计算公式

公差等级	公　式	公差等级	公　式	公差等级	公　式
IT01	$0.3+0.08D$	IT6	$10i$	IT13	$250i$
IT0	$0.5+0.012D$	IT7	$16i$	IT14	$400i$
IT1	$0.8+0.020D$	IT8	$25i$	IT15	$640i$
IT2	$(IT1)(IT5/IT1)^{1/4}$	IT9	$40i$	IT16	$1\,000i$
IT3	$(IT1)(IT5/IT1)^{2/4}$	IT10	$64i$	IT17	$1\,600i$
IT4	$(IT1)(IT5/IT1)^{3/4}$	IT11	$100i$	IT18	$2\,500i$
IT5	$7i$	IT12	$160i$		

① 公差单位：公差单位随基本尺寸而变化，是用来计算标准公差的一个基本单位，它通过大量实验而得出其计算公式。当基本尺寸小于等于 500 mm 时，公差单位 $i = 0.45\sqrt[3]{D} + 0.001D$，式中，$D$ 以 mm 计，i 以 μm 计。当基本尺寸在 500～3 150 mm 范围内时，公差单位 $I = 0.004D + 2.1$，式中 D 以 mm 计，I 以 μm 计。（计算尺寸“D”是所在基本尺寸段的首、尾尺寸的几何平均值）。

例如：基本尺寸 2 mm 的计算尺寸：$D = \sqrt{1 \times 3} = \sqrt{3} = 1.732$ mm；

基本尺寸 100 mm 的计算尺寸：$D = \sqrt{80 \times 120} = 97.98$ mm。

② 公差等级：公差等级系数 a 在一定程度上反映加工的难易程度，为了使公差值标准化，公差等级系数 a 选取优先系数 R5 系列，即公比 $q_5 = \sqrt[5]{10} = 1.6$，从 IT6～IT18 均按公比 q_5 增长，每隔 5 项数值增长 10 倍，IT5 的 a 值为 7，是从旧标准最高的 1 级精度取来的。

③ 基本尺寸：基本尺寸分段计算标准公差值时，如果每一基本尺寸都要有一公差值，则既烦琐也无必要，因此标准规定可分段计算公差值，即在一个尺寸段内用几何平均尺寸来计算公差值，故一个尺寸段只有一个公差值，这样可使标准简化、使用方便。在小于等于 500 mm 的尺寸中共分成 13 个尺寸段，以简化公差表格。实际工作中通常标准公差用查表法确定（见表 1.1.1）。

4. 基本偏差系列

一个尺寸的公差带是由公差带大小和公差带位置两部分构成，公差带大小由标准公差决定；而公差带相对零线的位置则由基本偏差确定，基本偏差是国家标准中使公差带位置标准化的唯一指标。按一定基准制（基准孔或基准轴），按确定的精度，选择不同的基本偏差便可有不同性质的配合。为满足产品中各种不同性质的配合，需要有一系列不同的公差带位置以组成各种不同的配合。

(1) 基本偏差代号及特征

前已述,孔、轴的偏差中距离零线最近的偏差即为基本偏差,因此公差带在零线以上的,以下偏差为基本偏差;公差带在零线以下的,以上偏差为基本偏差。

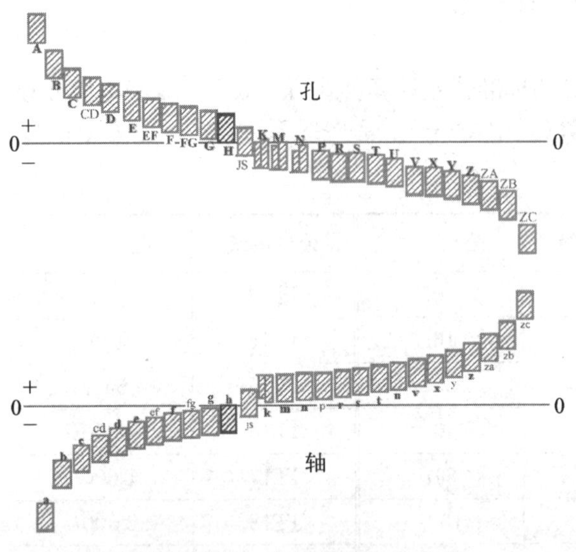

图 1.1.11 孔轴基本偏差系列

GB/T18003 - 1998 已经将基本偏差标准化了。孔、轴分别规定了 28 种基本偏差,分别用拉丁字母来表示,在 26 个拉丁字母中去掉易与其他含义混淆的五个字母:I、L、O、Q、W (i、l、o、q、w),增加了七个双字母:CD、EF、FG、ZA、ZB、ZC、JS (cd、ef、fg、za、zb、zc、js)。

基本偏差系列如图 1.1.11 所示。图 1.1.11 中仅绘出公差带一端的界限,另一端取决于标准公差和这个极限偏差的组合。

(2) 基本偏差数值

① 轴的基本偏差数值:轴的基本偏差数值是以基孔制配合为基础,按照各种配合要求,再根据生产实践经验和统计分析结果得出的一系列公式经计算后圆整而得出的列表值,如表 1.1.3 是轴与孔的基本偏差计算公式。表 1.1.4 是轴基本偏差数值:基本偏差 a~h 的轴与基准孔(H)组成间隙配合,其中 a、b、c 用于大间隙和热动配合;d、e、f 主要用于旋转运动;g 主要用于滑动和半液体摩擦,或用于定位配合;h 与 H 形成最小间隙等于零的一种间隙配合,常用于定位配合。j~n 主要用于过渡配合,以保证配合时有较好的对中及定心,装拆也不困难,其中 j 主要用于和轴承相配合的孔和轴。p~zc 按过盈配合来确定,从保证配合的主要特性最小过盈来考虑,而且大多数是按它们与最常用的基准孔 H7 相配合为基础来考虑的。

② 孔的基本偏差数值:孔的基本偏差是根据轴的基本偏差按一定规则换算后得到的,孔的基本偏差值见表 1.1.5。一般同一字母的孔的基本偏差与轴的基本偏差相对于零线是完

表 1.1.3 轴与孔的基本偏差计算公式

基本尺寸/mm		轴			公式	孔			基本尺寸/mm	
大于	至	基本偏差	符号	极限偏差		极限偏差	符号	基本偏差	大于	至
1	120	a	—	es	$265+1.3D$	EI	+	A	1	120
120	500				$3.5D$				120	500
1	160	b	—	es	$\approx 140+0.85D$	EI	+	B	1	160
160	500				$\approx 1.8D$				160	500
0	40	c	—	es	$52D^{0.2}$	EI	+	C	0	40
40	500				$95+0.8D$				40	500
0	10	cd	—	es	C, c 和 D, d 值的几何平均值	EI	+	CD	0	10

续　表

基本尺寸/mm		轴			公　式	孔			基本尺寸/mm	
大于	至	基本偏差	符号	极限偏差		极限偏差	符号	基本偏差	大于	至
0	3 150	d	—	es	$16D^{0.44}$	EI	+	D	0	3 150
0	3 150	e	—	es	$11D^{0.41}$	EI	+	E	0	3 150
0	10	ef	—	es	E，e 和 F，f 值的几何平均值	EI	+	EF	0	10
0	3 150	f	—	es	$5.5D^{0.41}$	EI	+	F	0	3 150
0	10	fg	—	es	F，f 和 G，g 值的几何平均值	EI	+	FG	0	10
0	3 150	g	—	es	$2.5D^{0.34}$	EI	+	G	0	3 150
0	3 150	h	无	es	偏差=0	EI	无	H	0	3 150
0	500	j			无公式			J	0	500
0	3 150	js	+ —	es ei	$0.51T_n$	EI ES	+ —	JS	0	3 150
0	500	k	+	ei	$0.6\sqrt[3]{D}$	ES	—	K	0	500
500	3 150		无		偏差=0		无		500	3 150
0	500	m	+	ei	IT7−IT6	ES	—	M	0	500
500	3 150		+		$0.024D+12.6$				500	3 150
0	500	n	+	ei	$5D^{0.34}$	ES	—	N	0	500
500	3 150				$0.04D+21$				500	3 150
0	500	p	+	ei	IT7+(0 至 5)	ES	—	P	0	500
500	3 150				$0.072D+37.8$				500	3 150
0	3 150	r	+	ei	P，p 和 S，s 值的几何平均值	ES	—	R	0	3 150
0	50	s	+	ei	IT8+(1 至 4)	ES	—	S	0	50
50	3 150				IT7+$0.4D$				50	3 150
24	3 150	t	+	ei	IT7+$0.63D$	ES	—	T	24	3 150
0	3 150	u	+	ei	IT7+D	ES	—	U	0	3 150
14	500	v	+	ei	IT7+$1.25D$	ES	—	V	14	500
0	500	x	+	ei	IT7+$1.6D$	ES	—	X	0	500
18	500	y	+	ei	IT7+$2D$	ES	—	Y	18	500
0	500	z	+	ei	IT7+$2.5D$	ES	—	Z	0	500
0	500	za	+	ei	IT8+$3.15D$	ES	—	ZA	0	500
0	500	zb	+	ei	IT9+$4D$	ES	—	ZB	0	500
0	500	zc	+	ei	IT10+$5D$	ES	—	ZC	0	500

表 1.1.4　轴的基本偏差数值(GB/T 1800.3－1998)

基本尺寸 mm		基本偏差数值																																
		上偏差 es												下偏差 ei																				
		所有标准公差等级												IT5与IT6	IT7	IT8	IT4至IT7	≤IT3 大于IT7	所有标准公差等级															
大于	至	a[a]	b[a]	c	cd	d	e	ef	f	fg	g	h	js[b]	j			k		m	n	p	r	s	t	u	v	x	y	z	za	zb	zc
—	3	−270	−140	−60	−34	−20	−14	−10	−6	−4	−2	0	偏差＝±ITn/2,式中n为IT的等级	−2	−4	−6	0	0	+2	+4	+6	+10	+14		+18		+20		+26	+32	+40	+60
3	6	−270	−140	−70	−46	−30	−20	−14	−10	−6	−4	0		−2	−4		+1	0	+4	+8	+12	+15	+19		+23		+28		+35	+42	+50	+80
6	10	−280	−150	−80	−56	−40	−25	−18	−13	−8	−5	0		−2	−5		+1	0	+6	+10	+15	+19	+23		+28		+34		+42	+52	+67	+97
10	14	−290	−150	−95		−50	−32		−16		−6	0		−3	−6		+1	0	+7	+12	+18	+23	+28		+33		+40		+50	+64	+90	+130
14	18																									+39	+45		+60	+77	+108	+150
18	24	−300	−160	−110		−65	−40		−20		−7	0		−4	−8		+2	0	+8	+15	+22	+28	+35		+41	+47	+54	+63	+73	+98	+136	+188
24	30																							+41	+48	+55	+64	+75	+88	+118	+160	+218
30	40	−310	−170	−120		−80	−50		−25		−9	0		−5	−10		+2	0	+9	+17	+26	+34	+43	+48	+60	+68	+80	+94	+112	+148	+200	+274
40	50	−320	−180	−130																				+54	+70	+81	+97	+114	+136	+180	+242	+325
50	65	−340	−190	−140		−100	−60		−30		−10	0		−7	−12		+2	0	+11	+20	+32	+41	+53	+66	+87	+102	+122	+144	+172	+226	+300	+405
65	80	−360	−200	−150														0				+43	+59	+75	+102	+120	+146	+174	+210	+274	+360	+480
80	100	−380	−220	−170		−120	−72		−36		−12	0		−9	−15		+3	0	+13	+23	+37	+51	+71	+91	+124	+146	+178	+214	+258	+335	+445	+585
100	120	−410	−240	−180																		+54	+79	+104	+144	+172	+210	+254	+310	+400	+525	+690
120	140	−460	−260	−200		−145	−85		−43		−14	0		−11	−18		+3	0	+15	+27	+43	+63	+92	+122	+170	+102	+248	+300	+365	+470	+620	+800
140	160	−520	−280	−210																		+65	+100	+134	+190	+228	+280	+340	+415	+535	+700	+900
160	180	−580	−310	−230																		+68	+108	+146	+210	+252	+310	+380	+465	+600	+780	+1000
180	200	−660	−340	−240		−170	−100		−50		−15	0		−13	−21		+4	0	+17	+31	+50	+77	+122	+166	+236	+284	+350	+425	+520	+670	+880	+1150
200	225	−740	−380	−260																		+80	+130	+180	+258	+310	+385	+470	+575	+740	+960	+1250
225	250	−820	−420	−280																		+84	+140	+196	+284	+340	+425	+520	+640	+820	+1050	+1350
250	280	−920	−480	−300		−190	−110		−56		−17	0		−13	−26		+4	0	+20	+34	+56	+94	+158	+218	+315	+385	+475	+580	+710	+920	+1200	+1550
280	315	−1050	−540	−330														0				+98	+170	+240	+350	+425	+525	+650	+790	+1000	+1300	+1700

续 表

基本尺寸 mm		基本偏差数值																														
		上偏差 es												下偏差 ei																		
		所有标准公差等级												IT5与IT6	IT7	IT8	IT4至IT7	≤IT3大于IT7	所有标准公差等级													
大于	至	a[a]	b[a]	c	cd	d	e	ef	f	fg	g	h	js[b]	j			k		m	n	p	r	s	t	u	v	x	y	z	za	zb	zc
315	355	−1200	−600	−360		−210	−125		−62		−18	0	偏差=±ITn/2,式中n为IT的等级	−18	−28		+4	0	+21	+37	+62	+108	+190	+268	+390	+475	+590	+730	+900	+1150	+1500	+1900
355	400	−1350	−680	−400																		+144	+208	+294	+435	+530	+660	+820	+1000	+1300	+1650	+2100
400	450	−1500	−760	−440		−230	−135		−68		−20	0		−20	−32		+5	0	+23	+40	+68	+126	+232	+330	+490	+595	+740	+920	+1100	+1450	+1850	+2400
450	500	−1650	−840	−480																		+132	+252	+360	+540	+660	+820	+1000	+1250	+1600	+2100	+2600
500	560					−260	−145		−76		−22	0					0	0	+26	+44	+78	+150	+280	+400	+600							
560	630																					+155	+310	+450	+660							
630	710					−290	−160		−80		−24	0					0	0	+30	+50	+88	+175	+340	+500	+740							
710	800																					+185	+380	+560	+840							
800	900					−320	−170		−86		−26	0					0	0	+34	+56	+100	+210	+430	+620	+940							
900	1000																					+220	+470	+680	+1050							
1000	1120					−350	−195		−98		−28	0					0	0	+40	+66	+120	+250	+520	+780	+1150							
1120	1250																					+260	+580	+840	+1300							
1250	1400					−390	−220		−110		−30	0					0	0	+48	+78	+140	+300	+640	+960	+1450							
1400	1600																					+330	+720	+1050	+1600							
1600	1800					−430	−240		−120		−32	0					0	0	+58	+92	+170	+370	+820	+1200	+1850							
1800	2000																					+400	+920	+1350	+2000							
2000	2240					−480	−260		−130		−34	0					0	0	+68	+110	+195	+440	+1000	+1500	+2300							
2240	2500																					+460	+1100	+1650	+2500							
2500	2800					−520	−290		−145		−38	0					0	0	+76	+135	+240	+550	+1250	+1900	+2900							
2800	3150																					+580	+1400	+2100	+3200							

注：a. 基本尺寸小于或等于 1 mm 的基本偏差 a 和 b 不使用。

b. 公差带 js7 至 js11，若 ITn 的数值为奇数，则取 js=$\pm IT_{n-1}/2$。

表 1.1.5　孔的基本偏差数值

基本尺寸 mm		基本偏差数值																																		⊿的数值					
		下偏差 EI												上偏差 ES																											
		所有标准公差等级												IT6	IT7	IT8	≤IT8	>IT8	≤IT8	>IT8	≤IT8	>IT8	≤IT7	标准公差等级大于 IT7												标准公差等级					
大于	至	A[a]	B[a]	C	CD	D	E	EF	F	FG	G	H	JS[b]	J			K[c]		M[c,d]		N[c,e]		P-ZC[c]	P	R	S	T	U	V	X	Y	Z	ZA	ZB	ZC	IT3	IT4	IT5	IT6	IT7	IT8
—	3[a]	+270	+140	+60	+34	+20	+14	+10	+6	+4	+2	0	偏差=±ITn/2,式中 n 为 IT 的等级	+2	+4	+6	0	0	−2	−2	−4	−4	在大于 IT7 的相应数值上增加一个⊿值	−6	−10	−14		−18		−20		−26	−32	−40	−60	0	0	0	0	0	0
3	6	+270	+140	+70	+46	+30	+20	+14	+10	+6	+4	0		+5	+6	+10	−1+⊿		−4+⊿	−4	−8+⊿	0		−12	−15	−19		−23		−28		−35	−42	−50	−80	1	1.5	1	3	4	6
6	10	+280	+150	+80	+56	+40	+25	+18	+13	+8	+5	0		+5	+8	+12	−1+⊿		−5+⊿	−6	−10+⊿	0		−15	−19	−23		−28		−34		−42	−52	−67	−97	1	1.5	2	3	6	7
10	14	+290	+150	+95		+50	+32		+16		+6	0		+6	+10	+15	−1+⊿		−7+⊿	−7	−12+⊿	0		−18	−23	−28		−33		−40		−50	−64	−90	−130	1	2	3	3	7	9
14	18																												−39	−45		−60	−77	−108	−150						
18	24	+300	+160	+110		+65	+40		+20		+7	0		+8	+12	+20	−2+⊿		−8+⊿	−8	−15+⊿	0		−22	−28	−35		−41	−47	−54	−63	−73	−98	−136	−188	1.5	2	3	4	8	12
24	30																										−41	−48	−55	−64	−75	−88	−118	−180	−218						
30	40	+310	+170	+120		+80	+50		+25		+9	0		+10	+14	+24	−2+⊿		−9+⊿	−9	−17+⊿	0		−26	−34	−43	−48	−60	−68	−80	−94	−112	−148	−200	−274	1.5	3	4	5	9	14
40	50	+320	+180	+130																							−54	−70	−81	−97	−114	−136	−180	−242	−325						
50	65	+340	+190	+140		+100	+60		+30		+10	0		+13	+18	+28	−2+⊿		−11+⊿	−11	−20+⊿	0		−32	−41	−53	−66	−87	−102	−122	−144	−172	−226	−300	−405	2	3	5	6	11	16
65	80	+360	+200	+150																					−43	−59	−75	−102	−120	−146	−174	−210	−274	−360	−480						
80	100	+380	+220	+170		+120	+72		+36		+12	0		+16	+22	+34	−3+⊿		−13+⊿	−13	−23+⊿	0		−37	−51	−71	−91	−124	−146	−178	−214	−258	−335	−445	−585	2	4	5	7	13	19
100	120	+410	+240	+180																					−54	−79	−104	−144	−172	−210	−254	−310	−400	−525	−690						
120	140	+460	+260	+200		+145	+85		+43		+14	0		+18	+26	+41	−3+⊿		−15+⊿	−16	−27+⊿	0		−43	−63	−92	−122	−170	−202	−248	−300	−365	−470	−620	−800	3	4	6	7	15	23
140	160	+520	+280	+210																					−65	−100	−134	−190	−228	−280	−340	−415	−535	−700	−900						
160	180	+580	+310	+280																					−68	−108	−146	−210	−252	−310	−380	−465	−600	−780	−1000						
180	200	+660	+340	+240		+170	+100		+50		+15	0		+22	+30	+47	−4+⊿		−17+⊿	−17	−31+⊿	0		−50	−77	−122	−166	−236	−284	−350	−425	−520	−670	−880	−1150	3	4	6	9	17	26
200	225	+740	+380	+260																					−80	−130	−180	−258	−310	−385	−470	−575	−740	−960	−1250						
225	260	+820	+420	+280																					−84	−140	−196	−284	−340	−425	−520	−640	−820	−1050	−1350						
260	280	+920	+480	+300		+190	+110		+56		+17	0		+25	+36	+55	−4+⊿		−20+⊿	−20	−34+⊿	0		−56	−94	−158	−218	−315	−385	−475	−580	−710	−920	−1200	−1550	4	4	7	9	20	29
280	315	+1050	+540	+330																					−98	−170	−240	−350	−425	−525	−650	−790	−1000	−1300	−1700						
315	355	+1200	+600	+360		+210	+125		+62		+18	0		+29	+39	+60	−4+⊿		−21+⊿	−21	−37+⊿	0		−62	−108	−190	−268	−390	−475	−590	−730	−900	−1150	−1500	−1900	4	5	7	11	21	32
355	400	+1350	+680	+400																					−114	−208	−294	−435	−530	−660	−820	−1000	−1300	−1650	−2100						
400	450	+1500	+760	+440		+230	+135		+68		+20	0		+33	+43	+66	−5+⊿		−23+⊿	−23	−40+⊿	0		−68	−126	−232	−330	−490	−595	−740	−920	−1100	−1450	−1850	−2400	5	5	7	13	23	34
450	500	+1650	+840	+480																					−132	−252	−360	−540	−660	−820	−1000	−1250	−1600	−2100	−2600						

续　表

基本尺寸 mm		基本偏差数值																																		⊿的数值					
		下偏差 EI												上偏差 ES																											
		所有标准公差等级												IT6	IT7	IT8	≤IT8	>IT8	≤IT8	>IT8	≤IT8	>IT8	≤IT7	标准公差等级大于 IT7												标准公差等级					
大于	至	A[a]	B[a]	C	CD	D	E	EF	F	FG	G	H	JS[b]	J			K[e]		M[c,d]		N[c,e]		P-ZC[e]	P	R	S	T	U	V	X	Y	Z	ZA	ZB	ZC	IT3	IT4	IT5	IT6	IT7	IT8
500	560					+260	+145		+76		+22	0	偏差=±ITn/2,式中n为IT的等级				0		−26		−44		在大于IT7的相应数值上增加一个⊿值	−78	−150	−280	−400	−600													
560	630																								−155	−310	−450	−660													
630	710					+290	+160		+80		+24	0					0		−30		−50			−88	−175	−340	−500	−740													
710	800																								−185	−380	−560	−840													
800	900					+320	+170		+86		+26	0					0		−34		−56			−100	−210	−430	−620	−940													
900	1000																								−220	−470	−680	−1050													
1000	1120					+350	+195		+98		+28	0					0		−40		−66			−120	−250	−520	−780	−1150													
1120	1250																								−260	−580	−840	−1300													
1250	1400					+390	+220		+110		+30	0					0		−48		−78			−140	−300	−640	−960	−1450													
1400	1600																								−330	−720	−1050	−1600													
1600	1800					+430	+240		+120		+32	0					0		−58		−92			−170	−370	−820	−1200	−1850													
1800	2000																								−400	−920	−1350	−2000													
2000	2240					+480	+260		+130		+34	0					0		−68		−110			−195	−440	−1000	−1500	−2300													
2240	2500																								−460	−1100	−1650	−2500													
2500	2800					+520	+290		+145		+38	0					0		−76		−135			−240	−550	−1250	−1900	−2900													
2800	3150																								−580	−1400	−2100	−3200													

注：a. 基本尺寸小于或等于 1 mm 的基本偏差 A 和 B 不使用。

b. 公差带 JS7 至 JS11，若 ITn 的数值为奇数，则取 $JS=\pm IT_{n-1}/2$。

c. 对于小于或等于 IT8 的 K、M、N 和小于等于 IT7 的 P 至 ZC，所需 Δ 值从表内右侧选取。

例如，18～30 mm 段的 K7，Δ=8 μm，所以 ES=−2+8 μm=6 μm；

18～30 mm 段的 S6，Δ=4 μm，所以 ES=−35+4 μm=−31 μm。

d. 特殊情况：250～315 mm 段的 M6，ES=−9 μm(代替−11 μm)。

e. 对基本尺寸小于或等于 1 mm 和公差等级大于 IT8 的基本偏差 N 不使用。

全对称的（如图 1.1.11 所示）。所以孔的基本偏差和同字母轴的基本偏差（如 F 对应 f）之间有下述关系。

通用规则：相同字母轴的基本偏差是上偏差，则孔的基本偏差必是下偏差；轴的基本偏差是下偏差，则孔的基本偏差必是上偏差。同时偏差值绝对值不变、符号相反。

特殊规则：由于基孔制和基轴制是两种并行的配合基准制，一般说来，当基轴制中孔的基本偏差代号和基孔制中轴的基本偏差代号相同时，则所形成的配合性质是相同的。由于构成基本偏差公式所考虑的因素是一致的，所以，孔的基本偏差计算公式与轴的基本偏差计算公式完全相同，只是符号相反（如表 1.1.3 所示），即 $EI=-es$，$ES=-ei$。

但以下情况例外。

基本尺寸≤500 mm，且标准公差≤IT8 的 J，K，M，N 和标准公差≤IT7 的 P～ZC 时，由于孔的加工比轴的加工难，此时的轴、孔配合常采用不同公差等级的配合，即相配合的轴的公差等级比孔高一级，如 ϕ25P7/h6，ϕ25H7/p6。并要求基孔制和基轴制所获得的配合性质相同，即两种制度所获得的配合极限间隙（或极限过盈）相等。此时孔的基本偏差按式 1.1.11 计算：

$$\begin{aligned} ES &= -ei + \Delta \\ \Delta &= IT_n - IT_{n-1} \end{aligned} \tag{1.1.11}$$

式中：IT_n——某一级孔的标准公差；

IT_{n-1}——比 IT_n 级孔公差高一级的轴公差。

按表 1.1.3 中的计算公式和计算方法算出的基本偏差的数值，再经基本偏差修约规则修约后，列于表 1.1.4、表 1.1.5，供使用查阅。

例 1.1.5 计算 ϕ25H7/x6 和 ϕ25X7/h6 的基本偏差以及两种配合的极限过盈。

解： 查表 1.1.1，IT7 = 21 μm，IT6 = 13 μm，

H 是基孔制的基准孔，其基本偏差 EI=0；

h 是基轴制的基准轴，其基本偏差 es=0。

x 是轴的基本偏差，其计算为：

$$\begin{aligned} ei &= IT7 + 1.6D \\ &= 21 + 1.6\sqrt{24 \times 30} \\ &= 64\ \mu m \end{aligned}$$

X 是孔的基本偏差，其计算为：

$$\begin{aligned} ES &= -ei + \Delta \\ &= -64 + (21 - 13) \\ &= -56\ \mu m \end{aligned}$$

两种配合的极限过盈为：

基孔制：

$$\begin{aligned} \phi 25H7/x6:\ Y_{max} &= EI - es = EI - (ei + IT6) \\ &= 0 - 77 \\ &= -77\ \mu m \end{aligned}$$

$$
\begin{aligned}
Y_{min} &= ES - ei \\
&= 21 - 64 \\
&= -43\ \mu m
\end{aligned}
$$

基轴制：

$$
\begin{aligned}
\phi 25X7/h6\text{：}Y_{max} &= EI - es = (ES - IT7) - es \\
&= -77 - 0 \\
&= -77\ \mu m \\
Y_{min} &= ES - ei \\
&= -56 - (-13) \\
&= -43\ \mu m
\end{aligned}
$$

极限偏差表示：

$$
\phi 25\,\frac{H7\begin{pmatrix}+0.021\\0\end{pmatrix}}{x6\begin{pmatrix}+0.077\\+0.064\end{pmatrix}} \text{ 和 } \phi 25\,\frac{X7\begin{pmatrix}-0.056\\-0.077\end{pmatrix}}{h6\begin{pmatrix}0\\-0.013\end{pmatrix}}
$$

可以看出两种配合性质相同。

通过上例的计算，可进一步理解基本偏差系列值的获得方法，以及理解在高公差等级的轴、孔配合中，若轴、孔公差等级不同，且配合属于过渡配合和过盈配合时，若基孔制和基轴制的配合相同（基本偏差代号相同），其配合性质也相同，即配合的极限过盈相等。

(3) 一般常用和优先使用的公差带与配合的标准化

国标 GBT1800.3 规定了 20 个公差等级和 28 种基本偏差，如将任一基本偏差与任一标准公差组合，在基本尺寸≤500 mm 的范围内，孔公差带有 20×27+3(J6、J7、J8)=543 个，轴公差带有 20×27+4(j5、j6、j7、j8)=544 个。这么多的公差带都使用显然是不经济的，因为必然导致定值刀具和量具规格的繁多。

为此，国标规定了一般、常用和优先轴用公差带共 116 种，如图 1.1.12 所示。图中孔有 105 个；线框内为常用公差带，轴有 59 个，孔有 44 个；圆圈内为优先公差带，轴、孔各有 13 个。在选用时，应首先考虑优先公差带，其次是常用公差带，再次为一般公差带。这些公差带的上、下极限偏差均可从极限与配合制中直接查得。仅在特殊情况下，即当一般公差带不能满足要求时，才允许按规定的标准公差与基本偏差组成所需公差带；甚至按公式用插入或延伸的方法，计算新的标准公差与基本偏差，然后组成所需公差带。

国标规定了一般、常用和优先孔用公差带共 105 种，如图 1.1.13 所示。图中方框内的 44 种为常用公差带，圆圈内的 13 种为优先公差带。选用公差带时，应按优先、常用、一般公差带的顺序选取。若一般公差带中也没有满足要求的公差带，则按国际规定的标准公差和基本偏差组成的公差带来选取，还可以考虑用延伸和插入的方法来确定新的公差带。

对于配合，国标规定基孔制常用配合 59 种，优先配合 13 种，见表 1.1.6。基轴制常用配合 47 种，优先配合 13 种，见表 1.1.7。

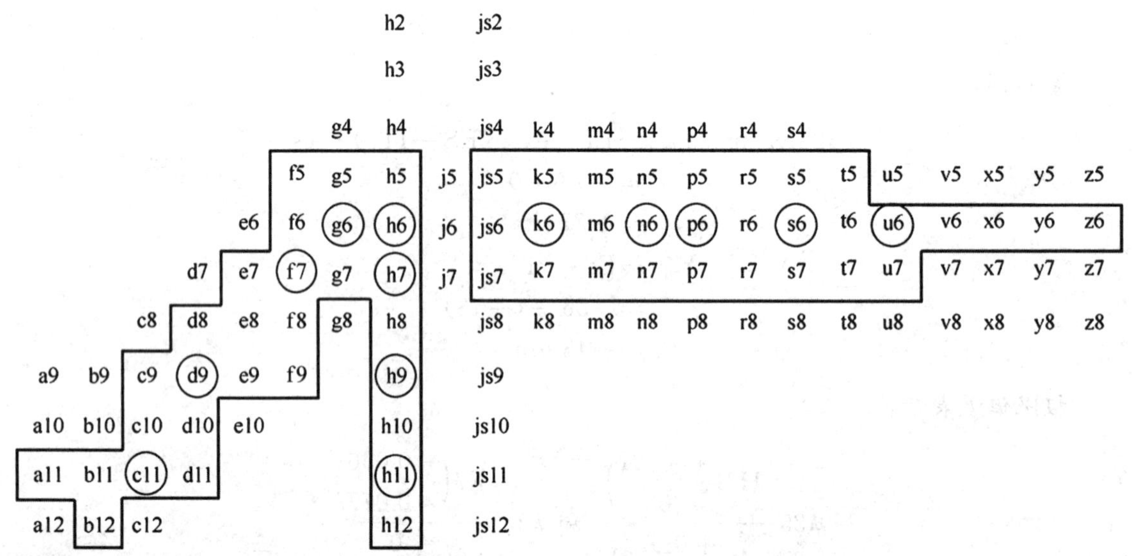

图 1.1.12　一般优先常用轴公差带

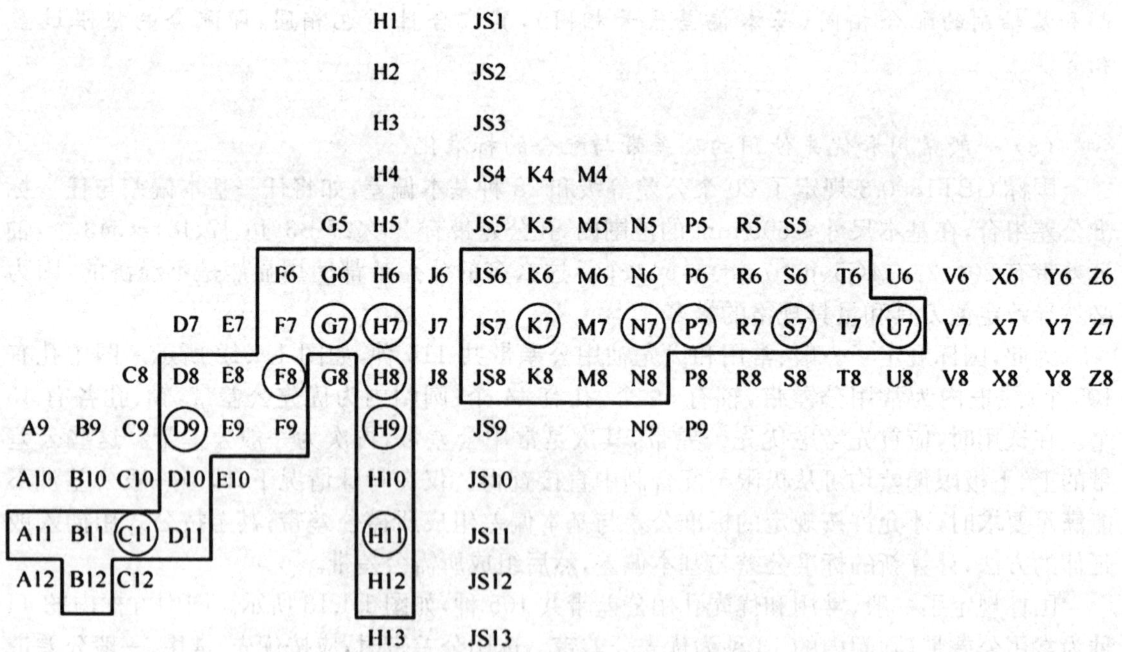

图 1.1.13　一般优先常用孔公差带

表 1.1.6 基孔制优先常用配合

基准孔	轴																				
	a	b	c	d	e	f	g	h	js	k	m	n	p	r	s	t	u	v	x	y	z
	间隙配合								过渡配合			过盈配合									
H6						H6/f5	H6/g5	H6/h5	H6/js5	H6/k5	H6/m5	H6/n5	H6/p5	H6/r5	H6/s5	H6/t5					
H7						H7/f6	◤ H7/g6	◤ H7/h6	H7/js6	◤ H7/k6	H7/m6	◤ H7/n6	◤ H7/p6	H7/r6	◤ H7/s6	H7/t6	◤ H7/u6	H7/v6	H7/x6	H7/y6	H7/z6
H8						H8/e7	◤ H8/f7	H8/g7	◤ H8/h7	H8/js7	H8/k7	H8/m7	H8/n7	H8/p7	H8/r7	H8/s7	H8/t7	H8/u7			
				H8/d8	H8/e8	H8/f8		H8/h8													
H9			H9/c9	◤ H9/d9	H9/e9	H9/f9		◤ H9/h9													
H10			H10/c10	H10/d10				H10/h10													
H11	H11/a11	H11/b11	◤ H11/c11	H11/d11				◤ H11/h11													
H12		H12/b12						H12/h12													

表 1.1.7 基轴制优先常用配合

基准轴	孔																				
	A	B	C	D	E	F	G	H	JS	K	M	N	P	R	S	T	U	V	X	Y	Z
	间隙配合								过渡配合				过盈配合								
h5						$\frac{F6}{h5}$	$\frac{G6}{h5}$	$\frac{H6}{h5}$	$\frac{JS6}{h5}$	$\frac{K6}{h5}$	$\frac{M6}{h5}$	$\frac{N6}{h5}$	$\frac{P6}{h5}$	$\frac{R6}{h5}$	$\frac{S6}{h5}$	$\frac{T6}{h5}$					
h6						$\frac{F7}{h6}$	◤ $\frac{G7}{h6}$	◤ $\frac{H7}{h6}$	$\frac{JS7}{h6}$	◤ $\frac{K7}{h6}$	$\frac{M7}{h6}$	◤ $\frac{N7}{h6}$	◤ $\frac{P7}{h6}$	$\frac{R7}{h6}$	◤ $\frac{S7}{h6}$	$\frac{T7}{h6}$	◤ $\frac{U7}{h6}$				
h7					$\frac{E8}{h7}$	◤ $\frac{F8}{h7}$		◤ $\frac{H8}{h7}$	$\frac{JS8}{h7}$	$\frac{K8}{h7}$	$\frac{M8}{h7}$	$\frac{N8}{h7}$									
h8				$\frac{D8}{h8}$	$\frac{E8}{h8}$	$\frac{F8}{h8}$		$\frac{H8}{h8}$													
h9				◤ $\frac{D9}{h9}$	$\frac{E9}{h9}$	$\frac{F9}{h9}$		◤ $\frac{H9}{h9}$													
h10				$\frac{D10}{h10}$				$\frac{H10}{h10}$													
h11	$\frac{A11}{h11}$	$\frac{B11}{h11}$	◤ $\frac{C11}{h11}$	$\frac{D11}{h11}$				◤ $\frac{H11}{h11}$													
h12		$\frac{B12}{h12}$						$\frac{H12}{h12}$													

5. **尺寸公差标注**

装配图上，在基本尺寸之后标注配合代号，如 $\phi 50\mathrm{H8/f7}$，见图 1.1.14(a)。

零件图上，在基本尺寸之后标注公差带代号，或标注上、下偏差数值，或同时标注公差带代号及上、下偏差数值。例如：孔 $\phi 50\mathrm{H8}$，见图 1.1.14(b)，或 $\phi 50_{0}^{+0.039}$，或 $\phi 50\mathrm{H8}\left(_{0}^{+0.039}\right)$；轴 $\phi 50\mathrm{f7}$，见图 1.1.14(c)，或 $\phi 50\mathrm{f7}\left(_{-0.050}^{-0.025}\right)$，或 $\phi 50\left(_{-0.050}^{-0.025}\right)$。

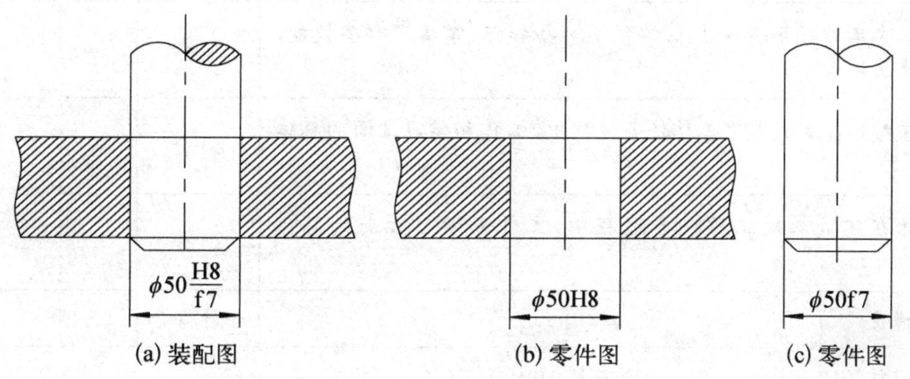

图 1.1.14　尺寸公差标注

五、总结与评价

轴与孔的配合是机械制造工业中一项必须掌握的重要的基础知识。它是零部件互换与配套、组织专业化生产不可缺少的专业技术。它直接影响着产品的精度、性能和使用寿命，是评定产品质量的重要技术指标。

孔与轴配合的选择包括基准制的选择、配合性能的选择。它们的合理选择应根据机器的功能要求及其加工工艺性，并按照标准中的有关规定来确定。

表 1.1.8　完成工作任务评价表

评价项目	评价内容	具体要求、指标	配分	评分		
				自评	小组	教师
轴与孔的配合	互换性	互换性运用的掌握	5 分			
	公差配合的常用术语	正确理解轴与孔的公差与配合的意义	3 分			
	标准公差	运用查表正确的查找出轴与孔的公差	4 分			
	基本偏差系列	掌握轴孔的偏差系列	4 分			
	尺寸公差标注	正确的标注尺寸公差	4 分			
安全操作	安全使用仪表设备，正确使用平直度测量仪，能够正确采用安全措施保护自己，保证工作安全		10 分			

续 表

评价项目	评价内容	具体要求、指标	配分	评 分		
				自评	小组	教师
完成工作任务的表现	积极完成工作任务，认真学习相关知识，遵守安全操作规程和劳动纪律，有良好的职业道德和职业习惯		10 分			
你完成本次工作任务的体会：（学到了哪些知识、掌握了哪些技能，有哪些收获）			20 分			
小组同学对你在完成本次工作任务过程中，工作和学习方面的总体评价：			20 分			
老师对你在完成本次工作任务过程中，工作和学习方面的总体评价：			20 分			
成绩评定			合计得分			
备 注						

六、拓展与提高

1. 用游标卡尺测量轴外径的同一部位 5 次（等精度测量），将测量值记入下表中，并完成后面的计算：

① 平均值：将 5 次测量值相加后除以 5，作为该测量点的实际值。

② 变化量：测量值中的最大值与最小值之差。

③ 测量结果：按规范的测量结果表达式写出测量结果。

2. 用外径千分尺测量轴外径的同一部位 5 次（等精度测量），将测量值记入下表中，并完成后面的计算：

① 平均值：将 5 次测量值相加后除以 5，作为该测量点的实际值。

② 变化量：测量值中的最大值与最小值之差。

③ 测量结果：按规范的测量结果表达式写出测量结果。

测量器具	测 量 值 (mm)					平均值	变化量
	1	2	3	4	5	(mm)	(mm)
游标卡尺							
外径千分尺							

测量结果 1：

测量结果 2：

3. 分析比较：用两种不同的测量器具对同一尺寸测量后，分析比较测量结果。

4. 根据所测得的数值判断轴所采用的精度等级。

习　题

1. 什么是基本尺寸？
2. 什么是极限尺寸？
3. 什么是偏差？
4. 试述公差带与标准公差、基本偏差、误差及公差等级的区别和联系。
5. 国家标准对所选用的公差带与配合作必要限制的原因是什么？
6. 计算下列配合的间隙、过盈和配合公差，并画出公差带图。

$$\phi40\frac{H7}{\mu6}\quad \phi60\frac{K8}{h7}\quad \phi95\frac{B7}{h6}$$

7. 按要求查表计算，写出配合代号。

① 基本尺寸 $=\phi60$ mm，$X_{\max}=0.244$ mm，$X_{\min}=0.1$ mm；

② 基本尺寸 $=\phi30$ mm，$Y_{\max}=-0.048$ mm，$Y_{\min}=-0.014$ mm；

③ 基本尺寸 $=\phi50$ mm，$X_{\max}=0.023$ mm，$Y_{\max}=-0.018$ mm。

8. 写出图 1.1.15 中轴与孔相配合的配合代号，说明采用的基准制和配合性质。

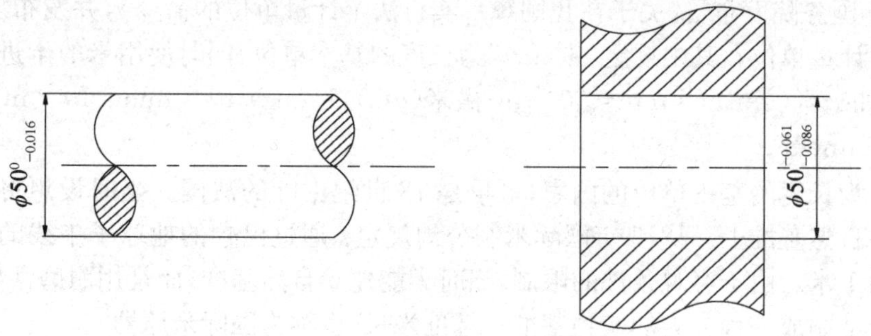

图 1.1.15

任务二　长度量测量

一、任务目标

1. 认识常用的长度标准和量值传递定义；
2. 理解测量的意义及掌握常用的计量器具；
3. 根据被测量要求合理选择计量器具与测量方法；
4. 根据测量的数据正确判断产品合格性。

二、任务描述

本任务讲解了测量的方法与分类，根据生产需要正确的选择计量器具和测量方法，减少误收与误废，依照安全裕度采用验收极限判断产品是否合格。

三、任务实施流程

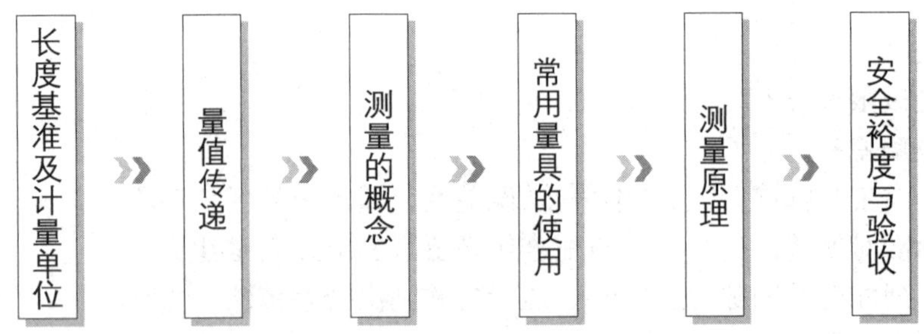

四、任务知识仓库及任务实施过程

学习长度测量我们需要用到的知识点：① 长度基准与量值传递及计量单位；② 了解测量的定义；③ 常用计量器具；④ 计量器具和测量方法分类；⑤ 两个重要的测量原理；⑥ 安全裕度。

1. 长度单位与量值传递

(1) 长度单位和长度基准

1984 年国务院发布了《关于在我国统一实行法定计量单位的命令》，并发布了《中华人民共和国法定计量单位》，其中规定“米(m)”为长度的基本单位，同时使用米的十进制倍数和分数的单位，如毫米(mm)，$1\ \text{mm}=10^{-3}\ \text{m}$；微米(μm)，$1\ \mu\text{m}=10^{-3}\ \text{mm}=10^{-6}\ \text{m}$；纳米(nm)，$1\ \text{nm}=10^{-3}\ \mu\text{m}$ 等。

以米作为长度的基本单位的国家，最早是 18 世纪中叶的法国。当时设想将长度的基本单位建立在自然基准上。1875 年国际米制公约规定：通过巴黎的地球子午线的四千万分之一的长度为 1 米。由于客观条件的限制，当时未能建立自然基准，而是用耐磨性好、线胀系数小的铂铱合金制成一种人为的实物基准—基准米尺(也称为国际米原器)。

1889 年第一届国际计量大会规定米的定义为：1 米是在标准大气压和 0 摄氏度时国际米原器两端两刻线间的距离。为了保证国际上的互换性，世界各主要工业国按米原器复制了副尺 y 作为本国的长度基准，并定期与米原器校对。由于基准米尺金属组织不稳定，易受环境影响，而且保存、运输以及校对都不方便，因此各国便研究采用频率稳定性和复现性较好的光波波长作为长度基准。1960 年第十一届国际计量大会规定米的定义为：“1 米等于氪—86 原子在 2p10 和 5d5 能级间跃迁所辐射的真空波长的 1 650 763.73 倍的长度”，实现了长度单位建立在自然基准上的设想。我国现用的长度基准就是这种光波。

本世纪六十年代初，激光问世。研究表明，激光的频率和复现性比氪- 86 好，激光辐射的特性为更改米的定义和复现方法提供了理论技术基础。1983 年第十七届国际计量大会决议规定米的定义为：1 米是光在真空中在 1/299 792 458 秒的时间间隔内运行路程的长度标准。1985 年 3 月 1 日规定我国将自己研究碘稳频 612 nm 激光器作为执行新的米定义的国家波长标准。

(2) 量值传递

用光波波长作为长度基准，不便于生产中直接应用。为了保证量值统一，必须把长度基

准的量值准确地传递到生产中应用的计量器具和工件上去。为此，需要在全国范围内从组织上和技术上建立一套严密而完整的系统，即长度量值传递系统。

在组织上从国务院到地方，建立起各级计量管理机构，负责其管辖范围内的计量工作和量值传递工作。

在技术上，从长度基准 86 kr 基准谱线开始，长度量值分两个平行的系统向下传递。一个是端面量(量块)系统，另一个是刻线量(线纹尺)系统。因此，量块和线纹尺都是量值传递的媒介，其中尤以量块的应用更广。

2. 测量

测量的基本概念。测量是指将被测量与一个作为测量单位的标准量进行比较，以求其比值的过程。测量过程可以用一个基本公式表示：

$$L = Ku \tag{1.2.1}$$

式中：L——被测量，在长度测量中指被测长度；

u——标准量，在长度测量中是长度单位；

K——比值。

式(1.2.1)被称为测量的基本方程式。它说明被测值 L 等于所用的长度单位 u 与测量比值 K 的乘积。检测是测量与检验的总称。测量是指将被测量与作为测量单位的标准量进行比较，从而确定被测量的实验过程，而检验则是判断零件是否合格。由测量的定义可知，任何一个测量过程都必须有明确的被测对象和确定的测量单位，还要有与被测对象相适应的测量方法，而且测量结果还要达到所要求的测量精度。因此，一个完整的测量过程应包括如下 4 个要素：

① 被测对象：我们研究的被测对象是几何量，即长度、角度、形状、位置、表面粗糙度以及螺纹、齿轮等零件的几何参数。

② 测量单位：我国采用的法定计量单位，长度的计量单位为米(m)，角度单位为弧度(rad)和度(°)、分(′)、秒(″)。在机械零件制造中，常用的长度计量单位是毫米(mm)，在几何量精密测量中，常用的长度计量单位是微米(μm)，在超精密测量中，常用的长度计量单位是纳米(nm)。常用的角度计量单位是弧度、微弧度(μrad)和度、分、秒。1 μrad $= 10^{-6}$ rad，$1° = 0.017\,453\,3$ rad。

③ 测量方法：测量时所采用的测量原理、测量器具和测量条件的总和。

④ 测量精度：测量结果与被测量真值的一致程度。精密测量要将误差控制在允许的范围内，以保证测量精度。为此，除了合理地选择测量器具和测量方法，还应正确估计测量误差的性质和大小，以便保证测量结果具有较高的置信度。

3. 长度标准

长度标准是按国家规定的不同准确度等级，作为检定和测量用的测量器具。标准器具必须经过授权机构的检定与批准，确认它的合法性和有效期。基准和标准只有准确度和测量中的作用不同，其他方面无本质区别。长度标准器种类很多，现在建立的标准基本有以下几个方面：

① 线纹长度标准—线纹尺，有金属线纹尺、玻璃线纹尺等多种，共分 1、2、3 等；

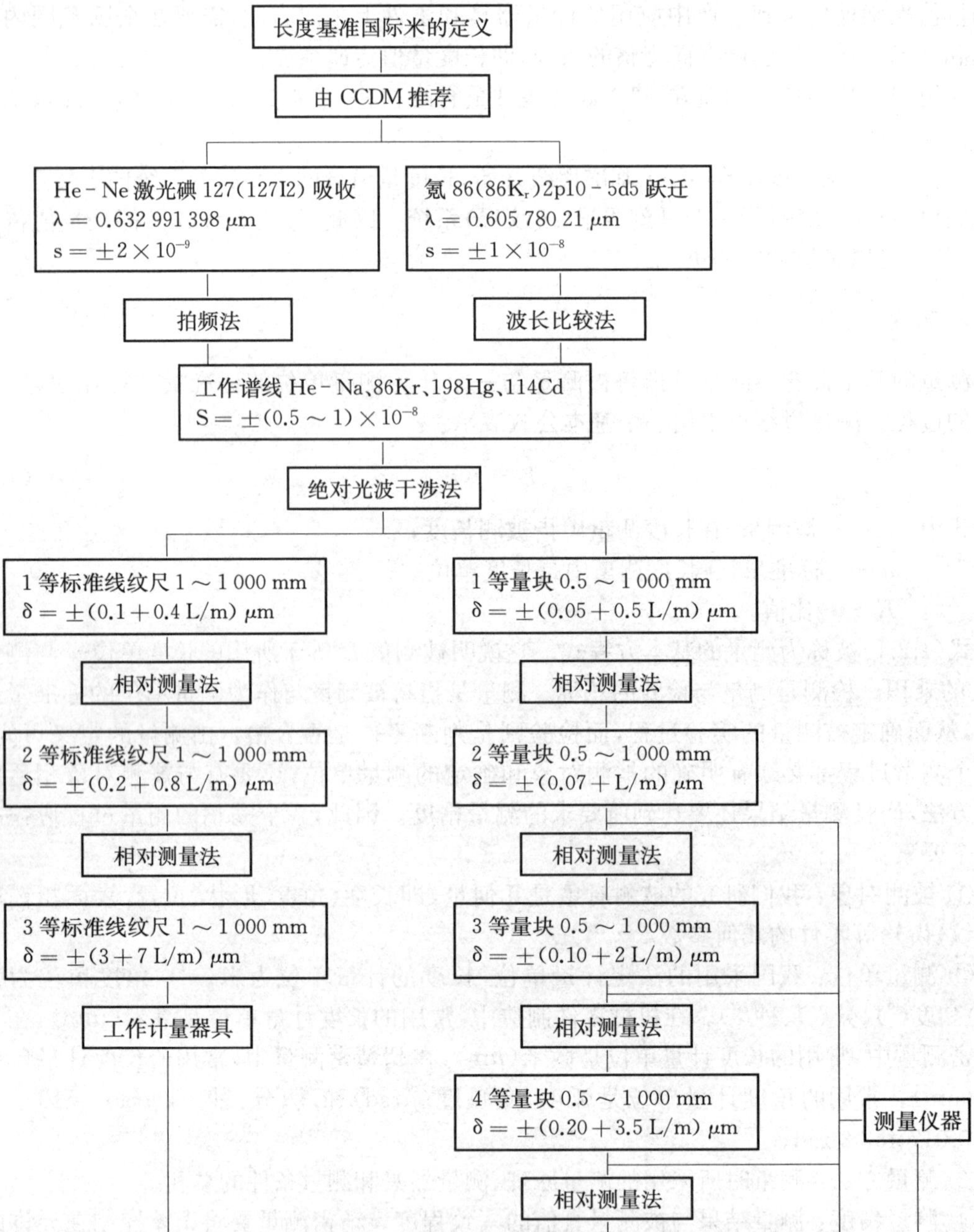

长度基准国际米的定义

由 CCDM 推荐

He-Ne 激光碘 127(127I2) 吸收
$\lambda = 0.632\ 991\ 398\ \mu m$
$s = \pm 2 \times 10^{-9}$

氪 86(86K_r)2p10-5d5 跃迁
$\lambda = 0.605\ 780\ 21\ \mu m$
$s = \pm 1 \times 10^{-8}$

拍频法

波长比较法

工作谱线 He-Na、86Kr、198Hg、114Cd
$S = \pm(0.5 \sim 1) \times 10^{-8}$

绝对光波干涉法

1 等标准线纹尺 1～1 000 mm
$\delta = \pm(0.1 + 0.4\ L/m)\ \mu m$

相对测量法

2 等标准线纹尺 1～1 000 mm
$\delta = \pm(0.2 + 0.8\ L/m)\ \mu m$

相对测量法

3 等标准线纹尺 1～1 000 mm
$\delta = \pm(3 + 7\ L/m)\ \mu m$

工作计量器具

1 等量块 0.5～1 000 mm
$\delta = \pm(0.05 + 0.5\ L/m)\ \mu m$

相对测量法

2 等量块 0.5～1 000 mm
$\delta = \pm(0.07 + L/m)\ \mu m$

相对测量法

3 等量块 0.5～1 000 mm
$\delta = \pm(0.10 + 2\ L/m)\ \mu m$

相对测量法

4 等量块 0.5～1 000 mm
$\delta = \pm(0.20 + 3.5\ L/m)\ \mu m$

相对测量法

5 等量块 0.5～1 000 mm
$\delta = \pm(0.5 + 5\ L/m)\ \mu m$

相对测量法

6 等量块 0.5～1 000 mm
$\delta = \pm(1.0 + 10\ L/m)\ \mu m$

测量仪器

量具

各种配合公差的机械产品

图 1.2.1 我国长度现行的基本量值传递系统

② 端面长度标准—量块，分 1、2、3、4、5、6 等和 00、0、1、2、3、K 校准级；

③ 3.24 m 基线标准；

④ 平面角标准—多面棱体、角度块、多齿分度台、光栅盘；

⑤ 度盘检定标准；

⑥ 表面粗糙度标准—单刻线样板，多刻线样板；

⑦ 平面度标准—平晶，标准平 60 mm、100 mm、150 mm 和 200 mm 几种，其平面度一般要求在 0.03 μm 左右；

⑧ 齿轮渐开线标准；

⑨ 螺纹标准，丝杠标准及圆度标准等。

上述 9 项标准中，第 6～9 条为工程计量标准。

4. 长度量值传递系统

上面论述的长度单位“米”的定义、基准器和标准器，它们是在准确度和作用不同的前提下建立的。为了保证长度量值的统一和准确，需要将米定义基准器与机械产品零件的尺寸精度联系起来，这种联系起来的法制制度或法制联系渠道称为量值传递系统。图 1.2.1 为我国长度现行的基本量值传递系统。

在图 1.2.1 中，长度基本单位“米”定义由米定义咨询委员会(CCDM)推荐的五种饱和吸收稳定激光的频率值和波长值，以及 He - Ne 激光用 I_2^{127} 饱和吸收的波长值和 Kr^{86} 在 $2P_{10}$-$5d_5$ 跃迁时的波长值作为基准谱线，然后通过拍频法和波长比较法传递到工作谱线，再用激光干涉原理绝对法，如激光比长仪和激光量块干涉仪等分别传递至线纹尺和量块两实体标准，然后再按此两大系统逐级传递至测量器具和各种量具，最后传递到机械产品和零件。

通过这一传递系统，就能保证量值的统一和准确。

我国量值传递的最高管理机构是国家计量局，它是主管全国计量工作的职能部门。省、市、自治区及地、市、县计量管理机构，是同级政府的职能部门，根据国家计量局提出的指导方针，负责管理本地区的计量工作。这些计量工作机构的建立，组成了我国的计量网。

5. 常用计量器具

(1) 游标卡尺

① 构造：主尺、游标尺(主尺和游标尺上各有一个内外测量爪)、游标尺上还有一个深度尺，尺身上还有一个紧固螺钉。

② 用途：测量厚度、长度、深度、内径、外径。

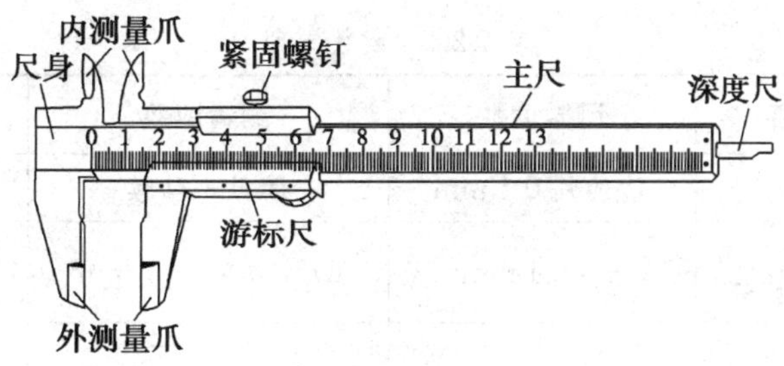

图 1.2.2　游标卡尺

③ 读数：$L=a+b$。

式中：L——被测长度，a——立尺读数，b——游标读数。

（2）螺旋测微器

① 构造：它的小端 A 和固定刻度 S 固定在框架 F 上。旋钮 K、微调旋钮 K′和可动刻度 H、测微螺杆 P 连在一起，通过精密螺纹套在 S 上。

② 用途：测量长度、直径等外尺寸。

③ 读数 $L=a+b$。

式中：L——被测长度，a——主刻度 S 的读数，b——旋转刻度 H 的读数。

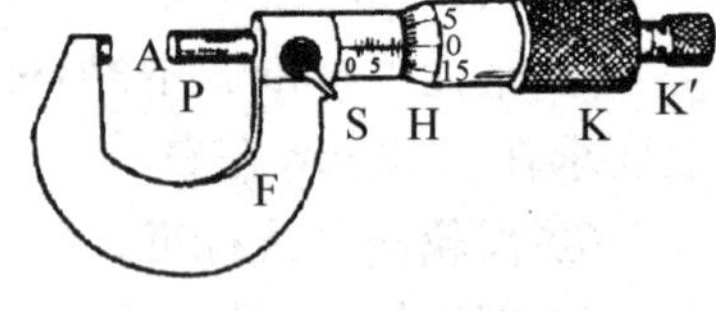

图 1.2.3 螺旋测微器

（3）内径量表

① 构造：测微表、内径表架、测量端，如图 1.2.4(a)所示。

② 用途：内尺寸测量。

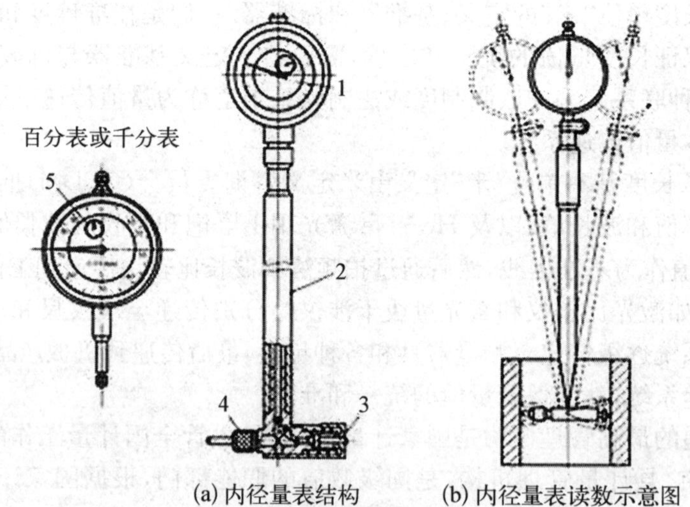

(a) 内径量表结构　(b) 内径量表读数示意图

1—表盘；2—内径表架；3—活定量端；4—固定量端；5—转数指示盘

图 1.2.4 内径量表

③ 读数 $L=a+b$。

式中：L——被测长度，a——标准量，b——测微表标准量与被测量的读数差。

读数时偏摆内径量表，在极小拐点处读数(如图 1.2.4b)。

（4）读数原理

读数原理见表 1.2.1。

表 1.2.1 读数原理

	分度值	测微读数	测量读数	注　释
米尺	1 mm	估读到 0.1 mm	读数+估读	1. 比较　2. 估读
游标卡尺	$\frac{1}{10}$ mm	$n\times0.1$ mm	$(a+n\times0.1)$ mm	a—主尺读数(mm) n—测微读数(格)
	$\frac{1}{20}$ mm	$n\times0.05$ mm	$(a+n\times0.05)$ mm	

续　表

	分度值	测微读数	测量读数	注　释
游标卡尺	$\frac{1}{50}$ mm	$n\times0.02$ mm	$(a+n\times0.02)$ mm	a—主尺读数(mm) n—测微读数(格)
螺旋测微器	$\frac{1}{100}$ mm	$n\times0.01$ mm	$(a+n\times0.01)$ mm	
	$\frac{1}{1\,000}$ mm	$n\times0.001$ mm	$(a+n\times0.001)$ mm	
内径量表	$\frac{1}{100}$ mm	$n\times0.01$ mm	$(a+n\times0.01)$ mm	a—标准量值(mm) n—测微读数差(格)
	$\frac{1}{1\,000}$ mm	$n\times0.001$ mm	$(a+n\times0.001)$ mm	

(5) 量块

量块是精密测量中经常使用的标准量,分长度量块和角度量块两类。下面介绍长度量块和角度量块的有关术语。

① 长度量块:长度量块是单值端面量具,其形状大多为长方六面体,其中一对平行平面为量块的工作表面,两工作表面的间距即长度量块的工作尺寸。量块由特殊合金钢制成,耐磨且不易变形,应具有良好的研合性(见图 1.2.5)。

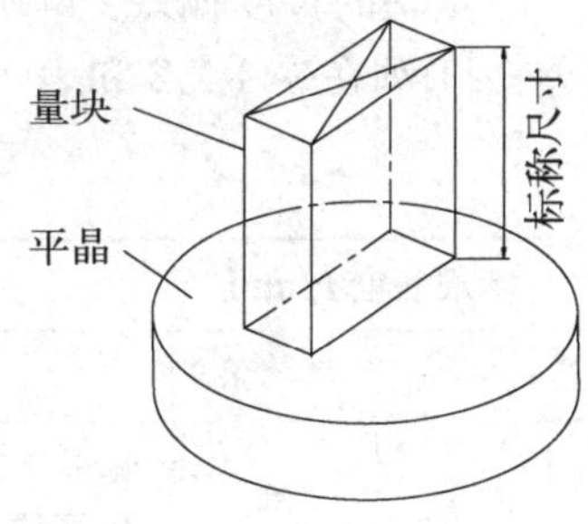

图 1.2.5　长度量块

长度量块尺寸方面的术语:

标称长度:量块上标出的尺寸称为量块的标称长度。指量块工作面中心到平晶作用面的距离的标称值。

实际长度:量块长度的实际测得值称为量块的实际长度。分为中心长度 L 和任意点长度 Li。

量块的长度变动量:量块任意点长度 Li 的最大差值,即 $Lv = Li\,\max - Li\,\min$。量块长度变动量的允许值 Tv 列在表 1.2.2 和表 1.2.3 中。

表 1.2.2　量块长度变动量

标准长度　L/mm		量块制定精度					
		00 级		0 级		K 级	
大于	到	测量不定数允许值±D	变动允许值 Tv	测量不定数允许值±D	变动允许值 Tv	测量不定数允许值±D	变动允许值 Tv
0.5		0.06	0.05	0.12	0.10	0.20	0.05
0.5	10						
10	25	0.07	0.05	0.14	0.10	0.30	0.05
25	50	0.10	0.06	0.20	0.10	0.40	0.06
50	75	0.12	0.06	0.25	0.12	0.50	0.06
75	100	0.14	0.07	0.30	0.12	0.60	0.07
100	150	0.20	0.08	0.40	0.14	0.80	0.08
150	200	0.25	0.09	0.50	0.16	1.00	0.09
200	250	0.30	0.10	0.60	0.16	1.20	0.10

续　表

标准长度 L/mm		量块制定精度					
		1 级		2 级		3 级	
大于	到	测量不定数允许值±D	变动允许值 Tv	测量不定数允许值±D	变动允许值 Tv	测量不定数允许值±D	变动允许值 Tv
0.5		0.20	0.10	0.45	0.30	1.0	0.50
0.5	10						
10	25	0.30	0.16	0.60	0.30	1.20	0.50
25	50	0.40	0.18	0.80	0.30	1.60	0.50
50	75	050	0.18	1.00	0.35	2.00	0.60
75	100	0.60	0.20	1.20	0.35	2.50	0.60
100	150	0.80	0.20	1.60	0.40	3.00	0.65
150	200	1.00	0.25	2.00	0.40	4.00	0.70
200	250	1.20	0.25	2.40	0.45	5.00	0.75

量块的长度偏差：量块的长度实测值与标称长度之差。量块长度偏差的允许值(极限偏差±D)列在表 1.2.2 和表 1.2.3 中。

表 1.2.3　量块长度偏差

标准长度 l/mm		量块制定精度					
		1 等		2 等		3 等	
大于	到	测量不定数允许值±D	变动允许值 Tv	测量不定数允许值±D	变动允许值 Tv	测量不定数允许值±D	变动允许值 Tv
0.5		0.02	0.05	0.06	0.10	0.11	0.16
0.5	10						
10	25	0.02	0.05	0.07	0.10	0.12	0.16
25	50	0.03	0.06	0.08	0.10	0.15	0.18
50	75	0.04	0.06	0.09	0.12	0.18	0.18
75	100	0.04	0.07	0.10	0.12	0.20	0.20
100	150	0.05	0.08	0.12	0.14	0.25	0.20
150	200	0.06	0.09	0.15	0.16	0.30	0.25
200	250	0.07	0.10	0.18	0.16	0.35	0.25

② 长度量块的分级：量块按制造精度分为 6 级，即 00，0，K，1，2，3 级，其中 00 级精度最高，3 级精度最低。K 级为校准级，用来校准 0，1，2 级量块。量块的“级”主要是根据量块长度极限偏差和量块长度变动量的允许值来划分的。量块按“级”使用时，以量块的标称长度作为工作尺寸。该尺寸包含了量块的制造误差，不需要加修正值，使用较方便。但不如按“等”使用的测量精度高。量块分级的精度指标见表 1.2.2。

③ 长度量块的分等：量块按检定精度分为 1～6 等，其中 1 等精度最高，6 等精度最低。量块按等使用时，是以量块检定书列出的实测中心长度作为工作尺寸，该尺寸排除了量块的制造误差，只包含检定时较小的测量误差。因此，量块按“等”使用比按“级”使用的测量精度

高。量块分等的精度指标见表 1.2.3。

长度量块的分等，其量值按长度量值传递系统进行，即低一等的量块检定，必须用高一等的量块作基准进行测量。

按“等”使用量块，在测量上需要加入修正值，虽麻烦一些，但消除了量块尺寸制造误差的影响。一般可用六等量块对工件进行较精密的测量。

(6) 单片塞尺

1) 概述

图 1.2.6　塞规

单片塞尺是由一组具有不同厚度级差的薄钢片组成的量规(见 1.2.6 图)。塞尺用于测量间隙尺寸。在检验被测尺寸是否合格时，可以用通止法判断，也可由检验者根据塞尺与被测表面配合的松紧程度来判断。塞尺一般用不锈钢制造，最薄的为 0.02 毫米；最厚的为 3 毫米。自 0.02～0.1 毫米间，各钢片厚度级差为 0.01 毫米；自 0.1～1 毫米间，各钢片的厚度级差一般为 0.05 毫米；自 1 毫米以上，钢片的厚度级差为 1 毫米。

2) 定义

塞尺又称测微片或厚薄规，是用于检验间隙的测量器具之一，横截面为直角三角形，在斜边上有刻度，利用锐角正弦直接将短边的长度表示在斜边上，这样就可以直接读出缝的大小了。

塞尺使用前必须先清除塞尺和工件上的污垢与灰尘。使用时可用一片或数片重叠插入间隙，以稍感拖滞为宜。测量时动作要轻，不允许硬插。也不允许测量温度较高的零件。

3) 使用方法

① 用干净的布将塞尺测量表面擦拭干净，不能在塞尺沾有油污或金属屑末的情况下进行测量，否则将影响测量结果的准确性。

② 将塞尺插入被测间隙中，来回拉动塞尺，感到稍有阻力，说明该间隙值接近塞尺上所标出的数值；如果拉动时阻力过大或过小，则说明该间隙值小于或大于塞尺上所标出的数值。

③ 进行间隙的测量和调整时，先选择符合间隙规定的塞尺插入被测间隙中，然后一边调整，一边拉动塞尺，直到感觉稍有阻力时拧紧锁紧螺母，此时塞尺所标出的数值即为被测间隙值。

4) 使用注意事项

① 使用塞尺前须确认是否经校验及在校验有效期内；

② 不允许在测量过程中剧烈弯折塞尺，或用较大的力硬将塞尺插入被检测间隙，否则将损坏塞尺的测量表面或零件表面的精度；

③ 根据结合面的间隙情况选用塞尺片数，但片数愈少愈好；

④ 不能测量温度较高的工件；

⑤ 用塞尺时必须注意正确的方法(测间隙必须垂直被测面，测断差必须放平)；

⑥ 读数时，按塞标尺片上所标数值直接读数即可；

⑦ 塞尺必须定时保养。

6. 计量器具和测量方法分类

(1) 计量器具分类

1) 量具

量具是通用的有刻度的或无刻度的一系列单值和多值的计量器具，如长度量块、90°角尺、角度量块、线纹尺、多面棱体等。

2）量规

量规是没有刻度且专用的计量器具。可用以检验零件要素实际尺寸和形位误差的综合结果。使用量规检验不能得到工件的具体实际尺寸和形位误差值，而只能确定被检验工件是否合格。如使用光滑极限量规检验孔、轴，只能判定孔、轴的合格与否，不能得到孔、轴的实际尺寸。

3）计量仪器

计量仪器（简称量仪）是能将被测几何量的量值转换成可直接观测的示值或等效信息的一类计量器具。计量仪器按原始信号转换的原理可分为以下几种：

① 机械量仪：机械量仪是指用机械方法实现原始信号转换的量仪，一般都具有机械测微机构。这种量仪结构简单、性能稳定、使用方便，如指示表、杠杆比较仪等。

② 光学量仪：光学量仪是指用光学方法实现原始信号转换的量仪，一般都具有光学放大（测微）机构。这种量仪精度高、性能稳定。如光学比较仪、工具显微镜、干涉仪等。

③ 电动量仪：电动量仪是指能将原始信号转换为电量信号的量仪，一般都具有放大、滤波等电路。这种量仪精度高、测量信号经模/数（A/D）转换后，易于与计算机接口，实现测量和数据处理的自动化，如电感比较仪、电动轮廓仪、圆度仪等。

④ 气动量仪：气动式量仪是以压缩空气为介质，通过气动系统流量或压力的变化来实现原始信号转换的量仪。这种量仪结构简单、测量精度和效率都高、操作方便，但示值范围小，如水柱式气动量仪、浮标式气动量仪等。

4）计量装置

计量装置是指为确定被测几何量量值所必需的计量器具和辅助设备的总体。它能够测量同一工件上较多的几何量和形状比较复杂的工件，有助于实现检测自动化或半自动化。如齿轮综合精度检查仪、发动机缸体孔的几何精度综合测量仪等。

（2）计量器具的基本技术指标

计量器具的基本技术性能指标是合理选择和使用计量器具的重要依据。下面以机械式测微仪为例介绍一些常用的计量技术性能指标。

① 刻度间距：是指计量器具的标尺或分度盘上相邻两刻线中心之间的距离或圆弧长度。考虑人眼观察的方便，一般应取刻度间距为 1～2.5 mm。

② 分度值：指计量器具的标尺或分度盘上每一刻度间距所代表的量值。一般长度计量器具的分度值有 0.1 mm、0.05 mm、0.02 mm、0.01 mm、0.005 mm、0.002 mm、0.001 mm 等几种。一般来说，分度值越小，则计量器具的精度要求就越高。

③ 分辨力：是指计量器具所能显示的最末一位数所代表的量值。由于在一些量仪（如数字式量仪）中，其读数采用非标尺或非分度盘显示，因此就不能使用分度值这一概念，而将其称做分辨力。例如，国产 JC19 型数显式万能工具显微镜的分辨力为 0.5 μm。

④ 示值范围：是指计量器具所能显示或指示的被测几何量起始值到终止值的范围。例如机械式测微仪的示值范围为±100 μm。

⑤ 测量范围：是指计量器具在允许的误差限度内所能测出的被测几何量量值的下限值到上限值的范围。一般测量范围上限值与下限值之差称为量程。例如立式光学比较仪的测量范围为 0～180 mm，也说立式光学比较仪的量程为 180 mm。

⑥ 灵敏度：是指计量器具对被测几何量微小变化的响应变化能力。若被测几何量的变化为 Δx，该几何量引起计量器具的响应变化能力为 ΔL，则灵敏度：

$$S=\Delta L/\Delta x \tag{1.2.2}$$

当上式中分子和分母为同种量时，灵敏度也称为放大比或放大倍数。对于具有等分刻度的标尺或分度盘的量仪，放大倍数 K 等于刻度间距 a 与分度值 i 之比。一般来说，分度值越小，则计量器具的灵敏度就越高。

$$K=a/i \tag{1.2.3}$$

⑦ 示值误差：是指计量器具上的示值与被测几何量的真值的代数差。一般来说，示值误差越小，则计量器具的精度就越高。

⑧ 修正值：是指为了消除或减少系统误差，用代数法加到测量结果上的数值。其大小与示值误差的绝对值相等，而符号相反。例如，示值误差为－0.004 mm，则修正值为＋0.004 mm。

⑨ 测量重复性：是指在相同的测量条件下，对同一被测几何量进行多次测量时，各测量结果之间的一致性。通常以测量重复性误差的极限值(正、负偏差)来表示。

⑩ 不确定度：是指由于测量误差的存在而对被测几何量量值不能肯定的程度。直接反映测量结果的置信度。

(3) 测量方法分类

在实际工作中，测量方法通常是指获得测量结果的具体方式，它可以按下面几种情况进行分类。

1) 按实测几何量是否就是被测几何量分类

① 直接测量：是指被测几何量的量值直接由计量器具读出。例如，用游标卡尺、千分尺直接测量轴径的大小。

② 间接测量：是指欲测量的几何量的量值由实测几何量的量值按一定的函数关系式运算后获得。例图1.2.7中，被测几何量是半圆键的直径 d。间接测量时，实测的几何量是弓高值 h 和弦长值 L，然后按下式计算出直径：

$$d=\frac{L^2}{4h}+h \tag{1.2.4}$$

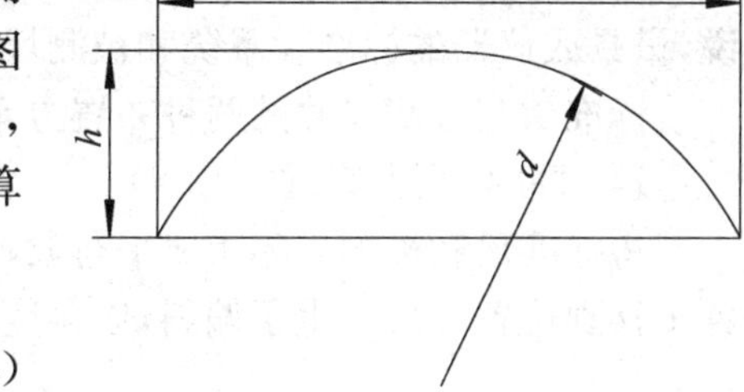

图 1.2.7　弓高弦长法测量

2) 按示值是否就是被测几何量的量值分类

① 绝对测量：是计量器具的示值，也就是被测几何量的量值。例如，用游标卡尺、千分尺直接测量轴径的大小。

② 相对测量：相对测量又称比较测量，是计量器具的示值只是被测几何量相对于标准量(已知)的偏差，被测几何量的量值等于已知标准量与该偏差值(示值)的代数和。例如，用立式光学比较仪测量轴径，测量时先用量块调整示值零位，该比较仪指示出的示值为被测轴径相对于量块尺寸的偏差。一般来说，相对测量的精度比绝对测量的精度高。

3) 按测量时被测表面与计量器具的测头是否接触分类

① 接触测量：是指在测量过程中，计量器具的测头与被测表面接触，即有测量力存在。例如用立式光学比较仪测量轴径。

② 非接触测量：指在测量过程中，计量器具的测头不与被测表面接触，即无测量力存在。例如，用光切显微镜测量表面粗糙度，用气动量仪测量孔径。对于接触测量，测头和被测表面的接触会引起弹性变形，即产生测量误差，而非接触测量则无此影响，故易变形的软质表面或薄壁工件多用非接触测量。

4）按工件上是否有多个被测几何量同时测量分类

① 单项测量：是指对工件上的各个被测几何量分别进行测量。例如，用公法线千分尺测量齿轮的公法线长度变动，用跳动检查仪测量齿轮的齿圈径向跳动等。

② 综合测量：是指对工件上几个相关几何量的综合效应同时测量得到综合指标，以判断综合结果是否合格。例如，用齿距仪测量齿轮的齿距累积误差，实际上反映的是齿轮的公法线长度变动和齿圈径向跳动两种误差的综合结果。

综合测量的效率比单项测量的效率高。一般来说单项测量便于分析工艺指标。综合测量便于只要求判断合格与否，而不需要得到具体的测得值的场合。依据测头和被测表面之间是否处于相对运动状态，还可以分为动态测量和静态测量。动态测量是在测量过程中，测头与被测表面处于相对运动状态。动态测量效率高，并能测出工件上几何参数连续变化时的情况。例如用电动轮廓仪测量表面粗糙度是动态测量。此外，还有主动测量（也称在线测量），是在加工工件的同时对被测几何量进行测量。其测量结果可直接用以控制加工过程，及时防止废品的产生。

7. 两个重要的测量原则

在几何量计量中有两个重要的测量原则，即在长度计量中的阿贝原则和圆周分度测量中的封闭原则。它们与测量精度的关系极为密切。

（1）阿贝测长原则

在长度测量中，为使测量误差最小，应将标准量安放在被测定量的延长线上。也就是说，量具或仪器的标准量系统和被测尺寸应按串联的形式排列。

标准量与被测尺寸的两种布置方案比较如下：

1）并联排列方案（图 1.2.8）

将标准尺和被测尺相距 s 平行放置。由于导轨存在着直线度误差，当读数显微镜架自位置 1 移到位置 2 后产生了偏斜，以角度 φ 表示，则由此产生的测量误差 $\Delta = s \cdot \tan \phi$。

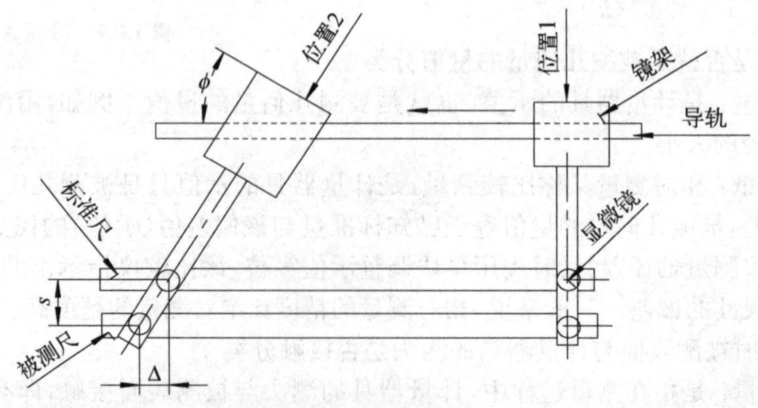

图 1.2.8　并联排列方案

设：$s=100$ mm，$\phi=10''=0.000\,05$ rad，

则：$\Delta=s\cdot\tan\phi\approx s\cdot\phi=100\times1\,000\times5\times10^{-5}=5\ \mu$m。

2) 串联排列方案(图 1.2.9)

将标准尺和被测尺串联地在同一直线上放置。同样，由于导轨存在着直线度误差，当镜架由位置 1 移向位置 2 时(为使图形清楚起见，将镜架位置 2 的状况画在图的下方)产生了交角 φ，此时所产生的测量误差 $\Delta\approx\frac{1}{2}L\varphi^2$，式中 L 为线纹比长仪镜架上两个显微镜(被测尺和标尺的读数显微镜)的纵向移动距离。

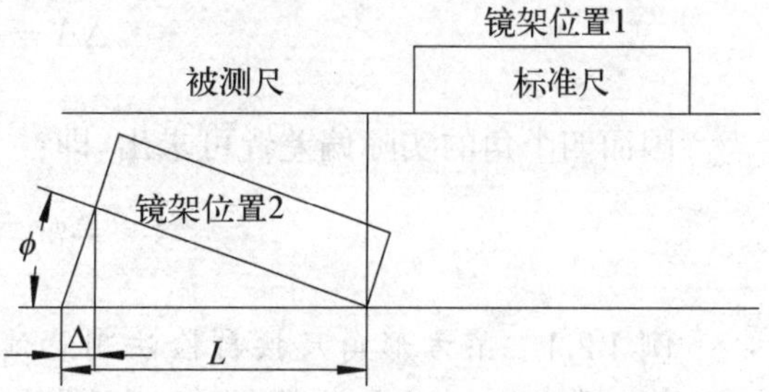

图 1.2.9　串联排列方案

如：$L=1\,000$ mm，$\varphi=20''$，

所以：$\Delta\approx\frac{1}{2}L\varphi^2=0.5\times1\,000\times10^3\times(20\times5\times10^{-6})^2=0.005\ \mu$m。

比较两种方案，并联方案产生的测量误差相当大，而串联方案产生的测量误差几乎可以忽略不计。可见阿贝测长原则之重要性。在评定量仪或拟定长度测量方案时必须首先考虑之。如由于结构上的原因，在大尺寸测量中难以实现时(譬如工作台、床身要求太长)，就应该尽量考虑采取有效措施以减少、甚至消除由于不符合阿贝原则所产生的误差。

(2) 圆周封闭原理

在圆周分度器件(如刻度盘、圆柱齿轮等)的测量中，利用在同一圆周上所有夹角之和等于 360°，即所有夹角误差之和等于零的这一自然封闭特性，在没有更高精度的圆分度基准器件的情况下，可以采用“自检法”也能达到高精度测量的目的。下面就以方形角尺的垂直度检定为例说明其自检方法。

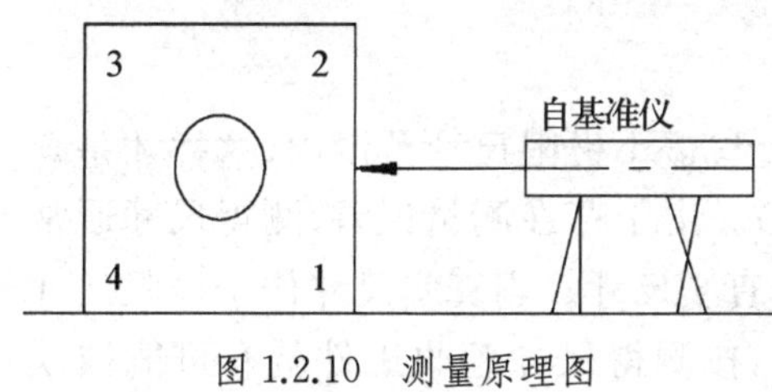

图 1.2.10　测量原理图

图 1.2.10 为其测量原理图。将方形角尺垂直放置在一个基面上，以角 ϕ_1 的一面为定位面，由自准直仪对准角 ϕ_1 的另一面，调整自准直仪使其读数为零，即角 ϕ_1 的读数 $e_1=0^0$，然后以 ϕ_1 角为定角(用 A 表示)，和其他各被测角进行比较，得出相应的读数 e_2、e_3、e_4。如各被测角的实际角 $\phi_i=A+e_i$。设 ϕ_i 对公称角的误差为 $\Delta\phi_i$，即 $\phi_i=90^\circ+\Delta\phi_i$，则 $\Delta\phi_i=\phi_i-90^\circ=A+e_i-90^\circ=\Delta A+e_i$(式中 $A-90^\circ=\Delta A$ 为角 ϕ_1 的误差)，于是可以列出下列各式：

$$\Delta\phi_1=\Delta A+e_1$$
$$\Delta\phi_2=\Delta A+e_2$$
$$\Delta\phi_3=\Delta A+e_3$$
$$\Delta\phi_4=\Delta A+e_4$$

将各式等号边求和，可得：

$$\sum_{i=1}^{4}\Delta\phi_i=4\Delta A+\sum_{i=1}^{4}e_i \tag{1.2.5}$$

由自然封闭条件可知，$\sum_{i=1}^{4}\Delta\phi_i=0$。所以，

$$\Delta A=-\frac{1}{4}\sum_{i=1}^{4}e_i \tag{1.2.6}$$

因而四个角的实际偏差皆可求出，即：

$$\Delta\phi_i=\Delta A+e_i \tag{1.2.7}$$

例 1.2.1 某方形角尺按自检法测量读数如下：$e_1=+0.2''$，$e_2=-0.5''$，$e_3=+0.8''$，$e_4=-1.7''$（注：e_1为初读数，可不一定为零），求各角偏差。

解：$\Delta A=-\frac{1}{4}(+0.2-0.5+0.8-1.7)=+0.3''$，

于是每个角的实际偏差为：

$$\Delta\phi_1=+0.2+0.3=+0.5''$$

$$\Delta\phi_2=-0.5+0.3=-0.2''$$

$$\Delta\phi_3=+0.8+0.3=+1.1''$$

$$\Delta\phi_4=-1.7+0.3=-1.4''$$

$$\Delta\phi_1+\Delta\phi_2+\Delta\phi_3+\Delta\phi_4=+0.5''-0.2''+1.1''-1.4''=0$$

由上例可见，由于方形角尺的四个直角符合封闭原则，在没有高精度的标准四方形或者标准直角尺的情况下，采用自检方法同样可以测出每一个直角的实际偏差，其测量精度完全取决于所采用的瞄准读数装置，并能达到很高的精度。

8. 安全裕度和验收极限

按图样要求，工件的真实尺寸必须位于规定的最大与最小极限尺寸范围内，这样才是合格的。通过测量，可以得到工件的实际尺寸（测得尺寸）。由于存在测量误差，测得尺寸通常不等于真实尺寸。当真实尺寸位于极限尺寸附近时，按测得尺寸验收工件就有可能被误收或误废。误收会影响产品质量，误废会造成经济损失。所以，测量时正确地确定验收极限具有重大的意义。

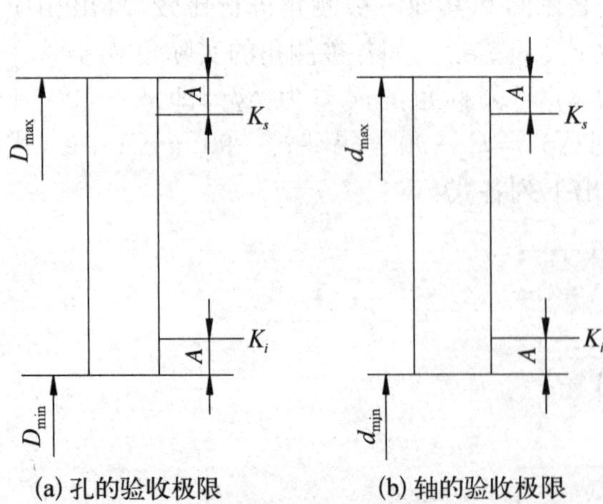

图 1.2.11 验收极限

（1）验收极限

实际尺寸与工件的最大和最小极限尺寸重合。这时，存在误收和误废的可能性。验收极限从工件的最大和最小极限尺寸分别向工件公差带内移动一个安全裕度 A，简称内缩方案，如图 1.2.11 所示。由于测量误差的存在，同一真实尺寸的测得尺寸有一个分散

范围。表示测得尺寸分散程度的测量误差范围称为测量不确定度 μ。因此,应根据工件公差的大小规定测量不确定度的允许值,以作为保证产品质量的安全措施,此允许值称为安全裕度,用 A 表示。安全裕度 A 数值可查表 1.2.4。于是上验收极限 K_s 等于最大极限尺寸($D_{\max}$, $d_{\max}$)减去 A;下验收极限 K_i 等于最小极限尺寸($D_{\min}$, $d_{\min}$) 加上 A。按内缩方案验收工件,可使误收率降低,保证了所验收工件的质量。GB 3167－82 规定:在车间条件下,使用游标卡尺、千分尺和分度值不小于 0.000 5 mm 的比较仪等测量基本尺寸至1 000 mm、公差值大于 0.009 至 3.2 mm、有配合要求的工件时,应按内缩方案确定验收极限;安全裕度 A 按工件公差的大小确定,A 值约占工件公差分段中最小值的 10%、最大值的 5%,一般按公差值的 1/10 取。工件应按内缩后的公差验收,即 $K_s = d_{\max}(D_{\max}) - A$; $K_i = d_{\min}(D_{\min}) + A$; $K_i \leqslant$实际尺寸$\leqslant K_s$ 为合格,而不应按图标上给定的公差验收。确定验收极限后,还需正确选择计量器具以进行测量。

(2) 计量器具的选择

按测量误差的来源,测量不确定度 μ 是由计量器具不确定度 μ_1 和测量条件引起的不确定度 μ_2 组成的。计量器的不确定度 μ_1 是表征由计量器具内在误差所引起的测得尺寸对真实尺寸可能分散的一个范围,其中还包括调整标准器(如调整比较仪的量块,千分尺的校正棒)的不确定度。测量条件不确定度 μ_2 是表征测量过程中由温度、压陷效应及工件形状误差等因素所引起的测得尺寸对真实尺寸可能分散的一个范围。

μ_1 与 μ_2 都是独立随机变量,因此,它们之和 μ 也是随机变量,并且应不大于安全裕度 A。但 μ_1 与 μ_2 对 μ 的影响程度是不相同的,μ_1 的影响较大,μ_2 的影响较小,一般按二比一的关系处理。由独立随机变量合成规则,得 $\mu = \sqrt{\mu_1^2 + \mu_2^2}$,因此 $A \approx \sqrt{\mu_1^2 + \mu_2^2}$。由此得“$\mu_1 = 0.9A$, $\mu_2 = 0.45A$”。

目前,千分尺是一般工厂的车间最常用的计量器具。为了提高千分尺的使用精度,可以采用比较测量法。实践表明,当使用形状与工件相同的标准器比较测量时,千分尺的不确定度可减小约 60%;当使用形状与工件不相同的标准器比较测量时,千分尺的不确定度可减小约 40%。此外,还可以采用扩大安全裕度的方法,以降低对计量器具不确定度的要求。但应指出,安全裕度 A 的数值以不超过公差的 15%为限,一般取公差值得 1/10,否则对加工经济性不利。

所选的计量器具的不确定度应小于或等于允许的计量器具不确定度 μ_1。

计量器具的选择应考虑:

① 所选计量器具的分度值应能满足被测件的最小测量单位要求。

② 所选计量器具的测量范围应满足被测件的尺寸要求。

③ 在满足测量要求的前提下,尽可能选择测量成本低的计量器具。

例 1.2.2　对被测工件为 ϕ28h8 的轴进行测量。确定其计量器具。

解: (1) 查表计算 ϕ28h8 的上偏差 $e_s = 0$,下偏差 $e_i = -0.033$。$T = 0.033$,$d_{\max} = \phi 28$,$d_{\min} = 28 - 0.033 = 27.967$。

(2) 查表 1.2.4, $A = 3.3\ \mu\text{m}$, $\mu_1 = 3\ \mu\text{m}$。

(3) 查表 1.2.6,选分度值为 0.005 的比较仪。

表 1.2.4 安全裕度 A 与计量器具的测量不确定度 u_1（摘自 GB/T3177－2009） 单位：μm

孔(轴)尺寸公差等级		IT6					IT7					IT8				
公称尺寸/mm		T	A	u_1			T	A	u_1			T	A	u_1		
大于	至			Ⅰ	Ⅱ	Ⅲ			Ⅰ	Ⅱ	Ⅲ			Ⅰ	Ⅱ	Ⅲ
18	30	13	1.3	1.2	2.0	2.9	21	2.1	1.9	3.2	4.7	33	3.3	3.0	5.0	7.4
30	50	16	1.6	1.4	2.4	3.6	25	2.5	2.3	3.8	5.6	39	3.9	3.5	5.9	8.8
50	80	19	1.9	1.7	2.9	4.3	30	3.0	2.7	4.5	5.8	46	4.6	4.1	6.9	10
80	120	22	2.2	2.0	3.3	5.0	35	3.5	3.2	5.3	7.9	54	5.4	4.9	8.1	12
120	180	25	2.5	2.3	3.8	5.6	40	4.0	3.6	6.0	9.0	63	6.3	5.7	9.5	14
180	250	29	2.9	2.6	4.4	6.5	46	4.6	4.1	6.9	10	72	7.2	6.5	11	16

孔(轴)尺寸公差等级		IT9					IT10					IT11				
公称尺寸/mm		T	A	u_1			T	A	u_1			T	A	u_1		
大于	至			Ⅰ	Ⅱ	Ⅲ			Ⅰ	Ⅱ	Ⅲ			Ⅰ	Ⅱ	Ⅲ
18	30	52	5.2	4.7	7.8	12	84	8.4	7.6	13	19	130	13	12	20	29
30	50	62	6.2	5.6	9.3	14	100	10	9.0	15	23	160	16	14	24	36
50	80	74	7.4	6.7	11	17	120	12	11	18	27	190	19	17	29	43
80	120	87	8.7	7.8	13	20	140	14	13	21	32	220	22	20	33	50
120	180	100	10	9.0	15	23	160	16	15	24	36	250	25	23	38	56
180	250	115	12	10	17	26	185	19	17	28	42	290	29	26	44	65

孔(轴)尺寸公差等级		IT12				IT13				IT14				IT15			
公称尺寸/mm		T	A	u_1		T	A	u_1		T	A	u_1		T	A	u_1	
大于	至			Ⅰ	Ⅱ			Ⅰ	Ⅱ			Ⅰ	Ⅱ			Ⅰ	Ⅱ
18	30	210	21	19	32	330	33	30	50	520	52	47	78	840	84	76	130
30	50	250	25	23	38	390	39	35	59	620	62	56	93	1000	100	90	150
50	80	300	30	27	45	460	46	41	69	740	74	67	110	1200	120	110	180
80	120	350	35	32	53	540	54	49	81	870	87	78	130	1400	140	130	210
120	180	400	40	36	60	630	63	57	95	1000	100	90	150	1600	160	150	240
180	250	460	46	41	69	720	72	65	110	1150	115	100	170	1800	180	170	280

表 1.2.5　千分尺和游标卡尺的不确定度　　单位：mm

<table>
<tr><th rowspan="3">尺寸范围</th><th colspan="4">计量器具类型</th></tr>
<tr><th>分度值 0.01
外径千分尺</th><th>分度值 0.01
内径千分尺</th><th>分度值 0.02
游标卡尺</th><th>分度值 0.05
游标卡尺</th></tr>
<tr><th colspan="4">不　确　定　度</th></tr>
<tr><td>0～50</td><td>0.004</td><td rowspan="3">0.008</td><td rowspan="6">0.020</td><td rowspan="4">0.50</td></tr>
<tr><td>50～100</td><td>0.005</td></tr>
<tr><td>100～150</td><td>0.006</td></tr>
<tr><td>150～200</td><td>0.007</td><td rowspan="3">0.013</td></tr>
<tr><td>200～250</td><td>0.008</td><td rowspan="8">0.100</td></tr>
<tr><td>250～300</td><td>0.009</td></tr>
<tr><td>300～350</td><td>0.01</td><td rowspan="3">0.20</td><td rowspan="4"></td></tr>
<tr><td>350～400</td><td>0.011</td></tr>
<tr><td>400～450</td><td>0.012</td></tr>
<tr><td>450～500</td><td>0.013</td><td>0.25</td></tr>
<tr><td>500～600</td><td></td><td rowspan="3">0.030</td><td rowspan="3"></td></tr>
<tr><td>600～700</td><td></td></tr>
<tr><td>700～1 000</td><td></td><td>0.150</td></tr>
</table>

注：当千分尺采用微差比较测量时，其不确定度可小于表列数值，约为60%。

表 1.2.6　比较仪的不确定度　　单位：mm

<table>
<tr><th colspan="2" rowspan="2">尺寸范围</th><th colspan="4">所使用的计量器具</th></tr>
<tr><th>分度值为 0.000 5
(相当于放大倍数
2 000 倍)的比较仪</th><th>分度值为 0.001
(相当于放大倍数
1 000 倍)的比较仪</th><th>分度值为 0.002
(相当于放大倍数
500 倍)的比较仪</th><th>分度值为 0.005
(相当于放大倍数
200 倍)的比较仪</th></tr>
<tr><th>大于</th><th>至</th><th colspan="4">不　确　定　度</th></tr>
<tr><td></td><td>25</td><td>0.000 6</td><td rowspan="2">0.001 0</td><td>0.001 7</td><td rowspan="7">0.003 0</td></tr>
<tr><td>25</td><td>40</td><td>0.000 7</td><td rowspan="3">0.001 8</td></tr>
<tr><td>40</td><td>65</td><td>0.000 8</td><td rowspan="2">0.001 1</td></tr>
<tr><td>65</td><td>90</td><td>0.000 8</td></tr>
<tr><td>90</td><td>115</td><td>0.000 9</td><td>0.001 2</td><td rowspan="2">0.001 9</td></tr>
<tr><td>115</td><td>165</td><td>0.001 0</td><td>0.001 3</td></tr>
<tr><td>165</td><td>215</td><td>0.001 2</td><td>0.001 4</td><td>0.002 0</td></tr>
<tr><td>215</td><td>265</td><td>0.001 4</td><td>0.001 5</td><td>0.002 1</td><td rowspan="2">0.003 5</td></tr>
<tr><td>265</td><td>315</td><td>0.001 6</td><td>0.001 7</td><td>0.002</td></tr>
</table>

注：测量时，使用的标准器由4块4等量块组成。

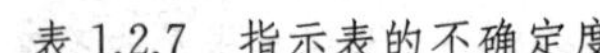

表 1.2.7　指示表的不确定度　　单位：mm

<table>
<tr><th colspan="2" rowspan="2">尺寸范围</th><th colspan="4">所使用的计量器具</th></tr>
<tr><th>分度值为 0.001 的千分表(0 级在全程范围内,1 级在 0.2 mm 内)分度值为 0.002 的千分表(在 1 转范围内)</th><th>分度值为 0.001, 0.002, 0.005 的千分表(1 级在全程范围内,分度值为 0.01 的百分表,0 级在任意 1 mm 内)</th><th>分度值为 0.01 的百分表(0 级在全程范围内,1 级在任意 1 mm内)</th><th>分度值为 0.01 的百分表(1 级在全程范围内)</th></tr>
<tr><th>大于</th><th>至</th><th colspan="4">不确定度</th></tr>
<tr><td></td><td>25</td><td rowspan="5">0.005</td><td rowspan="9">0.010</td><td rowspan="9">0.018</td><td rowspan="9">0.030</td></tr>
<tr><td>25</td><td>40</td></tr>
<tr><td>40</td><td>65</td></tr>
<tr><td>65</td><td>90</td></tr>
<tr><td>90</td><td>115</td></tr>
<tr><td>115</td><td>165</td><td rowspan="4">0.006</td></tr>
<tr><td>165</td><td>215</td></tr>
<tr><td>215</td><td>265</td></tr>
<tr><td>265</td><td>315</td></tr>
</table>

注：测量时,使用的标准器由 4 块 4 等量块组成。

例 1.2.3　对 $\phi 28h8$ 的某轴在分度值 0.005 的比较仪上进行了不同方向、不同截面的测量,测量数据为：$\phi 27.996\,5$，$\phi 27.970$，$\phi 27.996$，$\phi 27.985$。对该轴进行验收。

解：(1) 计算验收极限：$K_s=28-0.003\,3=\phi 27.996\,7$，

$K_i=27.967+0.003\,3=\phi 27.970\,3$。

(2) 验收：由于 $\phi 27.970<K_i$，则该轴不合格。

五、总结与评价

人们为了认识自然、改造自然,往往要求对一些事物和现象作定量的描述,用到量值的表达。测量就是为获得被测对象的量值而进行的实验过程。这个实验过程可能是极为复杂的物理实验,如地球至月球距离的测定,也可能是一个很简单的操作,如物体称重或卡尺测量轴的直径等。对于一般的测量,特别是机械制造业中几何量的测量,其实质往往仅是同类量的比较。

表 1.2.8　完成工作任务评价表

<table>
<tr><th rowspan="2">评价项目</th><th rowspan="2">评价内容</th><th rowspan="2">具体要求、指标</th><th rowspan="2">配分</th><th colspan="3">评分</th></tr>
<tr><th>自评</th><th>小组</th><th>教师</th></tr>
<tr><td rowspan="2">长度量测量</td><td>长度单位与量值传递</td><td>长度单位量值传递正确使用</td><td>5 分</td><td></td><td></td><td></td></tr>
<tr><td>常用测量器具</td><td>测量的概念测量器具的正确选用</td><td>3 分</td><td></td><td></td><td></td></tr>
</table>

续　表

<table>
<tr><th rowspan="2">评价项目</th><th rowspan="2">评价内容</th><th rowspan="2">具体要求、指标</th><th rowspan="2">配分</th><th colspan="3">评　分</th></tr>
<tr><th>自评</th><th>小组</th><th>教师</th></tr>
<tr><td rowspan="3">长度量测量</td><td>测量仪器与测量方法</td><td>仪器操作正确，测量步骤操作正确，读数正确，测量方法的正确选用</td><td>4 分</td><td></td><td></td><td></td></tr>
<tr><td>测量原理</td><td>正确的认识两个测量原理</td><td>4 分</td><td></td><td></td><td></td></tr>
<tr><td>安全裕度与验收极限</td><td>正确判定轴与孔的验收极限</td><td>4 分</td><td></td><td></td><td></td></tr>
<tr><td>安全操作</td><td colspan="2">安全使用仪表设备，正确使用平直度测量仪，能够正确采用安全措施保护自己，保证工作安全</td><td>10 分</td><td></td><td></td><td></td></tr>
<tr><td>完成工作任务的表现</td><td colspan="2">积极完成工作任务，认真学习相关知识，遵守安全操作规程和劳动纪律，有良好的职业道德和职业习惯</td><td>10 分</td><td></td><td></td><td></td></tr>
<tr><td colspan="3">你完成本次工作任务的体会：（学到了哪些知识、掌握了哪些技能，有哪些收获）</td><td>20 分</td><td></td><td></td><td></td></tr>
<tr><td colspan="3">小组同学对你在完成本次工作任务过程中，工作和学习方面的总体评价：</td><td>20 分</td><td></td><td></td><td></td></tr>
<tr><td colspan="3">老师对你在完成本次工作任务过程中，工作和学习方面的总体评价：</td><td>20 分</td><td></td><td></td><td></td></tr>
<tr><td>成绩评定</td><td colspan="2"></td><td>合计得分</td><td></td><td></td><td></td></tr>
<tr><td>备　　注</td><td colspan="6"></td></tr>
</table>

六、拓展与提高

本任务我们学习了长度测量的基本知识，通过学习同学们掌握了多少呢？结合实际的生产我们可以进一步提高自己对长度测量的掌握。测量如图轴承箱箱体的厚度、腔体的长宽高、齿轮与轴的直径。

测件要求	测量工具	测量方法	测量数据 1	测量数据 2	测量数据 3	最终测量数据
箱体的厚度						
腔体的长宽高						
齿轮与轴的直径						

图 1.2.12　减速箱

习　题

1. 测量的定义是什么？检测过程包含哪几个要素？
2. 量块是怎样分级、分等的？使用时有何区别？
3. 分度值、刻度间距、灵敏度三者有何关系？试以百分表为例进行说明。
4. 什么是阿贝测量原理？意义何在？
5. 测量 ϕ40h7，选择计量器具。
6. 对 ϕ28h6 的某轴用分度值为 0.001 的比较仪进行测量，测得实际轴径为 ϕ27.999，ϕ28，ϕ27.998，ϕ27.987 判断是否合格？

任务三　测量误差与数据处理

一、任务目标

1. 认识测量误差以及误差分类；
2. 了解不同性质的误差的数据处理方式；
3. 掌握等精度测量的数据处理。

二、任务描述

认识测量误差，在不同的情况下选择正确的处理方法，并进行数据处理。

三、任务实施流程

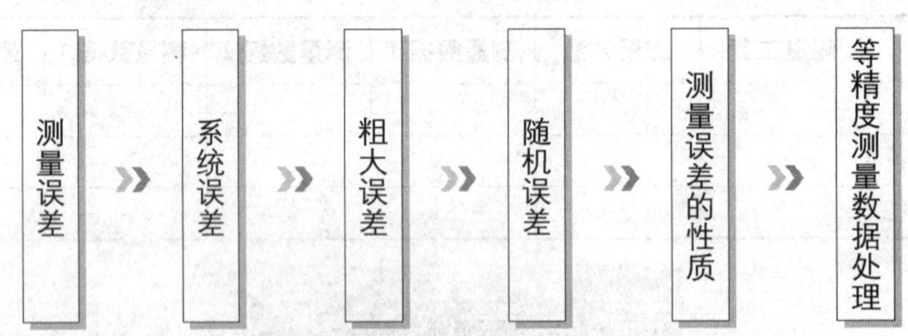

四、任务知识仓库及任务实施过程

在测量过程中的人员、环境及仪器本身精度等都影响着测量精度，使得测量的被测量的读数值与其真值不等，从而产生测量误差，通过对测量误差进行分析计算得到接近真值的测量结果。本节任务需要用到的知识点：① 随机误差；② 系统误差；③ 粗大误差；④ 测量误差的基本性质；⑤ 等精度测量数据处理。

1. 测量误差的分类及有效数字

测量误差是指测量值与其真值的差值。

根据测量误差的性质，测量误差可分为随机误差、系统误差、粗大误差三类。

(1) 随机误差

定义：在同一测量条件下(指在测量环境、测量人员、测量方法和测量仪器都相同的条件下)，多次重复测量同一量值时(等精度测量)，每次测量误差的绝对值和符号都以不可预知的方式变化的误差，称为随机误差或偶然误差，简称随差(或偶差)。

随机误差主要由对测量值影响微小但却互不相关的大量因素共同造成。这些因素主要是噪声干扰、电磁场微变、零件的摩擦和配合间隙、热起伏、空气扰动、大地微震、测量人员感官的无规律变化等。随机误差影响测量的精密度。

(2) 系统误差

定义：在同一测量条件下，多次重复测量同一量时，测量误差的绝对值和符号都保持不变(称此为定值系差)，或在测量条件改变时按一定规律变化的误差(称此为变值系差)，称为系统误差。例如仪器的刻度误差和零位误差，或值随温度变化的误差。

产生的主要原因是仪器的制造、安装或使用方法不正确，环境因素(温度、湿度、电源等)影响，测量原理中使用近似计算公式，测量人员不良的读数习惯等。

系统误差表明了一个测量结果偏离真值或实际值的程度。系差越小，测量就越准确。

系统误差的定量定义是：在重复性条件下，对同一被测量进行无限多次测量所得结果的平均值与被测量的真值之差。系统误差影响测量的准确度，随机误差和系统误差综合影响测量的精确度(精度)。

(3) 粗大误差

粗大误差是一种显然与实际值不符的误差。产生粗差的原因有：

① 测量操作疏忽和失误：如测错、读错、记错以及实验条件未达到预定的要求而匆忙实验等。

② 测量方法不当或错误：如用普通万用表电压档直接测高内阻电源的开路电压。

③ 测量环境条件的突然变化：如电源电压突然增高或降低，雷电干扰、机械冲击等引起测量仪器示值的剧烈变化等。含有粗差的测量值称为坏值或异常值，在数据处理时，应剔除掉。

(4) 有效数字

测量数据的处理是指从原始的测量数据中经过加工、整理求出被测量的最佳估计值，并计算其精确度。对一个近似数的取值(保留位数)多少应以测量所能达到的精度为依据。从测量精度确定的这个近似数左起的第一个非零的数字到最末一位数字(无论是零或非零的数字)均为有效数。

例如：0.785 三位有效数，3.14 三位有效数。

1) 测量数据的数字舍入规则

① 四舍六入：有效数末位次位大于五时进“1”，小于五时舍去。

例如，3.141 592 6 和 5.616 5

取三位有效数是 3.14 和 5.62

② 偶舍奇入：有效数末位次位等于五时：有效数末位是偶数时，舍去次位以后数，有效数末位是奇数时次位进“1”。

例如，3.141 592 6 和 5.616 5

取 3 位有效数是：3.14 和 5.62

取 4 位有效数是：3.142 和 5.616

2）有效数字的位数

所谓有效数字的位数，是指在一个数值中，从第一个非零的数算起，到最末一位数为止，都叫有效数字的位数。例如，0.27 是两位有效数字；10.30 和 2.102 都是四位有效数字。可见，数字“0”在一个数值中，可能是有效数字，也可能不是有效数字。

3）有效数字的运算规则

在近似数运算中，为了保证最后结果有尽可能高的精度，所有参与运算的数据，在有效数字后可多保留一位数字作为参考数字，或称为安全数字。

① 在近似数加减运算时，各运算数据以小数位数最少的数据位数为准，其余各数据可多取一位小数，但最后结果应与小数位数最少的数据小数位相同。

例如，求 $2\,643.0+987.7+4.187+0.235\,4=?$

$$\begin{aligned}\text{则 } 2\,643.0+987.7+4.187+0.235\,4 &\approx 2\,643.0+987.7+4.19+0.24\\ &=3\,635.13\approx 3\,635.1\end{aligned}$$

② 在近似数乘除运算时，各运算数据以有效位数最少的数据位数为准，其余各数据要比有效位数最少的数据位数多取一位数字，而最后结果应与有效位数最少的数据位数相同。

例如，求 $15.13\times 4.12=?$

则 $15.13\times 4.12=62.335\,6\approx 62.3$

③ 在近似数平方或开方运算时，平方相当于乘法运算，开方是平方的逆运算，故可按乘除运算处理。

④ 在对数运算时，n 位有效数字的数据应该用 n 位对数表，或用 $(n+1)$ 位对数表，以免损失精度。

⑤ 三角函数运算中，所取函数值的位数应随角度误差的减小而增多，其对应关系如表 1.3.1 所示。

表 1.3.1　函数值的位数应随角度误差的取值

角度误差/(″)	10	1	0.1	0.01
函数值位数	5	6	7	8

以上所述的运算规则，都是一些常见的最简单情况，但实际问题的数据运算皆较复杂，往往一个问题要包括几种不同的简单运算，对中间的运算结果所保留的数据位数可比简单运算结果多取一位数字。

4）有效数字位数的确定

确定有效数字位数的标准是误差。并非写得越多越好，多写位数，就夸大了测量的精确度，少写位数就会带来附加误差。测量结果有效数字处理原则是：由测量精确度来确定有效数据的位数，例如外径千分尺测轴读数是 37.985，其测量精度是 0.01，则有效数取 37.98。但允许多保留一位欠准数字，与误差的大小相对应，再根据舍入法则将有效位以后的数字舍去。

2. 测量误差计算

(1) 偶然误差计算

1) 偶然误差分布

长度测量其偶差一般按正态分布。

分布密度为：

$$f(x)=\frac{1}{\sigma\sqrt{2\pi}}\mathrm{e}^{-\frac{1}{2\sigma^2}(x-x_0)^2} \tag{1.3.1}$$

式中：x——测量值，

x_0——真值。

真差 $\delta=x-x_0$。

σ——标准差。

其分布密度：

$$f(\delta)=\frac{1}{\sigma\sqrt{2\pi}}\mathrm{e}^{-\frac{\delta^2}{2\sigma^2}} \tag{1.3.2}$$

其分布如图 1.3.1。

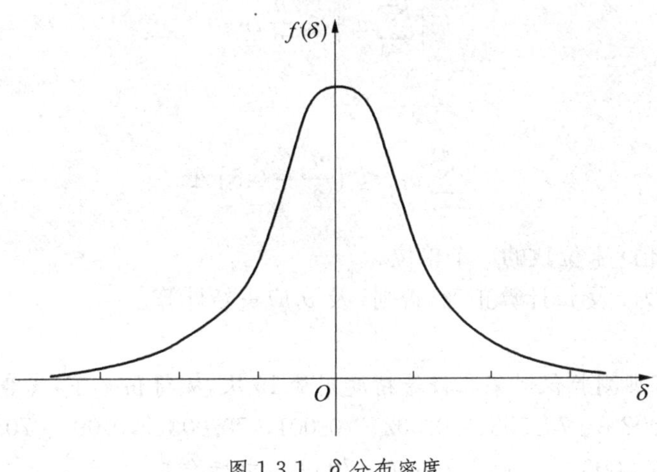

图 1.3.1　δ 分布密度

2) 偶然误差的基本特征

若测量列中不包含系统误差和粗大误差，则该测量列中的随机误差一般具有以下几个特征：

① 绝对值相等的正误差与负误差出现的次数相等，称为误差的对称性。

② 绝对值小的误差比绝对值大的误差出现的次数多，称为误差的单峰性。

③ 在一定的测量条件下，随机误差的绝对值不会超过一定界限，称为误差的有界性。

④ 随着测量次数的增加，随机误差的代数和趋向于零，称为误差的抵偿性。

3) 误差的计算

在实际测量中，真值 x_0 是不知的，我们可用等精度多次测量的算术平均值 $\bar{x}$（x_0 的数学期望)代之 x_0。

在有限次测量中：

$$\bar{x}=\frac{1}{n}\sum_{i=1}^{n}x_i \tag{1.3.3}$$

式中：n——有限次测量次数。

将 $v_i=x_i-\bar{x}$ 称之为剩余误差(残余误差)。

单次测量标准差 σ 按贝塞尔(Bessel)公式计算，即：

$$\sigma=\left(\frac{1}{n-1}\sum_{i=1}^{n}v_i^2\right)^{\frac{1}{2}} \tag{1.3.4}$$

多组测量列算术平均值标准差 $\sigma_{\bar{x}}=\frac{\sigma}{\sqrt{n}}$。

4) 校核算术平均值

在数据运算过程中，对有效位之后的数要进行舍入，数据运算后可按下式校核算术平均值及残余误差的计算是否正确。

当 n 为偶数时：

$$\left|\sum_{i=1}^{n}v_i\right|\leqslant\frac{n}{2}A \tag{1.3.5}$$

当 n 为奇数时：

$$\left|\sum_{i=1}^{n}v_i\right|\leqslant\left(\frac{n}{2}-0.5\right)A \tag{1.3.6}$$

A 为算术平均值 $\bar{x}$ 末位数的一个单位。

满足上式可认为 $\bar{x}$ 及 v_i 计算正确，否则 $\bar{x}$ 及 v_i 应重新计算。

例 1.3.1 用阿贝测长仪对某孔径等精度测量 15 次，测得值如下：(单位：mm)

70.003 2、70.002 8、70.003、70.002、70.001、70.003、70.004、70.003 5、70.003 4、70.003 6、70.005、70.003、70.003、70.002、70.004，求标准差。

解：(1) 求算术平均值：

$$\bar{x}=\frac{1}{15}\sum_{i=1}^{15}x_i=70.003\,1$$

因测量精度为 0.001，所以取 5 位有效数，则 $\bar{x}=70.003$。

(2) 残余误差：

$$v_1=0,\ v_2=0,\ v_3=0,\ v_4=-0.001,\ v_5=-0.002,$$
$$v_6=0,\ v_7=0.001,\ v_8=0.001,\ v_9=0,\ v_{10}=0.001,$$
$$v_{11}=0.002,\ v_{12}=0,\ v_{13}=0,\ v_{14}=-0.001,\ v_{15}=0.001。$$

(3) 校核算术平均值：

$$\left|\sum_{i=1}^{15} v_i\right| = 0.002 < \left(\frac{15}{2} - 0.5\right) \times 0.001 = 0.007$$

则$\bar{x}$及 v_i 计算正确。

(4) 残余误差平方和(单位：μm)：

$$\sum_{i=1}^{15} v_i^2 = 14$$

(5) 标准差：

① 单次测量标准差：

$$\sigma = \left(\frac{1}{n-1}\sum_{i=1}^{15} v_i^2\right)^{\frac{1}{2}} = 1\ \mu\text{m}$$

② 算术平均值标准差：

$$\sigma_{\bar{x}} = \frac{\sigma}{\sqrt{n}} = \frac{1}{\sqrt{15}} = 0.2\ \mu\text{m}$$

(2) 极限误差计算

1) 单次测量极限误差

测量列的测量次数足够多且单次测量误差为正态分布时，根据概率论知识，可求得单次测量的极限误差。

若已知测量的标准差 σ，选定置信系数 t，则可由上式求得单次测量的极限误差。

根据概率论知识，对测量误差所需要的分布区间的概率称之为置信概率，用“$P(t)$”表示。对应置信概率的误差分布区间为置信区间，用“$\pm t\sigma$”表示。

t——置信系数，可通过概率分布积分表(表 1.3.2)查得。

表 1.3.2 正态分布积分表 $\phi(t) = \frac{1}{\sqrt{2\pi}}\int_0^t e^{-t^2/2}\,dt$

t	$\phi(t)$	t	$\phi(t)$	t	$\phi(t)$	t	$\phi(t)$
0.00	0.000 0	0.75	0.273 4	1.50	0.433 2	2.50	0.493 8
0.05	0.019 9	0.80	0.288 1	1.55	0.439 4	2.60	0.495 3
0.10	0.039 8	0.85	0.303 2	1.60	0.445 2	2.70	0.496 5
0.15	0.059 6	0.90	0.315 9	1.65	0.450 5	2.80	0.497 4
0.20	0.079 3	0.95	0.328 9	1.70	0.455 4	2.90	0.498 1
0.25	0.098 7	1.00	0.341 3	1.75	0.459 9	3.00	0.498 65
0.30	0.117 9	1.05	0.353 1	1.80	0.464 1	3.20	0.499 31

续 表

t	$\phi(t)$	t	$\phi(t)$	t	$\phi(t)$	t	$\phi(t)$
0.35	0.136 8	1.10	0.364 3	1.85	0.467 8	3.40	0.499 66
0.40	0.155 4	1.15	0.374 9	1.90	0.471 3	3.60	0.499 841
0.45	0.173 6	1.20	0.384 9	1.95	0.474 4	3.80	0.499 928
0.50	0.191 5	1.25	0.394 4	2.00	0.477 2	4.00	0.499 968
0.55	0.208 8	1.30	0.403 2	2.10	0.482 1	4.50	0.499 997
0.60	0.225 7	1.35	0.411 5	2.20	0.486 1	5.00	0.499 999 97
0.65	0.242 2	1.40	0.419 2	2.30	0.489 3		
0.70	0.258 0	1.45	0.426 5	2.40	0.498 1		

表 1.3.2 的概率值是对应半区间的概率值，即 $P(t)=2\phi(t)$。

将 $\delta_{\lim}=\pm t\sigma$ 称为按置信概率 $P(t)$的测量极限误差。

例 1.3.2 按 99.73%的置信概率表达测量结果，求已知单次测量标准差“σ”的极限误差。

解：(1) 计算 $\phi(t)=\dfrac{1}{2}P(t)=0.498\ 65$，由表 1.3.2 查得 $t=3$。

(2) 极限误差 $\delta_{\lim}=\pm 3\sigma$，表示误差在$\pm 3\sigma$ 范围内的概率为 99.73%。

2) 算术平均值的极限误差

对均按正态分布的多个测量列的测量，其测量结果用算术平均值($\bar{x}$)表达其算术平均值的极限误差为：

$$\delta_{\lim \bar{x}}=\pm t\sigma_{\bar{x}} \tag{1.3.7}$$

式中：t——置信系数；

$\sigma_{\bar{x}}$——算术平均值的标准差。

对于测量次数较少的测量列，其分布应按“学生式”分布(或称 t 分布)来计算算术平均值的极限误差，即：

$$\delta_{\lim \bar{x}}=\pm t_{\alpha}\sigma_{\bar{x}} \tag{1.3.8}$$

式中：t_{α}——置信系数；

α——显著度(超出极限误差置信区间的误差的概率)。

$\alpha=1-P$，P 为置信概率。

t_{α}可由给定的置信概率P 和自由度$\nu=n-1$ 来确定。查 t 分布表。

表 1.3.3　t 分布表

$P(|t| \geqslant t_\alpha)=\alpha$ 的 t_α 值（ν：自由度　α：显著度）

ν	α			ν	α		
	0.05	**0.01**	**0.002 7**		**0.05**	**0.01**	**0.002 7**
1	12.71	63.66	235.80	20	2.09	2.85	3.42
2	4.3	9.92	19.21	21	2.08	2.83	3.40
3	3.18	5.84	9.21	22	2.07	2.82	3.38
4	2.78	4.60	6.62	23	2.07	2.81	3.36
5	2.57	4.03	5.51	24	2.06	2.80	3.34
6	2.45	3.71	4.90	25	2.06	2.79	3.33
7	2.36	3.50	4.53	26	2.06	2.78	3.32
8	2.31	3.36	4.28	27	2.05	2.77	3.30
9	2.26	3.25	4.09	28	2.05	2.76	3.29
10	2.23	3.17	3.96	29	2.05	2.76	3.28
11	2.20	3.11	3.85	30	2.04	2.75	3.27
12	2.18	3.05	3.76	40	2.02	2.70	3.20
13	2.16	3.01	3.69	50	2.01	2.68	3.16
14	2.14	2.98	3.64	60	2.00	2.66	3.13
15	2.13	2.95	3.59	70	1.99	2.65	3.11
16	2.12	2.92	3.54	80	1.99	2.64	3.10
17	2.11	2.90	3.51	90	1.99	2.63	3.09
18	2.10	2.88	3.48	100	1.98	2.63	3.08
19	2.09	2.86	3.45	∞	1.96	2.58	3.00

例 1.3.3　按 95％的置信概率求例 1.3.1 的极限误差。

解：(1) 根据显著度 $\alpha=1-0.95=0.05$ 和自由度 $\nu=14$ 查表 1.3.3。

置信系数 $t_\alpha=2.14$。

(2) 极限误差：$\delta_{\lim \bar{x}}=\pm t_\alpha \sigma_{\bar{x}}=\pm 0.4\ \mu\text{m}$，

误差在 $\pm 0.4\ \mu\text{m}$ 范围内的概率为 95％。

(3) 系统误差发现

因为系统误差的数值往往比较大，所以必须清除系统误差的影响，才能有效地提高测量精度。为了消除或减小系统误差，首先碰到的困难问题是如何发现系统误差。在测量过程中形成系统误差的因素是复杂的，通常人们还难于查明所有的系统误差，也不可能全部消除系统误差的影响。发现系统误差必须根据具体测量过程和测量仪器进行全面仔细的分析，这是一件困难而又复杂的工作，目前还没有能够适用于发现各种系统误差的普遍方法，下面只介绍适用于发现某些系统误差的常用方法，对于定值系差可在测量结果中加以修正，变值系差按偶差处理。

1）实验对比法

实验对比法是改变产生系统误差的条件进行不同条件的测量，以发现系统误差，这种方法适用于发现不变的系统误差。例如量块按公称尺寸使用时，在测量结果中就存在由于量块的尺寸偏差而产生不变的系统误差，多次重复测量也不能发现这一误差，只有用另一块高一级精度的量块进行对比时才能发现它。

2）残余误差观察法

残余误差观察法是根据测量列的各个残余误差大小和符号的变化规律，直接由误差曲线图形来判断有无系统误差，这种方法主要适用于发现有规律变化的系统误差。

根据测量先后顺序，将测量列的残余误差列表或作图进行观察，可以判断有无系统误差。

若残余误差大体上是正负相同，且无显著变化规律，则无根据怀疑存在系统误差，见图1.3.2(a)。若残余误差对称一条定值Δ线，见图1.3.2(b)，则存在定值系差Δ。若残余误差数值有规律地递增或递减，且在测量开始与结束时误差符号相反，则存在线性系统误差，见图1.3.2(c)。若残余误差符号有规律地逐渐由负变正、再由正变负，且循环交替重复变化，则存在周期性系统误差，见图1.3.2(d)。若残余误差有如图1.3.2(e)所示的变化规律，则应怀疑同时存在线性系统误差和周期性系统误差。

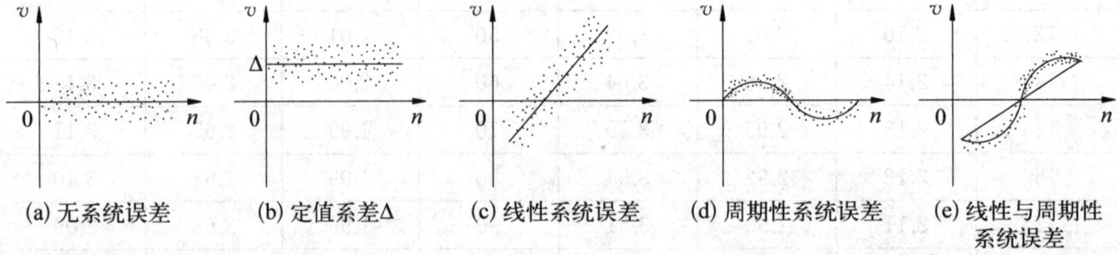

图1.3.2　残余误差图示

(4) 粗大误差判别

在判别某个测得值是否含有粗大误差时，要特别慎重，应作充分的分析和研究，并根据判别准则予以确定。通常用来判别粗大误差的准则有下面几种。

1）3σ 准则（莱以特准则）

3σ 准则是最常用也是最简单的判别粗大误差的准则，它是以测量次数充分大为前提，但通常测量次数皆较少，因此 3σ 准则只是一个近似的准则。

对于某一测量列，若各测得值只含有随机误差，则根据随机误差的正态分布规律，其残余误差落在 $\pm 3\sigma$ 以外的概率约为0.3%，即在370次测量中只有一次其残余误差 $|v_i| > 3\sigma$。如果在测量列中，发现有大于 3σ 的残余误差的测得值，即：

$$|v_i| > 3\sigma \tag{1.3.9}$$

则可以认为它含有粗大误差，应予剔除。

2）罗曼诺夫斯基准则

当测量次数较少时，按 t 分布的实际误差分布范围来判别粗大误差较为合理。罗曼诺夫

斯基准则又称 t 检验准则，其特点是首先剔除一个可疑的测得值，然后按 t 分布检验被剔除的测量值是否含有粗大误差。

设对某量作多次等精度独立测量，得：

$$x_1,\ x_2,\ \cdots,\ x_n$$

若认为测量值 x_j 为可疑数据，将其剔除后计算平均值为(计算时不包括 x_j)：

$$\bar{x}=\frac{1}{n-1}\sum_{\substack{i=1\\i\neq j}}^{n}x_i \tag{1.3.10}$$

并求得测量列的标准差(计算时不包括 $v_j=x_j-\bar{x}$)：

$$\sigma=\sqrt{\frac{\sum_{i=1}^{n}v_i^2}{n-2}}$$

根据测量次数 n 和选取的显著度 α，即可由表 1.3.4 查得 t 分布的检验系数 $K(n,\ \alpha)$。

若

$$|x_j-\bar{x}|>K\sigma \tag{1.3.11}$$

则认为测量值 x_j 含有粗大误差，剔除 x_j 是正确的，否则认为 x_j 不含有粗大误差，应予保留。

表 1.3.4 检验系数

n \ K \ α	0.05	0.01	n \ K \ α	0.05	0.01	n \ K \ α	0.05	0.01
4	4.97	11.46	13	2.29	3.23	22	2.14	2.91
5	3.56	6.53	14	2.26	3.17	23	2.13	2.90
6	3.04	5.04	15	2.24	3.12	24	2.12	2.88
7	2.78	4.36	16	2.22	3.08	25	2.11	2.86
8	2.62	3.96	17	2.20	3.04	26	2.10	2.85
9	2.51	3.71	18	2.18	3.01	27	2.10	2.84
10	2.43	3.54	19	2.17	3.00	28	2.09	2.83
11	2.37	3.41	20	2.16	2.95	29	2.09	2.82
12	2.33	3.31	21	2.15	2.93	30	2.08	2.81

3）格罗布斯准则

设对某量作多次等精度独立测量，得：

$$x_1,\ x_2,\ \cdots,\ x_n$$

当 x_i 服从正态分布时，计算：

$$\bar{x}=\frac{1}{n}\sum x$$

$$v_i = x_i - \bar{x}$$

$$\sigma = \sqrt{\frac{\sum v^2}{n-1}}$$

为了检验 x_i（$i=1, 2, \cdots, n$）中是否存在粗大误差，将 x_i 按大小顺序排列成顺序统计量 $x_{(i)}$，即：

$$x_{(1)} \leqslant x_{(2)} \leqslant \cdots \leqslant x_{(n)}$$

格罗布斯导出了 $g_{(n)} = \frac{x_{(n)} - \bar{x}}{\sigma}$ 及 $g_{(1)} = \frac{\bar{x} - x_{(1)}}{\sigma}$ 的分布，取定显著度 α（一般为 0.05 或 0.01），可得如表 1.3.5 所列的临界值 $g_0(n, \alpha)$，即：

$$P\left(\frac{x_{(n)} - \bar{x}}{\sigma} \geqslant g_0(n, \alpha)\right) = \alpha$$

及
$$P\left(\frac{\bar{x} - x_{(1)}}{\sigma} \geqslant g_0(n, \alpha)\right) = \alpha$$

表 1.3.5　临界值 $g_0(n, \alpha)$

n	**α**		**n**	**α**	
	0.05	**0.01**		**0.05**	**0.01**
	$g_0(n, \alpha)$			**$g_0(n, \alpha)$**	
3	1.15	1.16	17	2.48	2.78
4	1.46	1.49	18	2.50	2.82
5	1.67	1.75	19	2.53	2.85
6	1.82	1.94	20	2.56	2.88
7	1.94	2.10	21	2.58	2.91
8	2.03	2.22	22	2.60	2.94
9	2.11	2.32	23	2.62	2.96
10	2.18	2.41	24	2.64	2.99
11	2.23	2.48	25	2.66	3.01
12	2.28	2.55	30	2.74	3.10
13	2.33	2.61	35	2.81	3.18
14	2.37	2.66	40	2.87	3.24
15	2.41	2.70	50	2.96	3.34
16	2.44	2.75	100	3.17	3.59

若认为 $x_{(1)}$ 可疑，则有：

$$g_{(1)} = \frac{\bar{x} - x_{(1)}}{\sigma}$$

若认为 $x_{(n)}$ 可疑，则有：

$$g_{(n)}=\frac{x_{(n)}-\bar{x}}{\sigma}$$

当

$$g_{(i)}\geqslant g_0(n,\alpha) \tag{1.3.12}$$

即判别该测得值含有粗大误差，应予剔除之。

4）狄克松准则

前面三种粗大误差判别准则均需先求出标准差 σ，在实际工作中比较麻烦，而狄克松准则避免了这一缺点。它是用极差比的方法，得到简化而严密的结果。

狄克松研究了 $x_1, x_2, \cdots, x_n$ 的顺序统计量 $x_{(i)}$ 的分布，当 $x_{(i)}$ 服从正态分布时，得到 $x_{(n)}$ 的统计量

$$\left.\begin{aligned} r_{10}&=\frac{x_{(n)}-x_{(n-1)}}{x_{(n)}-x_{(1)}}\\ r_{11}&=\frac{x_{(n)}-x_{(n-1)}}{x_{(n)}-x_{(2)}}\\ r_{21}&=\frac{x_{(n)}-x_{(n-2)}}{x_{(n)}-x_{(2)}}\\ r_{22}&=\frac{x_{(n)}-x_{(n-2)}}{x_{(n)}-x_{(3)}} \end{aligned}\right\} \tag{1.3.13}$$

选定显著度 α，得到各统计量的临界值 $r_0(n,\alpha)$（见表 1.3.6），当测量的统计值 r_{ij} 大于临界值，则认为 $x_{(n)}$ 含有粗大误差。

表 1.3.6 各统计计量的临界值 $r_0(n,\alpha)$

统计量	n	α 0.01	α 0.05	统计量	n	α 0.01	α 0.05
		$r_0(n,\alpha)$				$r_0(n,\alpha)$	
$r_{10}=\frac{x_{(n)}-x_{(n-1)}}{x_{(n)}-x_{(1)}}$ $\left(r_{10}=\frac{x_{(1)}-x_{(2)}}{x_{(1)}-x_{(n)}}\right)$	3	0.988	0.341	$r_{22}=\frac{x_{(n)}-x_{(n-2)}}{x_{(n)}-x_{(3)}}$ $\left(r_{22}=\frac{x_{(n)}-x_{(3)}}{x_{(1)}-x_{(n-2)}}\right)$	15	0.616	0.525
	4	0.889	0.765		16	0.595	0.507
	5	0.780	0.642		17	0.577	0.490
	6	0.698	0.560		18	0.561	0.475
$r_{11}=\frac{x_{(n)}-x_{(n-1)}}{x_{(n)}-x_{(2)}}$ $\left(r_{11}=\frac{x_{(1)}-x_{(2)}}{x_{(1)}-x_{(n-1)}}\right)$	7	0.637	0.507		19	0.547	0.462
	8	0.683	0.554		20	0.535	0.450
	9	0.635	0.512		21	0.524	0.440
	10	0.597	0.477		22	0.514	0.430
$r_{21}=\frac{x_{(n)}-x_{(n-2)}}{x_{(n)}-x_{(2)}}$ $\left(r_{21}=\frac{x_{(n)}-x_{(3)}}{x_{(1)}-x_{(n-1)}}\right)$	11	0.679	0.576		23	0.505	0.421
	12	0.642	0.546		24	0.497	0.413
	13	0.615	0.521		25	0.489	0.406
	14	0.641	0.546				

对最小值 $x_{(1)}$ 用同样的临界值进行检验，即有：

$$\left.\begin{aligned} r_{10} &= \frac{x_{(1)} - x_{(2)}}{x_{(1)} - x_{(n)}} \\ r_{11} &= \frac{x_{(1)} - x_{(2)}}{x_{(1)} - x_{(n-1)}} \\ r_{21} &= \frac{x_{(1)} - x_{(3)}}{x_{(1)} - x_{(n-1)}} \\ r_{22} &= \frac{x_{(1)} - x_{(3)}}{x_{(1)} - x_{(n-2)}} \end{aligned}\right\} \tag{1.3.14}$$

为了剔除粗大误差，狄克松认为：

$n \leqslant 7$ 时，使用 r_{10} 效果好；

$8 \leqslant n \leqslant 10$ 时，使用 r_{11} 效果好；

$11 \leqslant n \leqslant 13$ 时，使用 r_{21} 效果好；

$n \geqslant 14$ 时，使用 r_{22} 效果好。

3. 等精度测量的数据处理

对某一被测量进行等精度测量时，其测量值可能同时含有随机误差、系统误差和粗大误差。为了合理估算其测量结果，写出正确的测量报告，必须对测量数据进行分析和处理。

数据处理的基本步骤如下：

① 计算算术平均值：

$$\bar{x} = \frac{1}{n}\sum_{i=1}^{n} x_i$$

式中，$\bar{x}$ 是指可能含有粗差在内的平均值。

② 计算残余误差：$v_i = x_i - \bar{x}$。

③ 校核算术平均值：$\left|\sum_{i=1}^{n} v_i\right| < \left(\frac{n}{2} - 0.5\right)A$，$n$ 为奇数，A 为算术平均值的末位单位；

$$\left|\sum_{i=1}^{n} v_i\right| \leqslant \frac{n}{2}A，n \text{ 为偶数。}$$

④ 减小定值系统误差的影响。

⑤ 利用贝塞尔公式，求单次测量标准差的估计值。

$$\hat{\sigma} = \sqrt{\frac{1}{n-1}\sum_{i=1}^{n} v_i^2}$$

⑥ 判断粗差，剔除坏值。

大样本按 $|v_i| \leqslant 3\sigma$ 判别无粗差；当 n 较少时，利用格罗布斯准则，统计量 $g_{(i)} \geqslant g_0(n, \alpha)$，测得值 x_i 含有粗大误差，应予以剔除。

⑦ 求算术平均值标准差估计值。

$$\hat{\sigma}_{\bar{x}} = \frac{\hat{\sigma}}{\sqrt{n}} \tag{1.3.15}$$

⑧ 按置信概率求置信系数(t)。

大样本按正态分布，

小样本按 t 分布。

⑨ 计算极限误差：$\delta_{\lim}\bar{x} = \pm t\sigma_{\bar{x}}$。

⑩ 写出测量结果 $L = \bar{x} + \delta_{\lim}\bar{x}$。

例 1.3.4　用比较仪对一轴进行等精度测量 16 次,其测量数据如下(单位 mm):

28.006、28.003、28.003、28.002、28.002、28.001、28.003、28.002、28.000、28.000、27.999、27.999、27.999、28.000、28.001、28.001。

已知该比较仪在 28 mm 处的示值误差是 +0.001 mm,写出测量结果表达式。

解:采用修正法修正数据后的测量数据如下:(以 x_i'表示)

28.005、28.002、28.002、28.001、28.001、28.000、28.002、28.001、27.999、27.999、27.998、27.998、27.998、27.999、28.000、28.000。

(1) 该数据列算术平均值 $\bar{x}' = \frac{1}{16}\sum_{i=1}^{16} x_i' = 28.000\ 3$。

(2) 残余误差 $v_i = x_i' - \bar{x}$(μm):$v_1' = 4.7$,$v_2' = v_3' = v_7' = 1.7$,$v_4' = v_5' = v_8' = 0.7$,$v_6' = v_{15}' = v_{16}' = -0.3$,$v_9' = v_{10}' = v_{14}' = -1.3$,$v_{11}' = v_{12}' = v_{13}' = -2.3$。

(3) 按残余误差观察法判别无定值系差。

计算 $v_1'^2$(单位:μm^2):

$$v_1'^2 = 22.09,\ v_2'^2 = v_3'^2 = v_7'^2 = 2.89,\ v_4'^2 = v_5'^2 = v_8'^2 = 0.49,$$

$$v_6'^2 = v_{15}'^2 = v_{16}'^2 = 0.09,\ v_9'^2 = v_{10}'^2 = v_{14}'^2 = 1.69,\ v_{11}'^2 = v_{12}'^2 = v_{13}'^2 = 5.29。$$

(4) 单次测量标准差:$\sigma = \sqrt{\frac{1}{n-1}\sum_{i=1}^{16} v_i'^2} = 1.89(\mu m)$

按格罗布斯准则:(测量数据从小到大排列)

统计量:$g_{(16)} = |v_{16}'|/\sigma = \frac{4.7}{1.89} = 2.487$。

按 95% 的置信概率(显著度为 0.05)查表 1.3.5,得:

$$g_{(0)}(16,\ 0.05) = 2.440$$

由于 $g_{(16)} > g_{(0)}(16,\ 0.05)$,因此 28.005 是含有粗大误差的数据,应予剔除。

(5) 下面再对剔除 28.005 以后剩下的 15 个数据进行数据处理:

① 计算算术平均值:$\bar{x} = \frac{1}{15}\sum_{i=1}^{15} x_i = 28.000$。

② 计算残余误差(μm):

$$v_1 = v_2 = v_6 = 2,\ v_3 = v_4 = v_7 = 1,\ v_5 = v_{14} = v_{15} = 0,$$

$$v_8 = v_9 = v_{13} = -1,\ v_{10} = v_{11} = v_{12} = -2。$$

③ 校核算术平均值：

$$\left|\sum_{i=1}^{15} v_i\right| = 0\ \text{mm} < \left(\frac{n}{2} - 0.5\right)A = \left(\frac{15}{2} - 0.5\right) \times 0.001\ \text{mm} = 0.007\ \text{mm}$$

故以上计算正确。

④ 计算单次测量标准差的估计值：

$$\hat{\sigma} = \sqrt{\frac{1}{n-1}\sum_{i=1}^{15} v_i^2} = 1.464\ \mu\text{m}$$

⑤ 按格罗布斯准则判别粗大误差：

将 15 个数据按大小顺序排列：

27.998、27.998、27.998、27.999、27.999、27.999、28.000、28.000、28.000、28.001、28.001、28.001、28.002、28.002、28.002。

统计量：$g_{(1)} = |v_1| / \hat{\sigma} = 0$，$g_{(15)} = |v_{15}| / \hat{\sigma} = 1.366$。

按显著度 0.05 查表 1.3.5，$g_{(0)}(15, 0.05) = 2.410$。

由于 $g_{(1)} < g_{(0)}(15, 0.05)$、$g_{(15)} < g_{(0)}(15, 0.05)$，因此，该 15 个数据均不含粗大误差。

⑥ 计算算术平均值标准差：

$$\sigma_{\bar{x}} = \frac{\hat{\sigma}}{\sqrt{n}} = \frac{1.464}{\sqrt{15}} = 0.378\ \mu\text{m}$$

⑦ 计算测量的极限误差：

$$\delta_{\lim} \bar{x} = \pm t\sigma_{\bar{x}}$$

按 95％的置信概率(显著度 $\alpha = 0.05$，自由度：$\nu = n - 1 = 14$) 查 t 分布表 1.3.3 得置信系数 $t = 2.14$，则：

$$\text{极限误差}\ \delta_{\lim} \bar{x} = \pm t\sigma_{\bar{x}} = \pm 0.001\ \text{mm}$$

⑧ 测量结果：

$$L = \bar{x} \pm t\sigma_{\bar{x}} = 28 \pm 0.001$$

该测量结果的可信赖程度为 95％。

五、总结与评价

测量的目的是获取被测量的真实量值，但由于受到种种因素的影响，测量结果总是与被测量的真实量值不一致，即任何测量都不可避免地存在着测量误差。为了减小和消除测量误差对测量结果的影响，需要研究和了解测量误差特点。本情境包括两个部分的内容：第一部分是测量误差，包括测量误差的基本概念、各类测量误差的处理方法。第二部分是对等精度测量的数据处理。

表 1.3.7　完成工作任务评价表

<table>
<tr><th rowspan="2">评价项目</th><th rowspan="2">评价内容</th><th rowspan="2">具体要求、指标</th><th rowspan="2">配分</th><th colspan="3">评　分</th></tr>
<tr><th>自评</th><th>小组</th><th>教师</th></tr>
<tr><td rowspan="4">测量误差与数据处理</td><td>测量误差的分类</td><td>随机误差、系统误差、粗大误差的认识与判别</td><td>5 分</td><td></td><td></td><td></td></tr>
<tr><td>测量误差的基本性质与处理</td><td>认识测量误差的性质和处理方法</td><td>5 分</td><td></td><td></td><td></td></tr>
<tr><td>等精度测量的数据处理</td><td>判别系差，剔除粗差，正确表达测量结果</td><td>5 分</td><td></td><td></td><td></td></tr>
<tr><td>误差分析</td><td>几何误差的评定方法合理</td><td>5 分</td><td></td><td></td><td></td></tr>
<tr><td>安全操作</td><td colspan="2">安全使用仪表设备，能够正确采用安全措施保护自己，保证工作安全</td><td>10 分</td><td></td><td></td><td></td></tr>
<tr><td>完成工作任务的表现</td><td colspan="2">积极完成工作任务，认真学习相关知识，遵守安全操作规程和劳动纪律，有良好的职业道德和职业习惯</td><td>10 分</td><td></td><td></td><td></td></tr>
<tr><td colspan="3">你完成本次工作任务的体会：（学到了哪些知识、掌握了哪些技能，有哪些收获）</td><td>20 分</td><td></td><td></td><td></td></tr>
<tr><td colspan="3">小组同学对你在完成本次工作任务过程中，工作和学习方面的总体评价：</td><td>20 分</td><td></td><td></td><td></td></tr>
<tr><td colspan="3">老师对你在完成本次工作任务过程中，工作和学习方面的总体评价：</td><td>20 分</td><td></td><td></td><td></td></tr>
<tr><td>成绩评定</td><td colspan="2"></td><td>合计得分</td><td></td><td></td><td></td></tr>
<tr><td>备　　注</td><td colspan="6"></td></tr>
</table>

六、拓展与提高

根据本情境所学的知识点，选用正确的测量方法，合理的选用测量工具，测量减速箱大齿轮的直径并记录齿轮的尺寸，根据数据完成下面表格。要求等精度测量 20 次。最后分析测量误差的来源。

图 1.3.3　大齿轮

① 测量齿轮选择的工具：

② 记录测量数据：

表 1.3.8　数据记录

n	测量值	误差值	n	测量值	误差值
1			11		
2			12		
3			13		
4			14		
5			15		
6			16		
7			17		
8			18		
9			19		
10			20		

③ 数据处理：

$\bar{x}$		$\hat{\sigma}$		$\hat{\sigma}_{\bar{x}}$	

习　题

1. 举例说明什么是绝对测量和相对测量、直接测量和间接测量。

2. 通过对工件的多次重复测量求得测量结果的方法可减少哪类误差？为什么？

3. 测量误差按性质可分为哪三类？各有什么特征？

4. 对某量进行 n 次等精度测量，测量数据如下：

8.10，8.00，8.20，8.10，8.0，8.10，8.20，8.70，8.10，8.00，8.20。用已学过的知识对该组数据进行处理，并写出测量结果表达式。

学习情境二

尺寸链的计算

情境导入

一台设备是由多个零部件组合而成，对于这些零部件的加工及安装均有一定的尺寸精度要求以保证产品的质量。尺寸链就是在设计中用以分析产品各尺寸间的精度关系，从而计算各尺寸的精度的设计方法。

情境目标

知识目标

1. 认识尺寸链的定义及特点；
2. 了解尺寸链的分类；
3. 掌握组成尺寸链的各组成“环”及有关参数。

技能目标

掌握线性尺寸链的计算。

任务一 基本概念

一、任务目标

1. 掌握尺寸链的基本概念；
2. 了解尺寸链的分类。

二、任务描述

尺寸链是研究机械产品中各个组合尺寸之间的相互关系，分析各个组合尺寸的精度对产品质量的影响程度，合理给出各组尺寸的适宜公差，从而保证产品装配质量与技术要求的设计方法。

三、任务实施流程

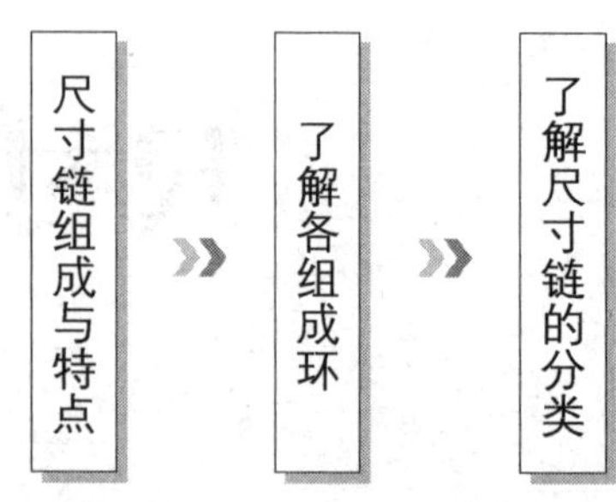

四、任务知识仓库及任务实施过程

对零件或部件的各个尺寸进行分析，将相互连接且封闭的尺寸作为尺寸组，分析该尺寸组各个尺寸的相互关系。

1. 基本概念

(1) 尺寸链

在机器装配或零件加工过程中，由相互连接的尺寸形成封闭的尺寸组称为尺寸链。如图 2.1.1 所示，A_1、A_2、A_3、A_0四个尺寸组成一个尺寸链，又如图 2.1.2 所示，A_1、A_2、A_0三个尺寸组成一个尺寸链。

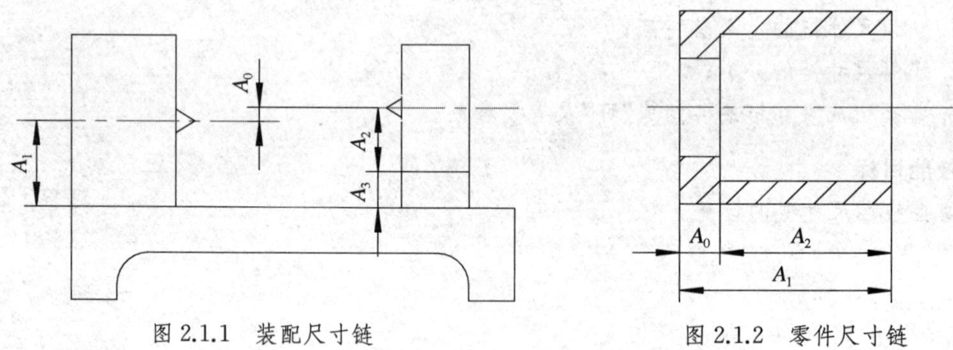

图 2.1.1　装配尺寸链　　图 2.1.2　零件尺寸链

尺寸链的特点：

① 尺寸链的封闭性：由一系列相互连接的尺寸排列成封闭的形式。

② 尺寸链的制约性：某一尺寸的变化将影响到其他尺寸的变化。

(2) 环

尺寸链中的每一尺寸称为环。如图 2.1.1 中的 A_1、A_2、A_3、A_0。环一般用大写的拉丁字母表示。

(3) 封闭环

在装配或加工过程中最后形成的那个尺寸称为封闭环。封闭环一般用大写拉丁字母加下脚标“0”表示，如 A_0。

对装配尺寸链，封闭环是装配后自然形成的尺寸；对零件工艺尺寸链，封闭环取决于零

件的加工顺序，加工顺序改变，封闭环也随之改变，如图 2.1.2 中的 A_0。一个尺寸链中只能有一个封闭环。

(4) 组成环

尺寸链中除封闭环之外的所有环称为组成环。组成环一般用大写拉丁字母加下脚标阿拉伯数字 1、2、3、…，如图 2.1.1 中 A_1、A_2、A_3所示。按组成环对封闭环的影响，又分为增环和减环。

(5) 增环

尺寸链中，在其他各组成环不变的条件下，封闭环随之增而增、减而减的环，称为“增环”。用右向箭头或下标“z”表示，如图 2.1.1 中$\overrightarrow{A_2}$、$\overrightarrow{A_3}$或 A_{2z}、A_{3z}，图 2.1.2 中$\overrightarrow{A_1}$或 A_{1z}。

(6) 减环

尺寸链中，在其他各组成环不变的条件下，封闭环随之增而减、减而增的环，称为“减环”。用左向箭头或下标“j”表示，如图 2.1.1 中$\overleftarrow{A_1}$或 A_{3j}，图 2.1.2 中$\overleftarrow{A_2}$或 A_{2j}。

(7) 补偿环

在计算尺寸链中，预选定某环，通过该环的尺寸改变使封闭环达到规定的要求，该环称为“补偿环”。

(8) 传递系数

各组成环对封闭环影响大小的系数称为传递系数。

$$A_0 = f(A_1, A_2, \cdots, A_n) \tag{2.1.1}$$

$A_i(i=1, 2, \cdots, n)$ 的传递系数：$\dfrac{\partial f}{\partial A_i}$。

如图 2.1.3，$L_0 = f(L_1, L_2) = L_1 + L_2 \cos\alpha$，则：

$$\frac{\partial f}{\partial L_1} = 1, \ \frac{\partial f}{\partial L_2} = \cos\alpha$$

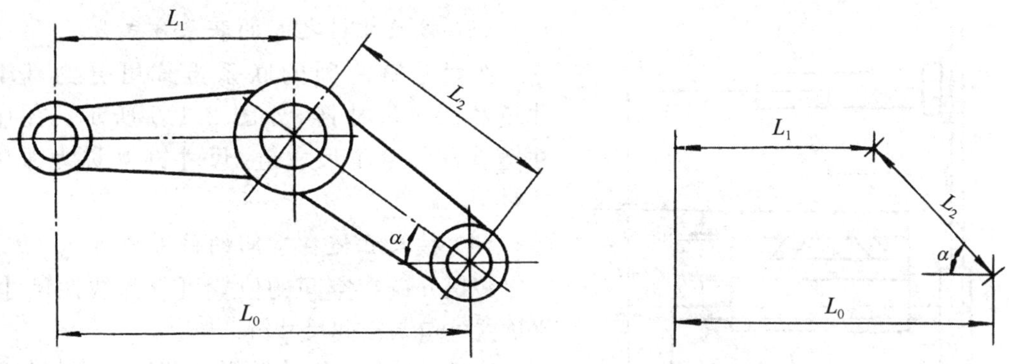

图 2.1.3　尺寸链中的传递系数示意图

2. 尺寸链的分类

按尺寸链的应用场合、几何特征、环的相互关系与相互位置等的不同，可将尺寸链分为以下几类：

(1) 按应用场合分类

按应用场合可分为零件尺寸链、装配尺寸链和工艺尺寸链。

零件尺寸链：由同一零件上的尺寸组成的尺寸链，如图 2.1.2。

装配尺寸链：指尺寸链的各组成环属于相互联系的不同零件或部件，见图 2.1.1。

装配尺寸链与零件尺寸链统称为设计尺寸链。

工艺尺寸链：零件在加工过程中形成的尺寸链。

(2) 按几何特征分类

按几何特征可分为长度尺寸链与角度尺寸链。

长度尺寸链：指全部环为长度尺寸的尺寸链，见图 2.1.1。

角度尺寸链：指全部环为角度尺寸的尺寸链，见图 2.1.4。

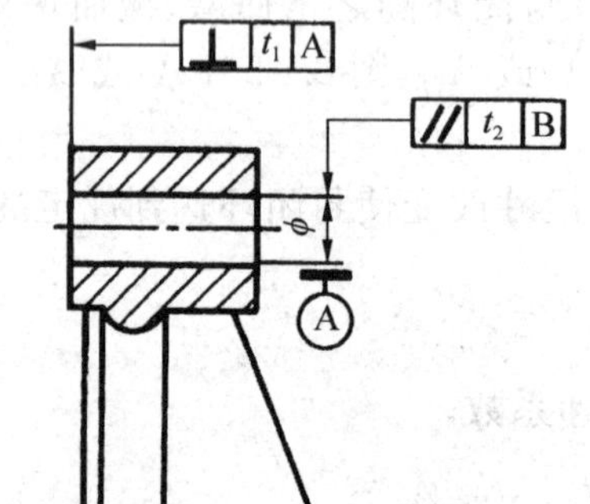

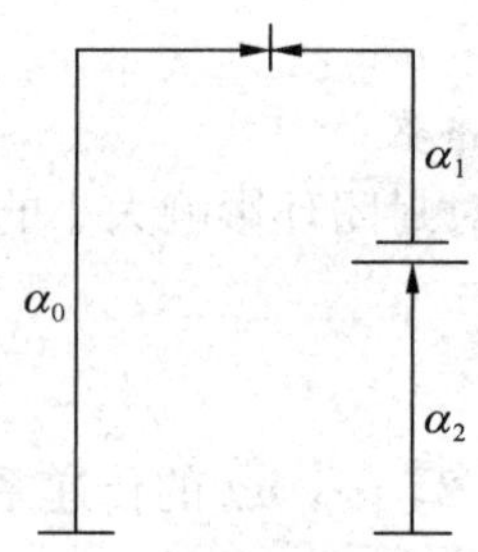

图 2.1.4　角度尺寸链示意图

角度尺寸链中的角度环用小写希腊字母 α、β、γ……表示，脚标仍是封闭环字母加下脚标“O”；组成环字母加下脚标阿拉伯数字 1、2、3……再有，不论是长度尺寸链还是角度尺寸链，对于同一尺寸链通常用同一字母表示。

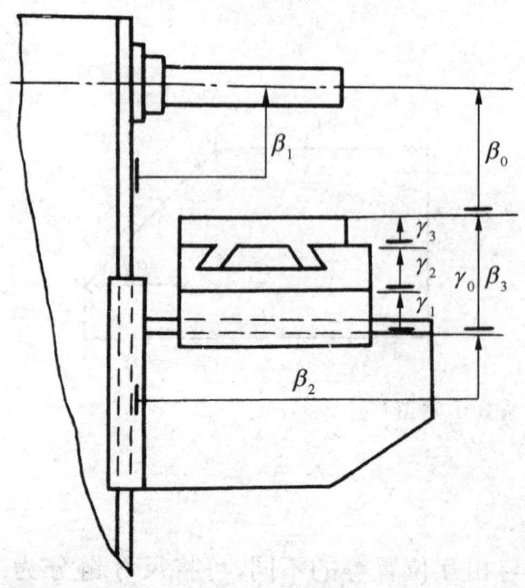

图 2.1.5　基本尺寸链和派生尺寸链示意图

(3) 按尺寸链之间的联系方式分类

按尺寸链之间的联系方式可分为基本尺寸链和派生尺寸链，如图 2.1.5 所示。图中尺寸链 β 称为基本尺寸链，尺寸链 γ 称为派生尺寸链。

(4) 按尺寸链在空间的位置分类

按尺寸链在空间的位置可分为线性尺寸链、平面尺寸链与空间尺寸链。

线性尺寸链：尺寸链中全部组成环与封闭环由位于同一平面且彼此相互平行的长度尺寸所组成，见图 2.1.1 和图 2.1.2。

平面尺寸链：尺寸链中既有长度尺寸，又有角度尺寸，且各角度尺寸位于一个或相互平行几个平面内，如图 2.1.6。

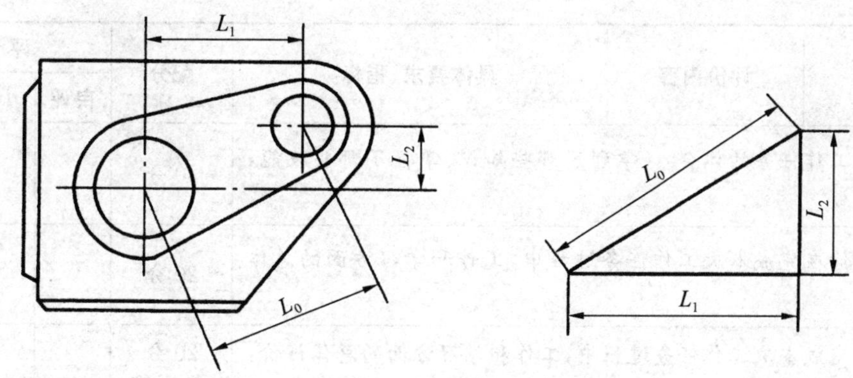

图 2.1.6　平面尺寸链

空间尺寸链：组成环位于几个不平行平面内的尺寸链。空间尺寸链和平面尺寸链可用投影法分解为线性尺寸链，然后按线性尺寸链计算。

本书只介绍线性尺寸链的计算。

五、总结与评价

尺寸链是产品设计、装配或加工过程中重要的概念之一，是研究尺寸公差与位置公差的计算和达到产品公差要求的设计方法与工艺方法。

正确画出尺寸链，首先明确封闭环，再根据尺寸链的封闭性从与封闭环两端相连的任一组成环开始，依次查找相互联系而又影响封闭环大小的尺寸，直至封闭环的另一端为止。这些相互连接且封闭形式的尺寸便是该尺寸链的全部组成环，与封闭环一起组成尺寸链。

表 2.1.1　完成工作任务评价表

评价项目	评价内容	具体要求、指标	配分	评分		
				自评	小组	教师
尺寸链的基本概念	尺寸链的重要意义	认识尺寸链的重要性，了解尺寸链的国家标准	5 分			
	尺寸链的组成	掌握尺寸链组成及特点	5 分			
	尺寸链的分类	掌握尺寸链分类	5 分			
	尺寸链的绘制	初步掌握产品尺寸链	5 分			
安全操作	安全使用仪表设备，能够正确采用安全措施保护自己，保证工作安全		10 分			
完成工作任务的表现	积极完成工作任务，认真学习相关知识，遵守安全操作规程和劳动纪律，有良好的职业道德和职业习惯		10 分			

续 表

<table>
<tr><th rowspan="2">评价项目</th><th rowspan="2">评价内容</th><th rowspan="2">具体要求、指标</th><th rowspan="2">配分</th><th colspan="3">评 分</th></tr>
<tr><th>自评</th><th>小组</th><th>教师</th></tr>
<tr><td colspan="3">你完成本次工作任务的体会：(学到了哪些知识、掌握了哪些技能，有哪些收获)</td><td>20 分</td><td></td><td></td><td></td></tr>
<tr><td colspan="3">小组同学对你在完成本次工作任务过程中，工作和学习方面的总体评价：</td><td>20 分</td><td></td><td></td><td></td></tr>
<tr><td colspan="3">老师对你在完成本次工作任务过程中，工作和学习方面的总体评价：</td><td>20 分</td><td></td><td></td><td></td></tr>
<tr><td>成绩评定</td><td colspan="2"></td><td>合计得分</td><td></td><td></td><td></td></tr>
<tr><td>备　　注</td><td colspan="6"></td></tr>
</table>

六、拓展与提高

本任务我们学习了尺寸链的基本知识，通过学习同学们掌握了多少呢？结合实际的生产我们可以进一步提高自己对产品尺寸链的掌握。测量如图 2.1.7 所示减速箱的各环基本尺寸，并绘制尺寸链简图。

测件要求	测量工具	测量方法	测量数据 1	测量数据 2	测量数据 3	最终测量数据
齿轮组的基本尺寸						
轴承组的基本尺寸						

图 2.1.7　减速箱

习　　题

1. 什么是尺寸链？尺寸链由哪几种环组成？各环之间有什么关系？
2. 尺寸链有哪几种？各有何特点？

任务二　尺寸链的计算

一、任务目标

1. 掌握线性尺寸链的正计算与反计算；
2. 了解尺寸链的其他计算方法。

二、任务描述

对于机械设备，装配尺寸链的封闭环往往代表设备的装配质量或技术条件，组成环则是零部件的实际尺寸或实际偏差。如何根据设备的装配要求或技术条件，规定各零部件实际尺寸的允许偏差或公差，就需要进行尺寸链计算。

三、任务实施流程

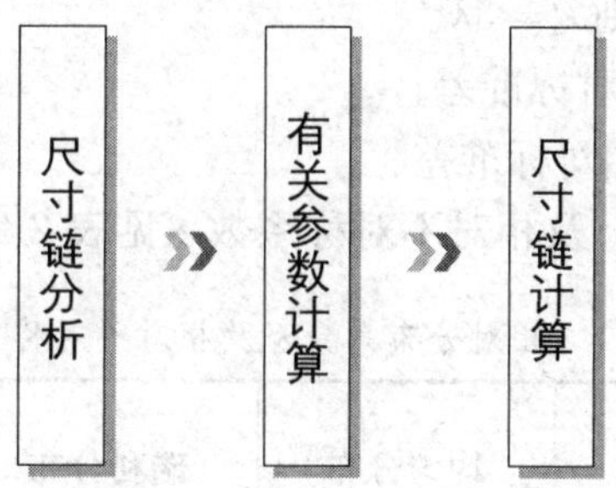

四、任务知识仓库及任务实施过程

尺寸链的计算是指计算尺寸链中各环的基本尺寸、极限偏差等。

1. 计算尺寸链的有关参数

① 平均偏差($\Delta \bar{x}$)：各尺寸偏差的平均值。

$$\Delta \bar{x} = \frac{1}{n}\sum_{i=1}^{n} x_i - x \tag{2.2.1}$$

式中：x_i——实际尺寸；

　　x——基本尺寸。

② 中间偏差(Δ)：上偏差与下偏差的平均值。

$$\Delta = \frac{1}{2}(\text{上偏差}+\text{下偏差}) = \frac{1}{2}(x_{\max}+x_{\min}) - x \tag{2.2.2}$$

式中：$x_{\max}$——最大极限尺寸；

　　$x_{\min}$——最小极限尺寸。

③ 相对不对称系数(e)：表征分布曲线不对称程度的系数。

$$e = \frac{(\Delta \bar{x} - \Delta)}{(T/2)} \tag{2.2.3}$$

式中：T——公差值。

④ 相对标准差(λ)：标准差与二分之一公差之比。

$$\lambda = \frac{\sigma}{(T/2)} \tag{2.2.4}$$

式中：σ——标准差。

当正态分布时，取置信概率为 99.73%，则 $T = 6\sigma$，$\lambda_n = \frac{1}{3}$。

⑤ 相对分布系数(κ)：任意分布的相对标准差与正态分布时的相对标准差之比，表征尺寸分布分散程度。

$$\kappa = \frac{\lambda}{\lambda_n} \tag{2.2.5}$$

若取置信概率为 99.73%，则 $\kappa = 3\lambda$。

式中：λ——任意分布的相对标准差；

λ_n——正态分布的相对标准差。

几种常见的相对分布系数 κ 及相对不对称系数 e 见表 2.2.1。

表 2.2.1　相对分布系数 κ 及相对不对称系数 e

分布特征	正态分布	三角分布	均匀分布	瑞利分布	偏态分布	
					外尺寸	内尺寸
分布曲线	-3σ　O　3σ	O	O	O　$e\frac{T}{2}$	O　$e\frac{T}{2}$	O　$e\frac{T}{2}$
e	0	0	0	−0.28	0.26	−0.2
κ	1	1.22	1.73	1.14	1.17	1.17

2. 尺寸链的计算

按计算尺寸链的目的要求和计算顺序不同，可以分为正计算、反计算和中间计算。

正计算。已知各组成环的基本尺寸和其极限偏差，求封闭环的基本尺寸及极限偏差。正计算常用于验算设计的正确性，属于校核计算。

反计算。已知封闭环的基本尺寸及极限偏差和组成环的基本尺寸，求各组成环的极限偏差。反计算常用于设计机器或零件时，根据使用要求合理地确定各零件的极限偏差，属于设计计算。

中间计算。已知封闭环和部分组成环的基本尺寸和极限偏差，求某一未知组成环的基本尺寸和极限偏差。中间计算常用于工艺设计，如基准换算、工序尺寸的确定等。

尺寸链的计算方法根据对产品互换程度要求的不同，分为完全互换法、大数互换法、分组互换法等几种。

(1) 完全互换法(极值互换法)

完全互换法又称极值互换法,这种方法的特点是从保证装配上完全互换的角度出发,以极限尺寸和极限偏差为出发点来计算封闭环或组成环的公差、极限偏差和极限尺寸的一种方法。

1) 基本公式

① 封闭环基本尺寸:

封闭环的基本尺寸 A_0 等于增环的基本尺寸 A_{Zi} 与各自传递系数之积的代数和减去减环的基本尺寸 A_{ji} 与各自传递系数之积的代数和,即:

$$A_0=\sum_{1}^{m}\left|\frac{\partial f}{\partial x_i}\right|A_{Zi}-\sum_{m+1}^{n-1}\left|\frac{\partial f}{\partial x_i}\right|A_{ji} \tag{2.2.6}$$

由于线性尺寸链,传递系数 $\left|\frac{\partial f}{\partial x_i}\right|=1$,则:

$$A_0=\sum_{1}^{m}A_{Zi}-\sum_{m+1}^{n-1}A_{ji}$$

式中: A_Z——增环基本尺寸;

A_j——减环基本尺寸;

m——增环环数;

n——尺寸链总环数。

② 封闭环最大值:

$$A_{0\max}=\sum_{1}^{m}A_{Z\max i}-\sum_{m+1}^{n-}A_{j\min i} \tag{2.2.7}$$

③ 封闭环最小值:

$$A_{0\min}=\sum_{1}^{m}A_{Z\min i}-\sum_{m+1}^{n-1}A_{j\max i} \tag{2.2.8}$$

④ 封闭环公差:

封闭环最大值减封闭环最小值得封闭环的公差。

$$T_0=A_{0\max}-A_{0\min}=\sum_{1}^{m}(A_{Z\max i}-A_{Z\min i})+\sum_{m+1}^{n-1}(A_{j\max i}-A_{j\min i})=\sum_{i=1}^{n-1}T_i \tag{2.2.9}$$

式中: T_i——组成环公差。

由上式可知,封闭环的公差等于所有组成环的公差之和,其公差值最大。因此,在零件尺寸链中,一般选不重要的环作为封闭环。在装配尺寸链中,由于封闭环是装配的最终要求,当封闭环公差确定后,组成环数越多,各组成环的公差值就越小,使得制造成本提高。因此,在装配尺寸链中应尽量减少尺寸链的环数。

⑤ 封闭环上偏差:

封闭环的上偏差为所有增环的上偏差之和减去所有减环的下偏差之和,即:

$$ES_0 = A_{0max} - A_0 = \sum_{1}^{m} ES_{Zi} - \sum_{m+1}^{n-1} EI_{ji} \tag{2.2.10}$$

⑥ 封闭环下偏差：

封闭环的下偏差为所有增环的下偏差之和减去所有减环的上偏差之和，即：

$$EI_0 = A_{0min} - A_0 = \sum_{1}^{m} EI_{Zi} - \sum_{m+1}^{n-1} ES_{ji} \tag{2.2.11}$$

2) 正计算(校核计算)

有关封闭环或组成环公差的计算，是尺寸链计算需要解决的主要问题，现举例说明。

例2.2.1 如图2.2.1所示，加工一阶梯套，已知尺寸 $A_1 = 16_0^{+0.2}$ mm，$A_2 = 10_{-0.1}^{0}$ mm，计算尺寸 N。

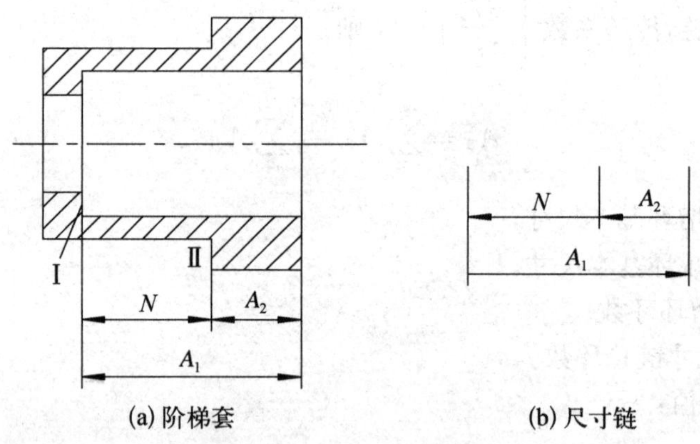

图2.2.1 阶梯套尺寸链

解：(1) 画出尺寸链，属于直线尺寸链，见图2.2.1(b)。画尺寸链时，可以从任一表面或轴线出发，依次画出每一环，环和环之间不能间断，最后构成封闭外形。

(2) 确定封闭环。N 是由加工 A_1 和 A_2 保证的，则 N 为封闭环，这是一个正计算的问题。

(3) 确定增环和减环。A_1 为增环，A_2 为减环。

(4) 计算封闭环的基本尺寸和极限偏差。

封闭环的基本尺寸：$N_0 = A_{10} - A_{20} = 16 - 10 = 6$ mm。

封闭环的极限偏差：

$ES_N = ES_{A1} - EI_{A2} = 0.2 - (-0.1) = 0.3$ mm；

$EI_N = EI_{A1} - ES_{A2} = 0 - 0 = 0$ mm。

(5) 验算

封闭环的公差：$T_N = ES_N - EI_N = 0.3 - 0 = 0.3$ mm。

各组成环的公差：$T_1 = ES_{A1} - EI_{A1} = 0.2 - 0 = 0.2$ mm；

$T_2 = ES_{A2} - EI_{A2} = 0 - (-0.1) = 0.1$ mm。

满足 $T_N = T_1 + T_2 = 0.3$，因此：

$$N = 6_0^{+0.3} \text{ mm}$$

例 2.2.2　如图 2.2.1 所示，已知尺寸 $A_0=10_{-0.36}^{0}$ mm，$A_1=50_{-0.17}^{0}$ mm，计算尺寸 A_2。

解：A_0是由测量 A_1和 A_2来保证的，则 A_0是封闭环，这是一个中间计算的问题。

$A_{20}=A_{10}-A_{00}=50-10=40$ mm。

$ES_2=EI_1-EI_0=-0.17-(-0.36)=+0.19$ mm；

$EI_2=ES_1-ES_0=0-0=0$ mm。

验算：$T_0=0.36$，满足 $T_0=T_1+T_2=0.17+0.19=0.36$，因此：

$$A_2=40_{0}^{+0.19}\text{ mm}$$

3）反计算（设计计算）

反计算是根据封闭环的精度要求来设计组成环的公差。

① 等公差法（等公差原则）：各组成环按等公差 T_{av}计算。

$$T_0=\sum_{i=1}^{n-1}\left|\frac{\partial f}{\partial x_i}\right|T_i$$

$$T_1=T_2=T_3=\cdots T_{av} \tag{2.2.12}$$

组成环公差参考值：

$$T_{av}=\frac{T_0}{\sum_{i=1}^{n-1}\left(\frac{\partial f}{\partial x_i}\right)}$$

对于线性尺寸链，

$$T_{av}=\frac{T_0}{n-1}$$

② 等精度法（等精度原则）：各组成环按同一公差等级系数 α_{av}计算。

组成环公差等级系数参考值：

$$\alpha_{av}=\frac{T_0}{\sum_{i=1}^{n-1}\left|\frac{\partial f}{\partial x_i}\right|\mathrm{I}_i} \tag{2.2.13}$$

式中：I_i——组成环公差单位。

对于线性尺寸链，

$$\alpha_{av}=\frac{T_0}{\sum_{i=1}^{n-1}\mathrm{I}_i} \tag{2.2.14}$$

根据公差或公差等级系数参考值，应再根据各环的基本尺寸大小、加工难易、功能要求等因素适当调整各组成环的公差，但要满足：

$$T_0\geqslant\sum_{i=1}^{n-1}\left(\frac{\partial f}{\partial x_i}\right)T_i \quad 或 \quad T_0\geqslant\sum_{i=1}^{n-1}T_i \tag{2.2.15}$$

用一组成环作为协调环，其余各组成环的公差按向体内原则布置。

向体内原则：外尺寸按基准轴的公差带，内尺寸按基准孔的公差带，阶梯尺寸按对称布置的公差带。(即孔类尺寸的极限偏差按基本偏差“H”，轴类尺寸的极限偏差按基本偏差“h”，一般长度尺寸的极限偏差按基本偏差“JS”或“js”确定)

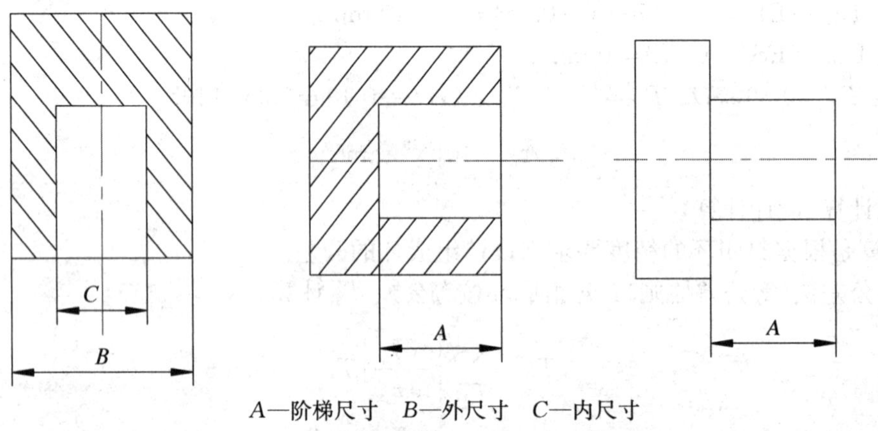

A—阶梯尺寸　B—外尺寸　C—内尺寸

图 2.2.2　内外尺寸示意图

例 2.2.3　图 2.2.3(a)所示对开齿轮传动箱，要求装配以后的轴向间隙 $X=1\sim1.75$ mm，已知 $A_1=101$ mm，$A_2=50$ mm，$A_3=A_5=5$ mm，$A_4=140$ mm，计算各尺寸 $A_1\sim A_5$ 的极限偏差与公差。

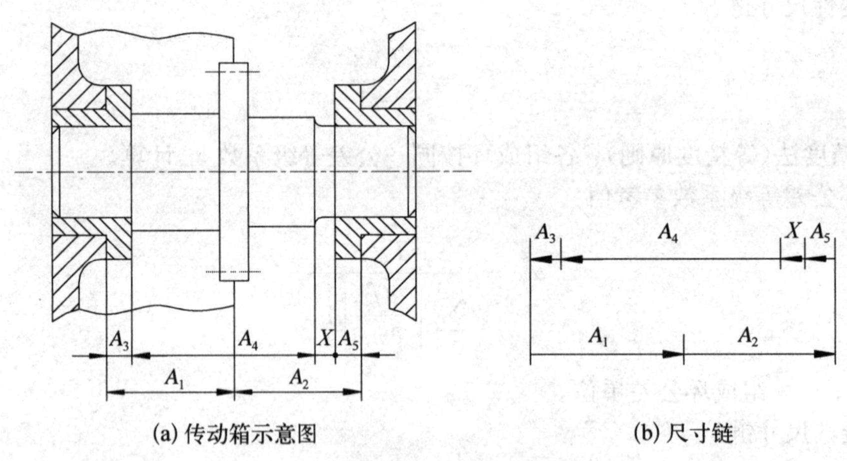

图 2.2.3　例 2.2.3 示意图

解： 按对开齿轮传动箱，画出尺寸链，见图 2.2.3(b)。

这是一个反计算的问题，X 是封闭环(最后装配得到的)。

封闭环基本尺寸：$X=A_1+A_2-A_3-A_4-A_5=101+50-5-140-5=1$ mm。

封闭环公差：$T_X=|1.75-1|=0.75$ mm。

$EI_X=0$，$ES_X=+0.75$。

(1) 等公差法求解。

① 确定各组成环的平均公差：

$$T=\frac{T_X}{n-1}=\frac{0.75}{5}=0.15\ \text{mm}$$

② 根据各组成环的加工难易程度和尺寸大小分配公差(A_4作为协调环):

$$T_1=0.3\ \text{mm},\ T_2=0.25\ \text{mm},\ T_3=T_5=0.05\ \text{mm}$$

$$T_4=T_X-(T_1+T_2+T_3+T_5)=0.75-(0.3+0.25+0.05+0.05)=0.1\ \text{mm}$$

按向体内原则,取 $EI_1=EI_2=0$, $ES_3=ES_4=ES_5=0$。

③ 计算其他偏差:

$$ES_1=T_1=0.3,\ ES_2=T_2=0.25$$

$$EI_3=-T_3=-0.05,\ ES_4=-T_4=-0.1,\ EI_5=-T_5=-0.05$$

所以,$A_1=101_{0}^{+0.3}$,$A_2=50_{0}^{+0.25}$,$A_3=A_5=5_{-0.05}^{0}$,$A_4=140_{-0.1}^{0}$

(2) 等精度法求解。

① 计算平均公差等级系数 α_{av}。

$i_1=2.2$, $i_2=1.6$, $i_3=i_5=0.7$, $i_4=2.5$,

$$\alpha_{av}=\frac{T_0}{\sum_{i=1}^{n-1}\left|\frac{\partial f}{\partial x_i}\right| \mathrm{I}_i}=\frac{T_X}{\sum_{i=1}^{5}\mathrm{I}_i}=\frac{750}{(2.2+1.6+0.7+0.7+2.5)}=97$$

(基本尺寸≤500, IT5~IT18: $\mathrm{I}_i=\mathrm{i}_i=0.45\sqrt[3]{D_i}+0.001D_i$, $i=1\sim5$,

计算: $D_1=\sqrt{80\times120}=98$, $D_2=\sqrt{30\times50}=39$,

$D_3=D_5=\sqrt{3\times6}=4$, $D_4=\sqrt{120\times180}=147$

② 按等精度为各组成环分配公差。

根据 $\alpha_{av}=97$ 查表 1.1.2,按标准公差确定为 IT10。

查表 1.1.1: $T_1=140\ \mu\text{m}$, $T_2=100\ \mu\text{m}$, $T_3=T_5=48\ \mu\text{m}$, $T_4=160\ \mu\text{m}$,

$\sum_{1}^{5}T_i=496\ \mu\text{m}<T_X=750\ \mu\text{m}$,满足要求。

③ 计算极限偏差(A_4作为协调环,按“向体内原则”布置,单位: mm)。

A_1、A_2内尺寸: $EI_1=EI_2=0$; A_3、A_5外尺寸: $ES_3=ES_5=0$;

$ES_3=+0.140$; $ES_2=+0.100$; $ES_3=ES_5=-0.048$;

$A_0=X=1$; $EI_0=EI_X=0$; $ES_0=ES_X=0.496$。

$ES_4=\sum_{1}^{m}EI_{Zi}-EI_0-\sum_{m+1}^{n-2}8_{ji}=EI_1+EI_2-EI_0-(ES_3+ES_5)=0$,

$EI_4=-160\ \mu\text{m}=-0.16\ \text{mm}$。

各设计尺寸为:

A_0: $1(_{0}^{+0.496})$; A_1: $101\text{H}10(_{0}^{+0.14})$; A_2: $50\text{H}10(_{0}^{+0.100})$;

A_3: $5\text{h}10(_{-0.048}^{0})$; A_5: $5\text{h}10(_{-0.048}^{0})$; A_4: $140\text{h}10(_{-0.160}^{0})$

采用完全互换法计算尺寸链简便，但对环数多的尺寸链，会使各组成环的公差过小，加工很不经济。因此，此方法适用于环数不多于四环、精度要求不高的尺寸链。

(2) 大数互换法(概率法)

大数互换法是以保证零件大多数互换为前提，它是根据零件尺寸的实际分布特性，运用概率论来确定封闭环公差，因此也称为概率法。

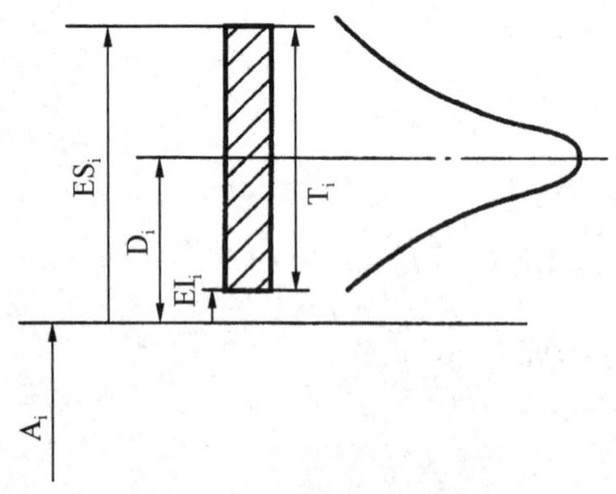

图 2.2.4 尺寸的正态分布

零件在批量生产中，加工所得实际尺寸出现在极值的情况很少，大部分尺寸在平均值附近分布，即按正态分布，如图 2.2.4 所示。当这一批零件在装配时，同一零件的各组成环恰好都接近其极限尺寸的情况就更少。因此用完全互换法求零件尺寸公差是不合理的。而大数法就是按正态分布的规律计算尺寸链。本节仍只介绍线性尺寸链的计算。

用大数互换法计算尺寸链，封闭环与组成环的基本尺寸计算公式与完全互换法相同，所不同的是公差和极限偏差的计算要运用概率论来确定，即尺寸分布中心，作为公差带中心，尺寸分布范围作为公差带宽度范围。对于正态分布，取 $P_a=99.73\%$，$T_i=6\sigma_i$，$T_0=6\sigma_0$。

封闭环 $A_0=f(A_1, A_2, \cdots, A_{n-1})$，$A_1\sim A_{n-1}$为增减环，$n$ 为尺寸链环数。

标准差计算(方和根法)：

$$\sigma_0=\sqrt{\sum_{i=1}^{n-1}\left(\frac{\partial f}{\partial A_i}\right)^2\sigma_i^2} \tag{2.2.16}$$

① 各环均服从正态分布：

$$T_0=\sqrt{\sum_{i=1}^{n-1}\left(\frac{\partial f}{\partial A_i}\right)^2 T_i^2} \tag{2.2.17}$$

② 各环分布不一致：

$$T_0=\frac{1}{k_0}\sqrt{\sum_{i=1}^{n-1}\left(\frac{\partial f}{\partial A_i}\right)^2 k_i^2T_i^2} \tag{2.2.18}$$

式中：k_0——封闭环相对分布系数，可查表 2.2.1；

K_i——增减环相对分布系数。

③ 对反计算按等精度原则

平均公差精度等级系数

$$\alpha_{av}=\frac{k_0T_0}{\sqrt{\sum_{i=1}^{n-1}\left(\frac{\partial f}{\partial A_i}\right)^2 k_i^2\mathrm{I}_i^2}} \tag{2.2.19}$$

式中：I_i——各增减环公差单位。

对于线性尺寸链且按正态分布：

$$\alpha_{av}=\frac{T_0}{\sqrt{\sum_{i=1}^{n-1}\mathrm{I}_i^2}} \tag{2.2.20}$$

例 2.2.4　将例 2.2.3 用概率法计算。

解：由前列解之：$T_X=0.75$，$EI_X=0$，$ES_X=+0.75$，$X=1$。

(1) 计算平均公差精度等级系数 α_{av}（线性尺寸链且按正态分布）：

$$\alpha_{av}=\frac{T_0}{\sqrt{\sum_{i=1}^{n-1}\mathrm{I}_i^2}}=\frac{750}{\sqrt{(2.2^2+1.6^2+0.7^2+0.7^2+2.5^2)}}=196$$

(2) 按等精度为各组成环分配公差：

根据 $\alpha_{av}=196$ 查表 1.1.2，确定为标准公差 IT12。

查表 1.1.2，$T_1=350\ \mu m$，$T_2=250\ \mu m$，$T_3=T_5=120\ \mu m$，$T_4=400\ \mu m$，

$\sum_1^5 T_i=\sqrt{350^2+250^2+120^2+120^2+400^2}=611(\mu m)<T_X=750(\mu m)$，满足要求。

(3) 计算极限偏差（A_4 作为协调环，按"向体内原则"布置，单位：mm）：

封闭环：$A_0=1$；$EI_0=0$，$ES_0=+T_0=+0.611$；

组成环：A_1、A_2 内尺寸：$EI_1=EI_2=0$；$ES_1=+T_1=+0.350$；$ES_2=+T_2=+0.250$；

A_3、A_4、A_5 外尺寸：$ES_3=ES_4=ES_5=0$；

$EI_3=-T_3=-0.120$；$EI_4=-T_4=-0.400$；$EI_5=-T_5=-0.120$。

$$A_0：1(^{+0.611}_{0})；A_1：101\mathrm{H}12(^{+0.350}_{0})；A_2：50\mathrm{H}12(^{+0.250}_{0})；$$

$$A_3：5\mathrm{h}12(^{0}_{-0.120})；A_5：5\mathrm{h}12(^{0}_{-0.120})；A_4：140\mathrm{h}12(^{0}_{-0.400})$$

通过与例 2.2.3 尺寸链的解法相比较，用概率法计算使组成环得到较大公差，比完全互换法经济合理，有明显的经济效益。该计算法对于环数多、精度要求高的尺寸链具有实用意义。

(3) 尺寸链的其他解法

完全互换法和概率法是保证完全互换性计算尺寸链的基本方法，但对高精度零部件，用上述方法计算会使得封闭环的公差过小，造成加工困难。在这种情况下，可用下列方法来求解尺寸链。

1) 分组法

分组法是对零部件按其实际尺寸大小分为若干组，各对应组之间进行装配，保证配合性质。具体的步骤是：先用完全互换法计算出各组成环的公差和极限偏差；再将相配合各组成环公差扩大到经济可行的制造公差，按扩大后的制造公差加工零部件；然后把相互配合的零部件按尺寸大小分组、装配，使得同组内零部件互换，不同组间不能互换。这样，既扩大了各组成环公差，容易加工，又保证了配合要求。

分组法的优点是组成环能获得经济可行的公差。缺点是增加了分组工序，生产组织较

复杂，存在一定失配零件。分组法适用于封闭环精度要求很高、生产批量很大而组成环环数较少的尺寸链。

2）调整法

该方法的特点是装配时可调整事先选定的某一组成环（补偿环）的实际尺寸或位置，使封闭环达到其公差与极限偏差要求。该方法不用切去多余的金属，而是通过改变补偿件的位置或更换补偿件的方法来改变补偿件的尺寸，使封闭环达到其精度要求。调整法一般分为固定调整法和可动调整法两种。

① 固定调整法。在尺寸链中选定补偿环，并根据需要将补偿环按尺寸大小分成若干组，装配时从合适的尺寸组中选择一个补偿环装入预定位置，使封闭环达到规定要求。如图 2.2.5 所示，可选尺寸为 L_2 的垫圈作为补偿环（调整环），通过选择合适尺寸的垫圈来达到保证封闭环 L_0 的装配精度。

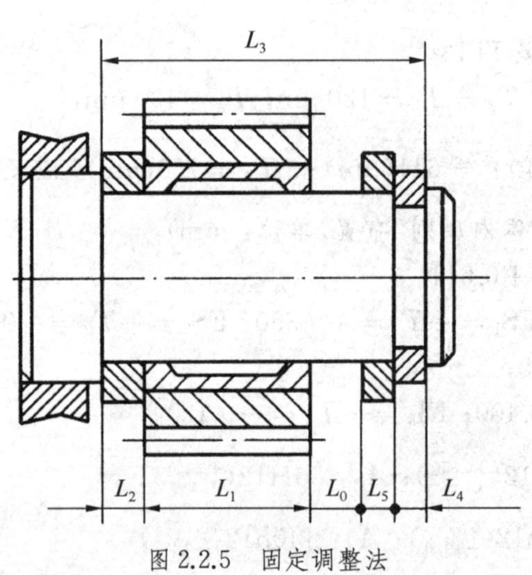

图 2.2.5　固定调整法

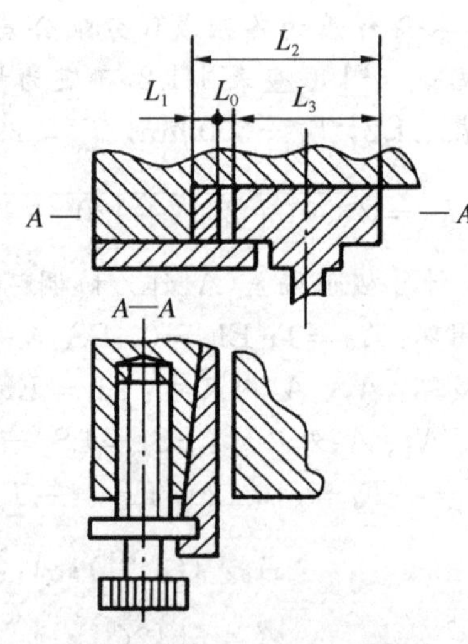

图 2.2.6　可动调整法

② 可动调整法。在尺寸链中选定补偿环，通过移动或转动该件的位置来保证封闭环的要求。图 2.2.6 所示为机床上用螺钉调整镶条位置以满足装配精度要求。

调整法的优点是可使组成环的公差充分放宽。缺点是在结构上必须有补偿件，增加了零部件的数量，使结构变得复杂。调整法适用于多环高精度的零部件。

3）修配法

修配法的特点是装配时，通过修配方法来改变事先选定的某一组成环（称补偿环）的尺寸或位置，使封闭环达到其公差与极限偏差要求。常用修刮、研磨等加工方法。

修配法的优点是可以扩大各组成环的制造公差。缺点是增加修配工序，需要熟练技术工人，零件不能互换。修配法普遍应用于单件或小批生产的零部件。

五、总结与评价

计算尺寸链有正计算与反计算两类。一类是根据组成环的公差与极限偏差，计算封闭环的公差及极限偏差。另一类是根据封闭环的公差及极限偏差计算组成环的公差与极限偏差。

表 2.2.2　完成工作任务评价表

<table>
<tr><th rowspan="2">评价项目</th><th rowspan="2">评价内容</th><th rowspan="2">具体要求、指标</th><th rowspan="2">配分</th><th colspan="3">评　分</th></tr>
<tr><th>自评</th><th>小组</th><th>教师</th></tr>
<tr><td rowspan="3">尺寸链的计算</td><td>完全互换法</td><td>掌握尺寸链的正计算与反计算方法</td><td>8 分</td><td></td><td></td><td></td></tr>
<tr><td>大数互换法</td><td>掌握尺寸链的大数互换法计算方法</td><td>8 分</td><td></td><td></td><td></td></tr>
<tr><td>其他解法</td><td>了解分组互换法等其他解法</td><td>4 分</td><td></td><td></td><td></td></tr>
<tr><td>安全操作</td><td colspan="2">安全使用仪表设备，能够正确采用安全措施保护自己，保证工作安全</td><td>10 分</td><td></td><td></td><td></td></tr>
<tr><td>完成工作任务的表现</td><td colspan="2">积极完成工作任务，认真学习相关知识，遵守安全操作规程和劳动纪律，有良好的职业道德和职业习惯</td><td>10 分</td><td></td><td></td><td></td></tr>
<tr><td colspan="3">你完成本次工作任务的体会：（学到了哪些知识、掌握了哪些技能，有哪些收获）：</td><td>20 分</td><td></td><td></td><td></td></tr>
<tr><td colspan="3">小组同学对你在完成本次工作任务过程中，工作和学习方面的总体评价：</td><td>20 分</td><td></td><td></td><td></td></tr>
<tr><td colspan="3">老师对你在完成本次工作任务过程中，工作和学习方面的总体评价：</td><td>20 分</td><td></td><td></td><td></td></tr>
<tr><td>成绩评定</td><td colspan="2"></td><td>合计得分</td><td></td><td></td><td></td></tr>
<tr><td>备　　注</td><td colspan="6"></td></tr>
</table>

六、拓展与提高

本任务我们学习了尺寸链的计算，通过学习同学们掌握了多少呢？结合实际的生产我们可以进一步提高自己对尺寸链计算的掌握。在任务一拓展与提高的基础上，进一步计算图 1.2.11 所示减速箱的尺寸链。

习　　题

1. 什么是尺寸链？尺寸链由哪几种环组成？各环之间有什么关系？
2. 尺寸链有哪几种？各有何特点？
3. 完全互换法与概率法计算尺寸链各有什么特点？
4. 什么是尺寸链的正计算？中间计算？反计算？
5. 什么是向体内原则？
6. 如图 2.2.7 所示阶梯轴，加工顺序是 $A_1 \rightarrow A_2 \rightarrow A_3 \rightarrow A_4$。

① $A_1 = 60^{0}_{-0.120}$；$A_2 = 20^{+0.042}_{-0.042}$；$A_3 = 15^{+0.035}_{-0.035}$；$A_4 = 20^{+0.042}_{-0.042}$；

试计算 X。

② $X=4.760\sim5.120$ mm，在 A_1、A_2、A_3、A_4基本尺寸不变的情况下，用完全互换法与概率法计算 A_1、A_2、A_3、A_4的公差与极限偏差。

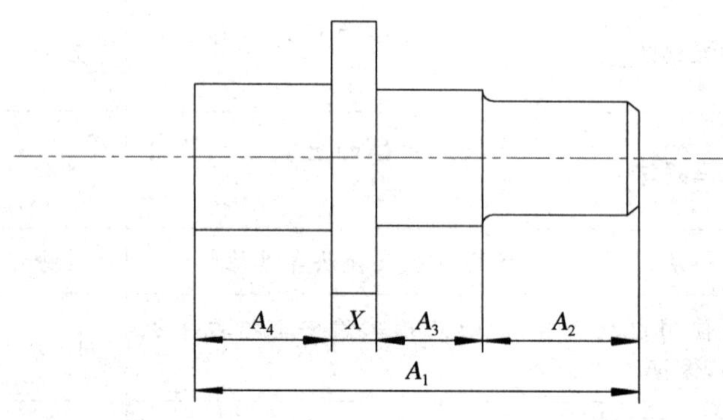

图 2.2.7　阶梯轴

学习情境三

形状和位置精度及检测

情境导入

机械零件上几何要素的形状和位置精度是一项重要的质量指标。零件在加工过程中由于受各种因素的影响，其几何要素不可避免地会产生形状误差和位置误差（简称形位误差），它们对产品的寿命、使用性能和互换性有很大的影响。形位误差越大，零件的几何参数的精度越低，其质量也越低。为了保证零件的互换性和使用要求，需要正确地给定零件的形位公差。通过检测确定实际要素合格性。

情境目标

知识目标

1. 掌握形状和位置公差的基本概念；
2. 学习形状和位置公差国家标准的基本内容；
3. 合理选择形状和位置公差。

技能目标

1. 掌握本章的知识点：形状和位置公差要素、形状和位置公差及其代号、公差原则和基准等概念，各种公差的定义、误差的测量方法、基准和基准体系的表达；
2. 熟悉形状和位置公差选择步骤与检测原则和各种公差原则的应用要求；
3. 了解位置度等，对形状和位置公差进行图样表达，对形位误差能够检测。

任务一　形状和位置精度

一、任务目标

1. 了解形位公差的概念；

2. 掌握形位公差的项目内容和含义；
3. 能正确识读形位公差的标注。

二、任务描述

1. 术语与定义；
2. 形位误差和公差与公差带；
3. 形位误差和公差的符号及其标注(GB/T1182—1996)。

三、任务实施流程

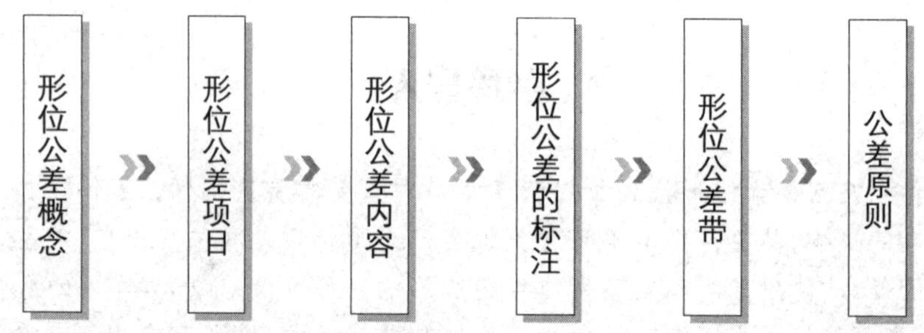

四、任务知识仓库及任务实施过程

任何机械产品都要经过图样设计、机械加工和装配调试等过程。在加工过程中，不论加工设备和方法如何精密、可靠，都不可避免地会出现误差，除了尺寸方面的误差外，还会存在各种形状和位置方面的误差。例如，要求直、平、圆的地方达不到理想的直、平、圆，要求同轴、对称或位置准确的地方达不到绝对的同轴、对称或位置准确。实际加工所得到的零件形状和几何体的相互位置相对于其理想的形状和位置关系存在差异，这就是形状和位置的误差(以下简称形位误差)。

形状和位置误差的存在是不可避免的，零件在使用过程中也并不需要绝对消除这些误差，只需根据具体的功能要求，把误差控制在一定的范围内即可，有了允许的变动范围便可实现互换性生产，因此，在机械产品设计过程中，要对零件作形位公差设计，以保证产品质量，满足所需要的性能要求。

为使设计零件的形状和位置公差有规可循，国际标准化组织制订了有关的标准(ISO1101)，我国在此基础上制定了自己的国家标准。零件形位公差设计涉及较多的国家标准，现行的有关标准主要有：

GB/T1182—1996《形状和位置公差通则、定义、符号和图样表示法》(代替旧国标GB1182—1980 和 GB1183—1980)；

GB/T1184—1996《形状和位置公差未注公差值》(代替旧国标 GB1184—1980)；

GB/T4249—1996《公差原则》；

GB/T1958—2004《产品几何量技术规范(GPS)形状和位置公差检测规定》；

GB/T13319—2003《产品几何量技术规范(GPS)几何公差位置公差注法》；

GB/T16671—1996《形状和位置公差最大实体要求、最小实体要求和可逆要求》。

还有一系列的误差评定检测标准。如：

GB/T11337—2004《平面度误差检测》；

JB/T5996—1992《圆度测量三测点法及其仪器的精度评定》；

JB/T7557—1994《同轴度误差检测》；

GB/T4380—2004《圆度误差的评定两点三点法》；

GB/T7234—2004《产品几何量技术规范(GPS)圆度测量术语、定义及参数》；

GB/T7235—2004《产品几何量技术规范(GPS)评定圆度误差的方法半径变化量测量》；

GB/T11336—2004《直线度误差检测》。

1. 形状和位置公差项目

(1) 形位公差的研究对象——几何要素

形位公差的研究对象是构成零件几何特征的点、线、面。这些点、线、面统称为要素，见图 3.1.1，1～8。一般在研究形状公差时，涉及的对象有线和面两类要素，在研究位置公差时，涉及的对象有点、线和面要素。

形位公差就是研究这些要素在形状及其相互间方向和位置方面的精度问题。

零件几何要素从不同角度可分为以下几种：

① 理想要素：具有几何学意义的要素。它是按设计要求，由图纸上给定的点、线、面的理想状态。

② 实际要素：零件上实际存在的要素。即加工后得到的要素。通常由测得的要素来代替。由于存在测量误差，故测得要素并非该要素的真实状况。

③ 单一要素：仅对其要素本身有形状要求，而与其他要素无功能关系的要素。(若图 3.1.1 轴线 7 仅对其有直线程度的要求，便是单一要素)

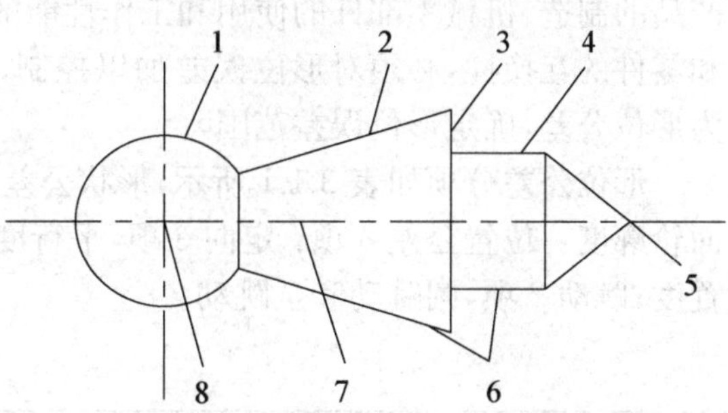

1—球面；2—圆锥面；3—端面；4—圆柱面；5—锥顶；6—素线；7—轴线；8—球心

图 3.1.1　几何特征要素

④ 关联要素：与其他要素有功能(位置、方向)关系的要素。(见图 3.1.1，若 3 与 7 有垂直要求，则二者是关联要素)

⑤ 被测要素：给出了形状或(和)位置公差要求的要素。

⑥ 基准要素：用来确定被测要素方向和(或)位置的要素。(见图 3.1.1，若要求 3 垂直于 7，则 7 为基准要素)

⑦ 中心要素：指要素中的轴线、中心线(点)及对称中心面等。

⑧ 轮廓要素：构成零件外形的能直接为人们所触及到的点、线、面各要素。(见图 3.1.1，图中：1—球面，2—圆锥面，3—端面，4—圆柱面，5—锥顶，6—素线)

(2) 形位误差

形状误差：是指实际要素对其理想要素的变动量。(见图 3.1.2，实际轴截面不圆)

位置误差：是指被测要素相对基准要素的实际位置对其理想位置的变动量。(见图 3.1.3，实际倾角与理论倾角不等)

形状误差和位置误差统称为形位误差。

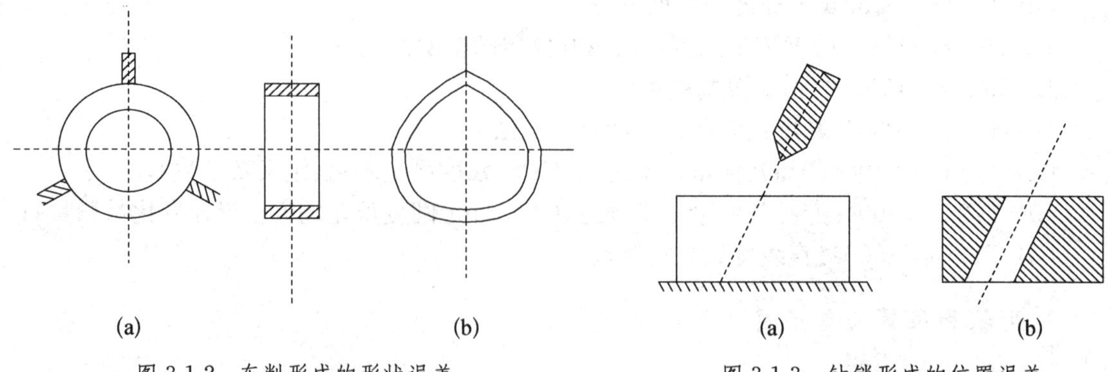

图 3.1.2 车削形成的形状误差　　　　图 3.1.3 钻销形成的位置误差

形位误差产生的原因：加工零件的机床、夹具、刀具系统的几何误差；加工过程中受力变形、振动、磨损等各种因素的干扰，导致产生或大或小的形状误差和位置误差。

（3）形位公差项目

零件在加工过程中不仅有尺寸误差，而且还会产生形状和位置误差。形位误差对机械产品的制造、机械零部件的使用和工作性能的影响不容忽视。因此，为保证机械产品的质量和零件的互换性，必须对形位误差加以控制，按精度要求规定合理的形状和位置公差（简称为形位公差，确定形位误差范围）。

形位公差分项如表 3.1.1 所示，形状公差 6 项：直线度、平面度、圆度、圆柱度、线轮廓度、面轮廓度。位置公差 8 项：定向 3 项，平行度、垂直度、倾斜度；定位 3 项，同轴度、对称度、位置度；跳动 2 项，圆跳动和全跳动。

表 3.1.1 公差符号

分类	项　目	符　　号
形状公差	直线度	—
	平面度	▱
	圆柱度	⌭
	线轮廓度	⌒
	面轮廓度	⌓
	圆度	○

分类		项　目	符　　号
定置公差	定向	平行度	//
		垂直度	⊥
		倾斜度	∠
	定位	同轴度	◎
		对称度	⌯
		位置度	⌖
	跳动	圆跳动	↗
		全跳动	⌰

2. 形状和位置公差标注

在技术图样中标注形位公差时一般均采用代号标注。进行标注时，应绘制公差框格，注明形位公差数值及有关符号。只有当图样上无法采用代号标注时，才允许用文字说明，但应做到内容完整，不应产生歧义。

(1) 公差框格与基准符号

公差框格为矩形方框，由两格或多格组成，在图样中只能水平或垂直绘制。框格中的内容从左到右或从上到下按以下顺序填写(见图 3.1.4)：公差特征项目符号；公差值，公差带形状是圆形或圆柱形时则在公差值前加“ϕ”，如图 3.1.4(c)、(e)所示，如是球形时则加“Sϕ”，如图 3.1.4(d)所示；如果需要基准代号，则用一个或多个字母表示基准要素或基准体系，如图 3.1.4(b)、(c)、(d)、(f)所示。若一个以上要素为被测要素，应在框格上方标明数量，如图 3.1.4(e)所示。如对同一个要素有一个以上的公差特征项目要求，为方便起见，可将一个框格放在另一个框格的下面，如图 3.1.4(f)所示。如要求在公差带内进一步限定被测要素的形状，则应在公差值后面加注有关符号，可以参照有关标准规定，如图 3.1.4(g)、(h)所示。

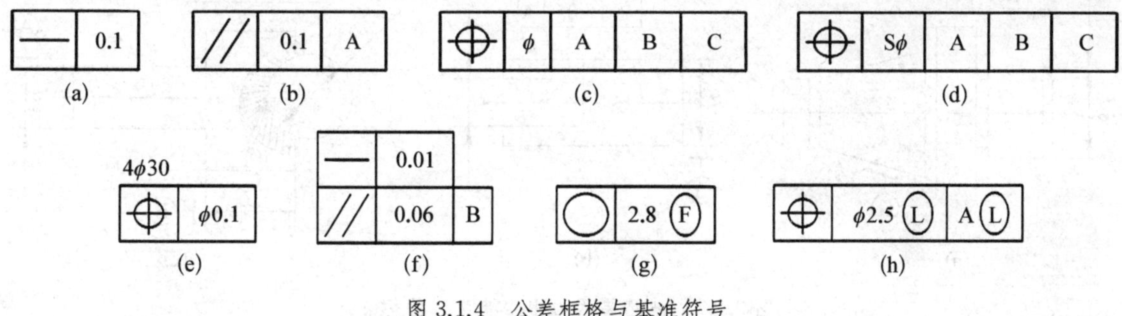

图 3.1.4　公差框格与基准符号

基准符号由带圆圈的大写字母和粗的短线并用细实线连接而成，如图 3.1.5 所示。应注意圆圈内的大写字母必须竖直方向书写。为避免引起误解，表示基准要素的大写字母不采用 E、F、I、J、L、M、O、P、R。大写字母 E、F、L、M、P、R 在形位公差的标注中另有含义，详细意义见表 3.1.2。

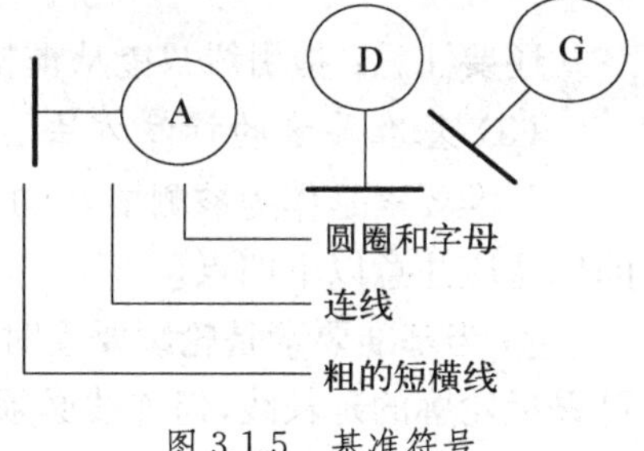

图 3.1.5　基准符号

表 3.1.2　形位公差标注中的部分附加符号及意义

标注的大写字母	含　　义	标注的大写字母	含　　义
E	包容要求	M	最大实体要求
L	最小实体要求	R	可逆要求
P	延伸公差带	F	自由状态条件(非刚性条件)

(2) 被测要素的表示法

采用带箭头的指引线连接框格与被测要素，指引线箭头指向被测要素形位公差宽度方向。具体的标注方法有两种。

① 当被测要素是轮廓要素时，箭头应指向要素的轮廓线或轮廓线的延长线，但必须与尺寸线明显地错开，如图 3.1.6 所示。应注意圆度标注的指引线箭头必须垂直指向回转体的轴线。

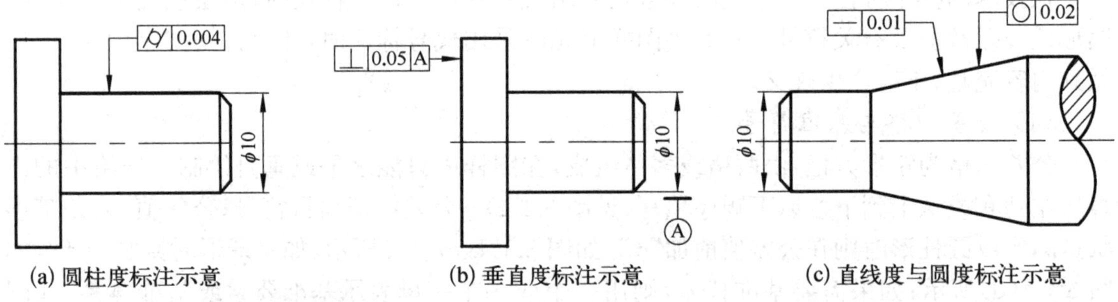

图 3.1.6　被测要素为轮廓要素时的标注

② 当被测要素是中心要素时，箭头应对准尺寸线，即与尺寸线的延长线重合。被测要素指引线的箭头，可兼作一个尺寸箭头，如图 3.1.7 所示。

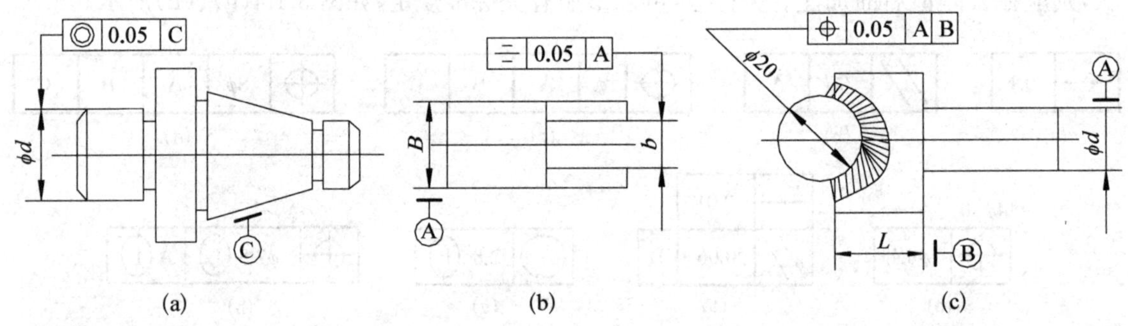

图 3.1.7　被测要素为中心要素时的标注

还要注意：指引线只能从框格的一端垂直引出，指到位置之前最多拐折两次。

(3) 基准要素的标注方法

基准要素是作为被测要素的方位参照的，基准要素的标注用基准符号表示。基准要素的标注应注意以下四点。

① 当基准要素是轮廓要素时，基准符号的短横线应靠近基准要素的轮廓线或轮廓面，也可靠近轮廓的延长线，但连线必须与尺寸线明显分开，如图 3.1.8 所示。

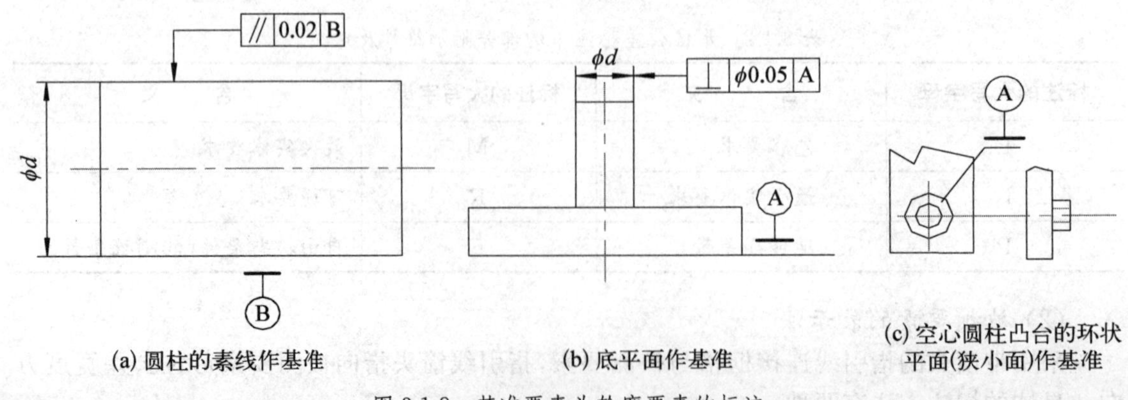

图 3.1.8　基准要素为轮廓要素的标注

② 当基准要素是中心要素时，基准符号中的连线(细实线)应对准尺寸线，基准符号中的短横线也可代替尺寸线的一个箭头，如图 3.1.9 所示。

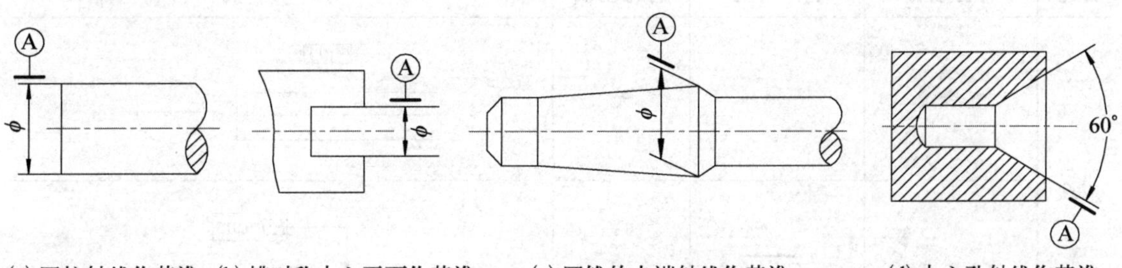

图 3.1.9　基准要素为中心要素的标注

③ 对于由两个要素组成的公共基准，在公差框格的第三及后继框格中，用由横线隔开的两个大写字母表示，如图 3.1.10(a)所示。对于由两个或三个要素组成的多基准体系，表示基准的大写字母应按基准的优先次序从左到右分别置于公差框格的第三及其后续框格中，如图 3.1.10(b)所示。任选基准的标注方法如图 3.1.10(c)所示。

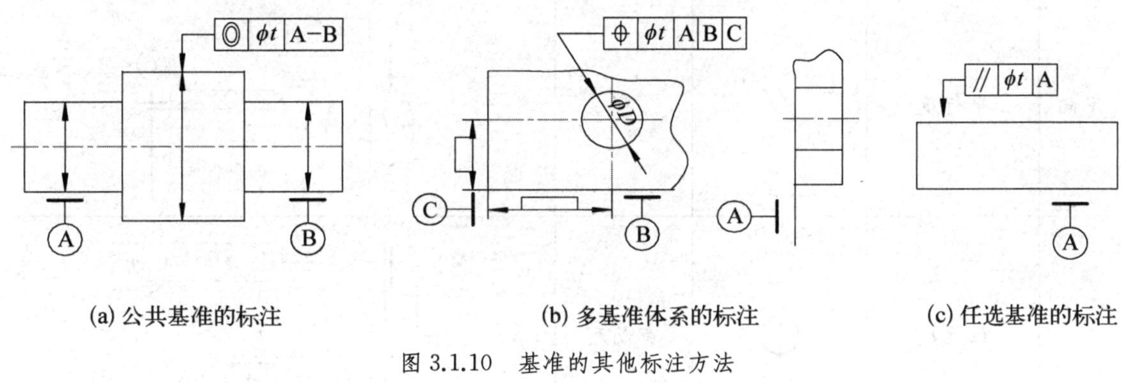

图 3.1.10　基准的其他标注方法

④ 当需要在基准要素上指定某些点、线或局部表面来体现各基准平面时，应标注基准目标，基准目标的标注方法可以参照有关标准。还要注意有些标注方法是不允许使用的，如图 3.1.11(a)和图 3.1.11(b)所示。

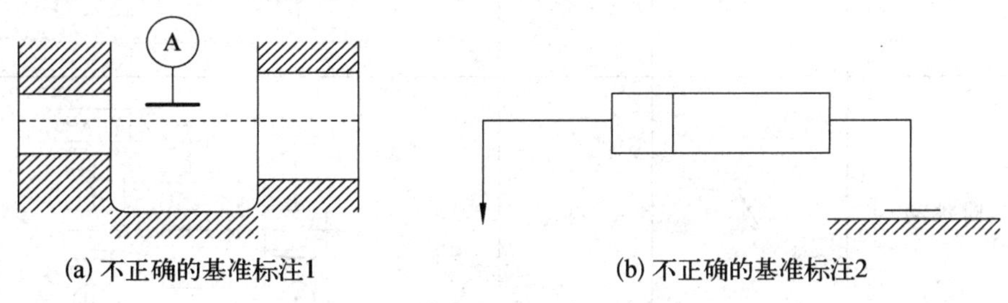

图 3.1.11　不允许使用的基准标注方法

表 3.1.3　常用的简化标注方法

形位公差符号				
公差	特征项目	符　　号	有无基准	示　　例
形状	直线度	—	无	— 0.1
	平面度	▱	无	▱ 0.015
轮廓	线轮廓度	⌒	有或无	⌒ 0.04; h; H; R
定向	平行度	//	有	// 0.01 C; C
定位	位置度	⌖	有或无	⌖ ϕ0.03 A B; B; A; 8; 10
	对称度	⌯	有	⌯ 0.025 A
跳动	圆跳动	↗	有	↗ 0.1 A−B; A; B

3. 形状和位置公差带

形位公差带是指限制实际被测要素形状、方向和位置变动的区域。其主要形状有 11 种，如图 3.1.12 所示，图中 t 表示公差带大小。即：圆内的区域、两同心圆间的区域、两同轴圆柱面间的区域、两等距线间的区域、两平行直线间的区域、圆柱面内的区域、两等距曲面间的区域、两平行平面间的区域、球面内的区域、一小段圆柱表面、一小段圆锥表面。

形位公差带是体现被测要素的设计要求，也是加工和检验的根据。

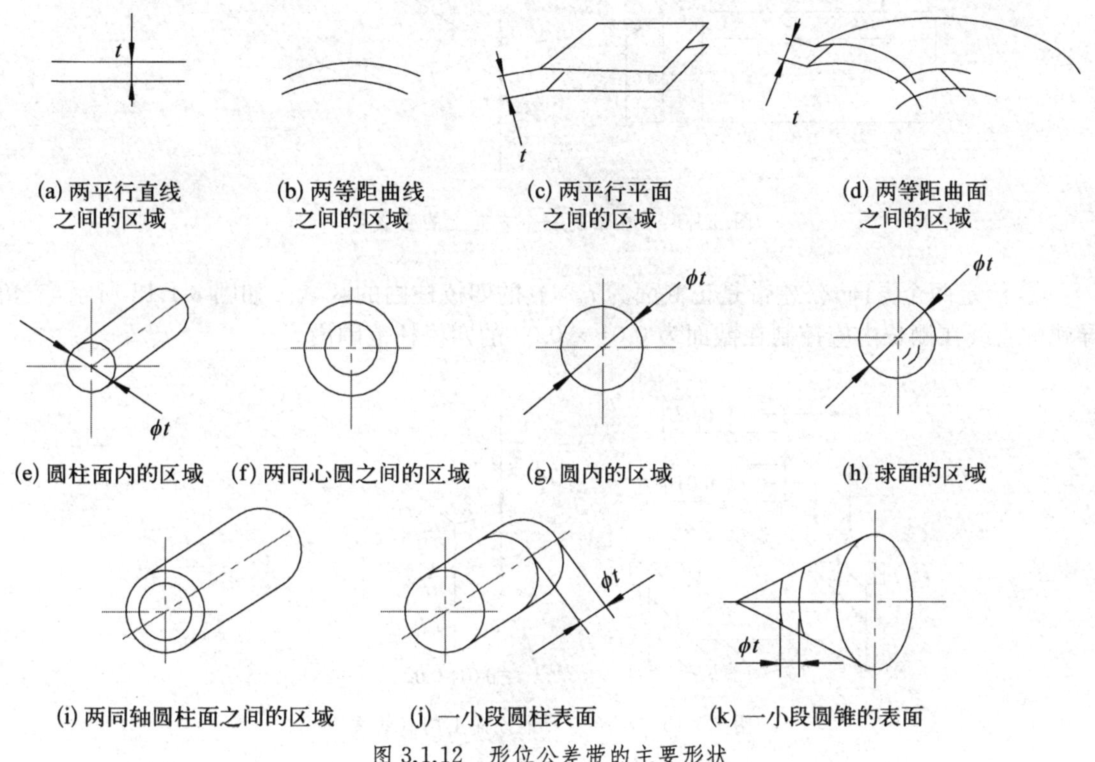

图 3.1.12　形位公差带的主要形状

(1) 形状公差带

1) 直线度

a. 在给定平面内。

公差带是距离为公差值 t 的两平行直线之间的区域。如图 3.1.13 所示，平面导轨的直线在测长内应控制在距离为 0.02 的两平行直线范围内。

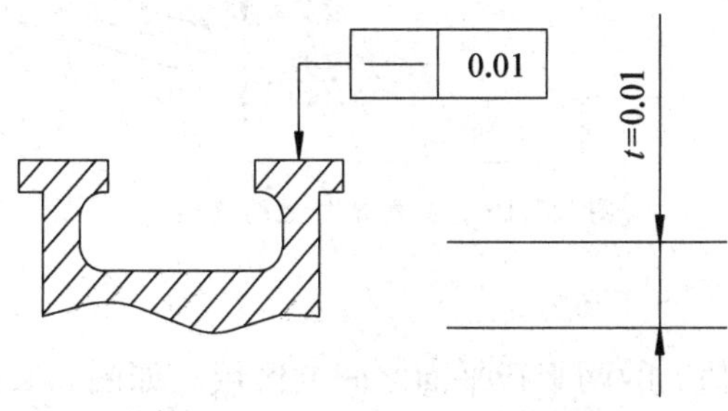

图 3.1.13　在给定平面内的直线度

b. 在给定方向上。

① 给定一个方向，公差带是距离为公差值 t 的两平行平面之间的区域。

如图 3.1.14 所示，刀口尺刀刃的直线在测长内应控制在距离为 0.01 的两平行平面范围内。

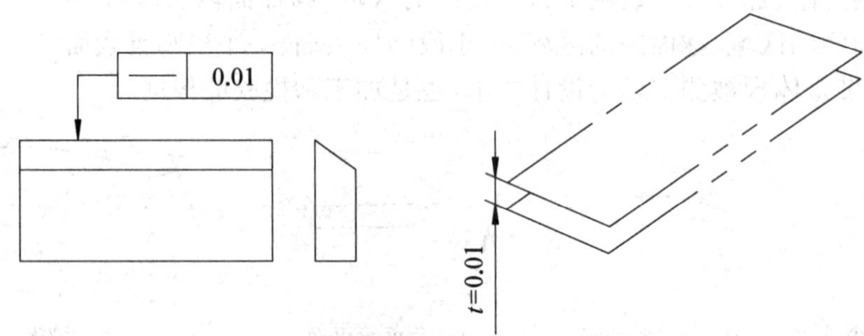

图 3.1.14 在给定一个方向上的直线度

② 给定两个方向，公差带是正截面为 $t_1 \times t_2$ 的四棱柱内的区域。如图 3.1.15 所示，三角导轨的直线在测长内应控制在截面为 0.01 × 0.02 的四棱柱范围内。

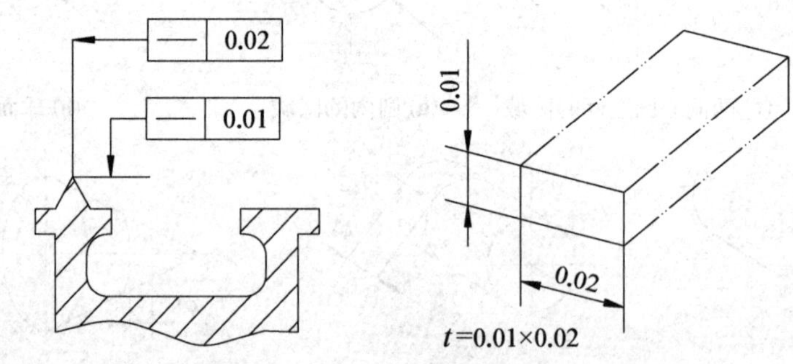

图 3.1.15 在给定两个方向上的直线度

③ 任意方向，公差带是直径为公差值 t 的圆柱面内的区域。

如图 3.1.16 所示，被测轴线在测长内应控制在直径为 $\phi 0.02$ 的圆柱面范围内。

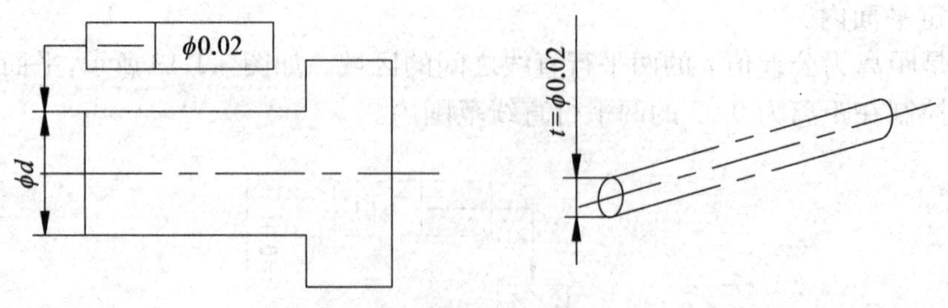

图 3.1.16 任意方向上的直线度

2）平面度

公差带是距离为公差值 t 的两平行平面之间的区域。如图 3.1.17 所示，被测平面在测量面内应控制在距离为 0.02 的两平行平面范围内。

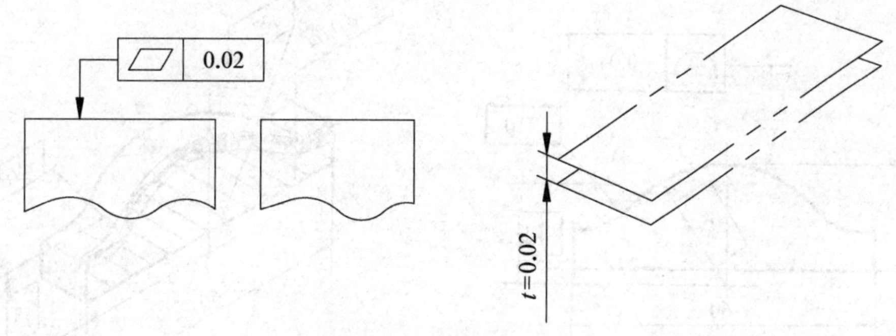

图 3.1.17　平面度示意图

3）圆度

公差带是垂直于轴线的任意截面上半径差为公差值 t 的两同心圆之间的区域。

如图 3.1.18 所示，任意轴截面圆应控制在半径差为 0.02 两同心圆范围内。

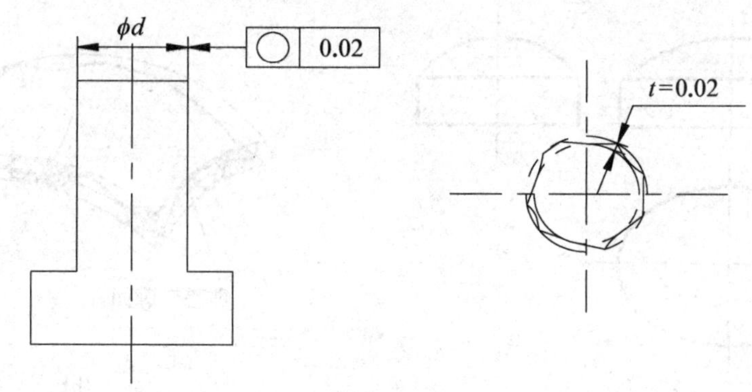

图 3.1.18　圆度示意图

4）圆柱度

公差带是半径差为公差值 t 的两同轴圆柱面之间的区域。

如图 3.1.19 所示，圆柱测量面应控制在半径差为 0.03 的两同轴圆柱面范围内。

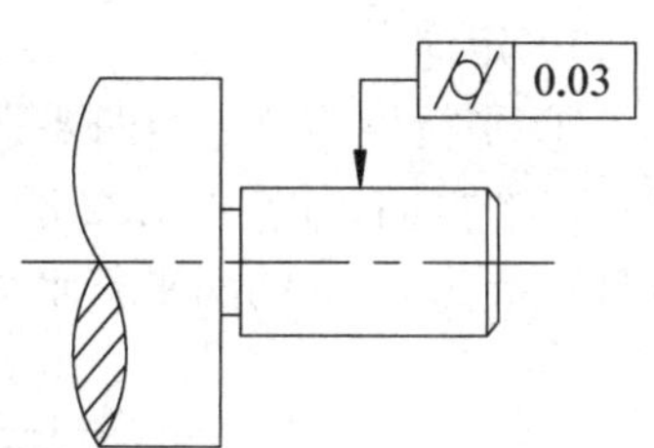

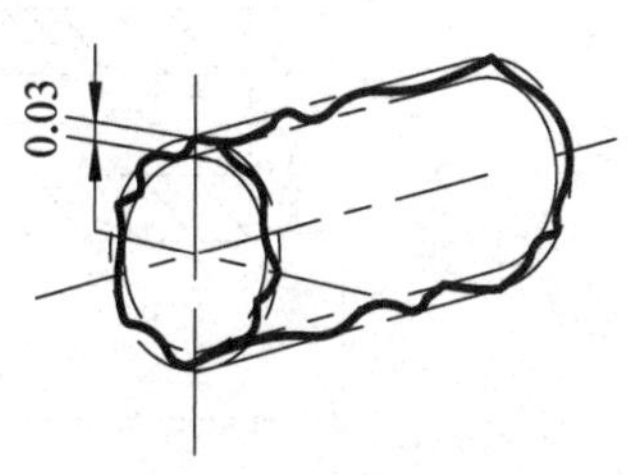

图 3.1.19　圆柱度示意图

5）线轮廓度

如图 3.1.20(b)所示，被测轮廓应控制在直径为 ϕ0.04 且中心在理论轮廓线上的系列圆的两包络线范围内。

6）面轮廓度

定义：面轮廓度公差带是包络一系列直径为公差值 f 的球的两包络面之间的区域，诸球球心应位于理想轮廓面上，如图 3.1.21(b)所示。

如图 3.1.21(b)所示，被测轮廓应控制在直径为 ϕ0.02 且球心在理论轮廓面上的系列圆球的两包络面范围内。

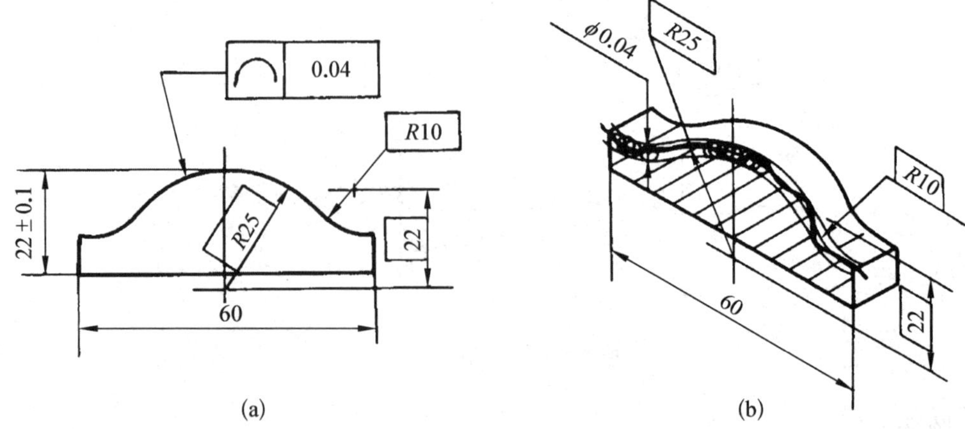

图 3.1.20　线轮廓度示意图

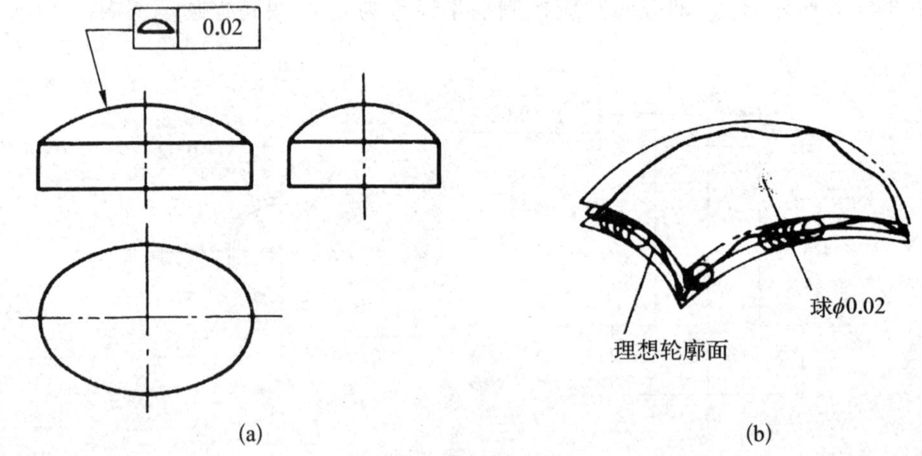

图 3.1.21　面轮廓度示意图

(2) 位置公差带

1) 定向

① 平行度定义：当两要素互相平行时，用平行度公差控制被测要素对基准的方向误差。

一个方向，如图 3.1.22 所示，被测轴线给定平面一个方向在测长内应控制在相对基准平行且距离为 0.05 的两平行平面范围内。

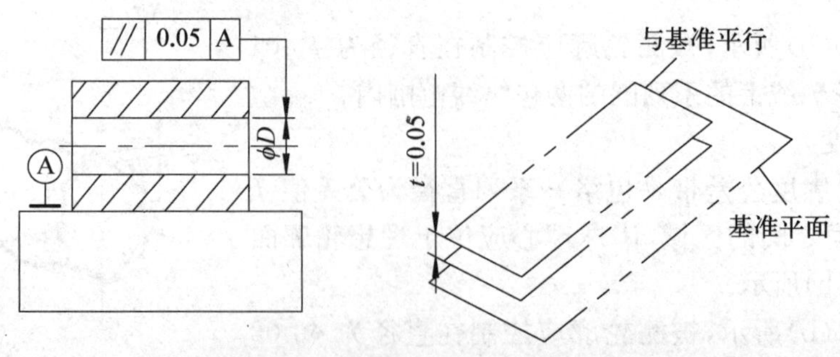

图 3.1.22　一个方向平行度示意图

两个方向，如图 3.1.23 所示，被测轴线在测长内应控制在相对基准平行且截面为 0.05 × 0.05 的四棱柱面范围内。

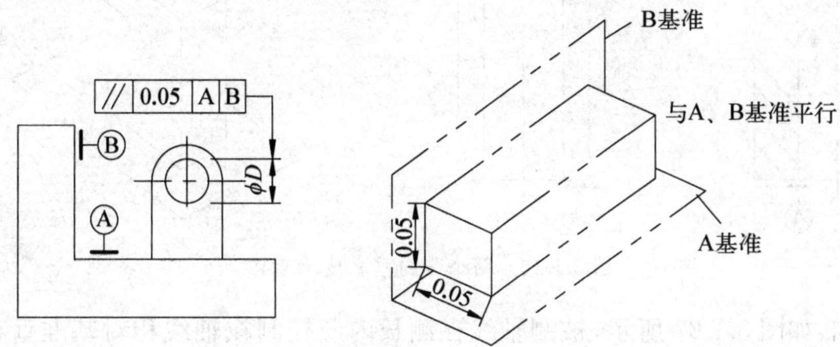

图 3.1.23　两个方向平行度示意图

任意方向，如图 3.1.24 所示，被测轴线在测长内应控制在轴线相对基准平行且直径为 ϕ0.05 的圆柱面范围内。

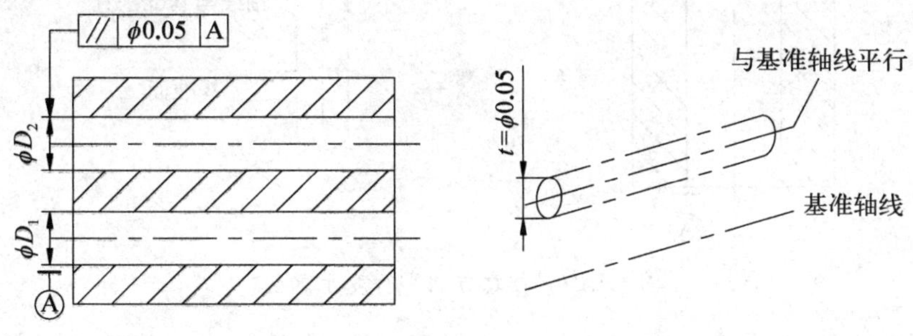

图 3.1.24　任意方向平行度示意图

② 垂直度定义：当两要素互相垂直时，用垂直度公差控制被测要素对基准的方向误差。

如图 3.1.25 所示，被测平面应控制在相对基准垂直且距离为 0.05 的两平行平面范围内。

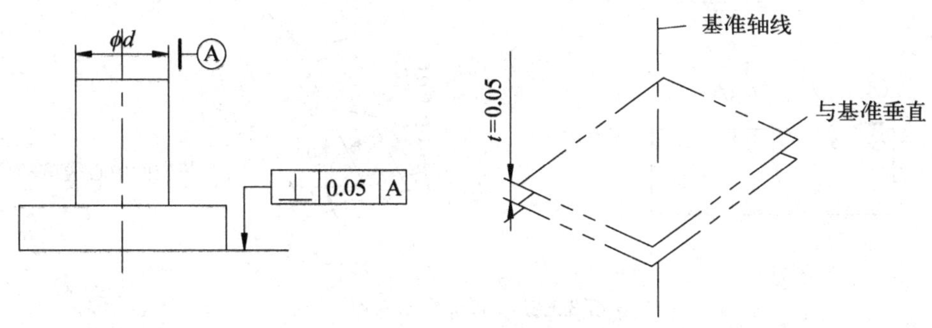

图 3.1.25　垂直度示意图

两个方向，如图 3.1.26 所示，被测轴线在测长内应控制在相对基准垂直且截面为 0.01 × 0.02 的四棱柱面范围内。

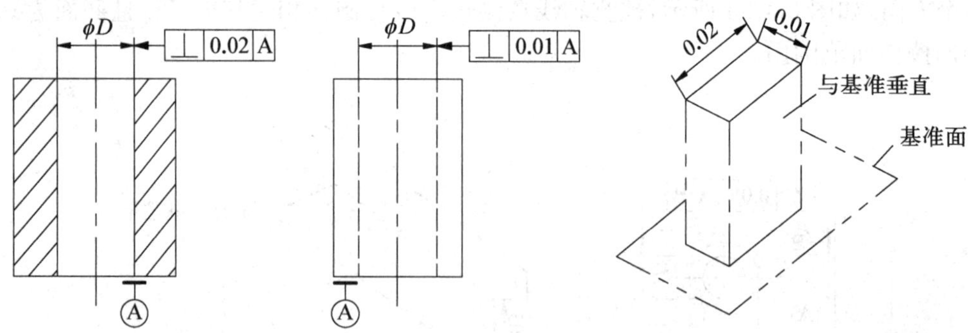

图 3.1.26　两个方向垂直度示意图

任意方向，如图 3.1.27 所示，被测轴线在测长内应控制在轴线相对基准垂直且直径为 ϕ0.05 的圆柱面范围内。

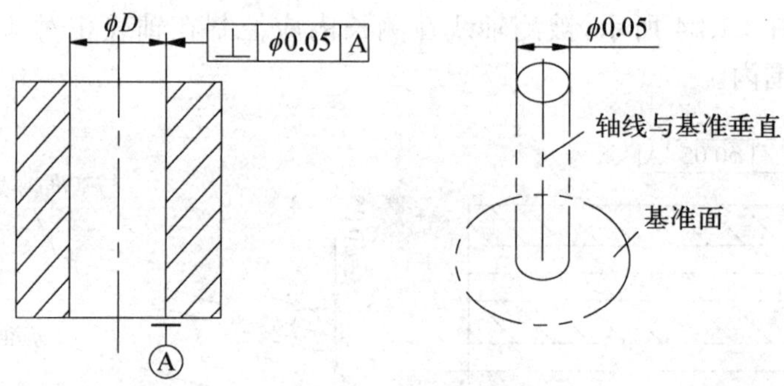

图 3.1.27　任意方向平行度示意图

③ 倾斜度定义：当两要素在 0°～90°之间的某一角度时，用倾斜度公差控制被测要素对基准的方向误差。

如图 3.1.28 所示，被测平面应控制在与基准倾角为 60°且距离是 0.05 的两平行平面范围内。

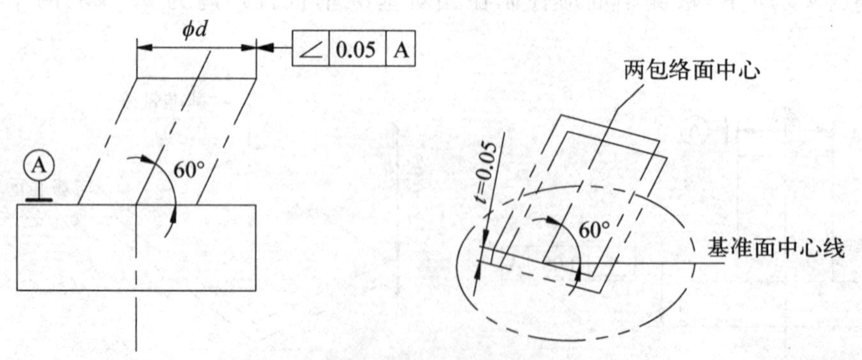

图 3.1.28　倾斜度示意图

2）定位

① 同轴度定义：同轴度用于控制轴类零件的被测轴线对基准轴线的同轴度误差。

如图 3.1.29 所示，被测轴线应控制在与基准同轴且直径为 ϕ0.03 的圆柱面范围内。

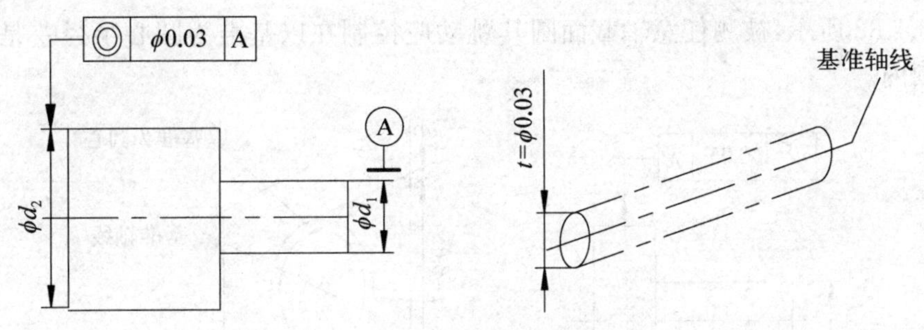

图 3.1.29　同轴度示意图

② 对称度定义：对称度用于控制被测要素中心平面(或轴线)的共面(或共线)性误差。

如图 3.1.30 所示，被测中心面应控制在以基准为中心且距离是 0.1 的两平行平面的范围内。

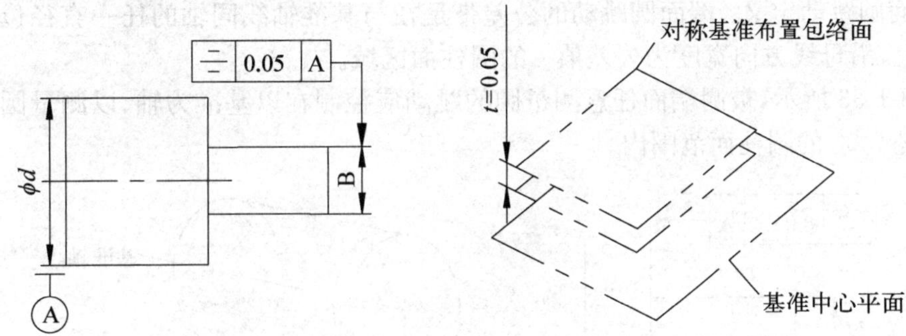

图 3.1.30　对称度示意图

③ 位置度定义：位置度用于控制被测要素(点、线、面)对基准的位置误差。根据零件的功能要求，位置度公差可分为给定一个方向、给定两个方向和任意方向的三种。后者用得最多。

如图 3.1.31 所示，被测轴线应控制在轴线相对基准 A 垂直、相对基准 B 和 C 为理论正确尺寸且直径为 ϕt 的圆柱面范围内。

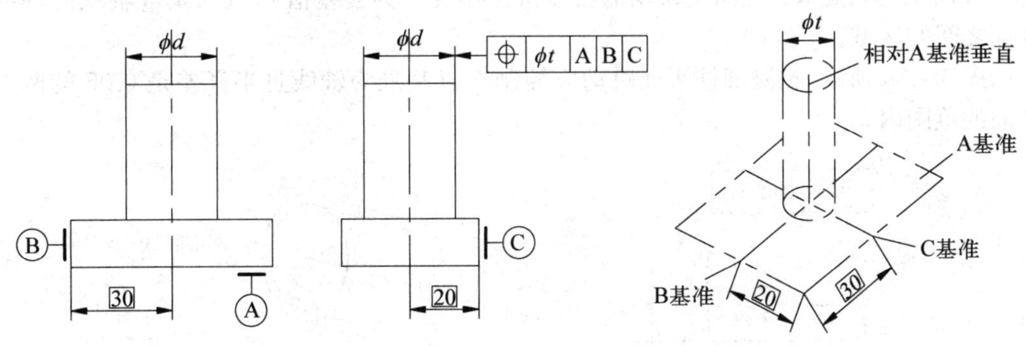

图 3.1.31　位置度示意图

3）跳动

① 圆跳动。

a. 径向圆跳动定义：其公差带是在垂直于基准轴线的任一测量平面内，半径差为公差值 t，且圆心在基准轴线上的两个同心圆之间的区域。

如图 3.1.32 所示，被测任意轴截面圆其跳动应控制在以基准为圆心半径差是 0.05 的两同心圆范围内。

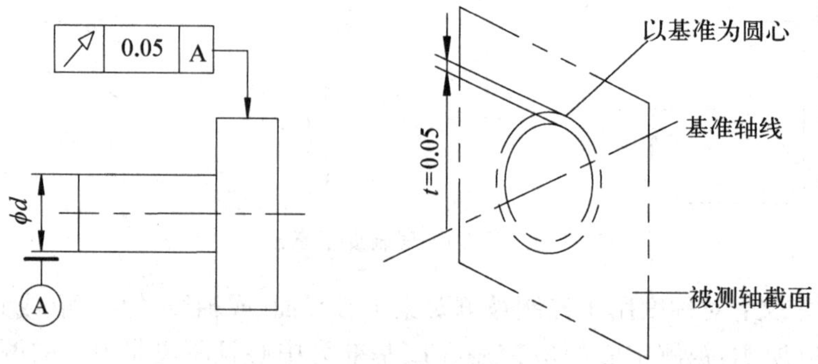

图 3.1.32 径向圆跳动示意图

b. 端面圆跳动定义：端面圆跳动的公差带是在与基准轴线同轴的任一直径位置上的测量圆柱面上，沿母线方向宽度为公差值 t 的圆柱面区域。

如图 3.1.33 所示，被测端面任意测量圆的跳动应控制在以基准为轴、以测量圆直径为直径且宽度是 0.05 的圆柱面范围内。

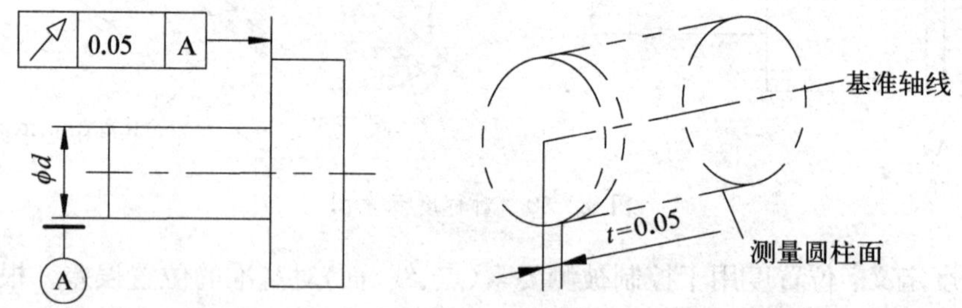

图 3.1.33 端面圆跳动示意图

② 全跳动。

a. 径向全跳动定义：径向全跳动的公差带是半径差为公差值 t，且与基准轴线同轴的两圆柱面之间的区域。

如图 3.1.34 所示，被测圆柱表面跳动应控制在以基准为轴线且半径差是 0.05 的两同轴圆柱面的范围内。

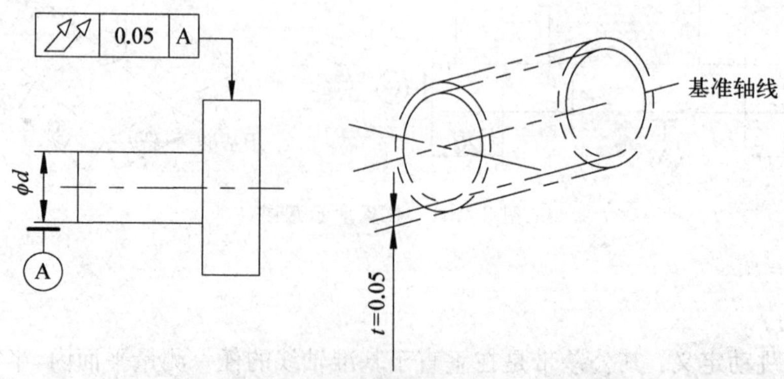

图 3.1.34 径向全跳动示意图

b. 端面全跳动定义：端面全跳动的公差带是距离为公差值 t，且与基准轴线垂直的两平行平面之间的区域。

如图 3.1.35 所示，被测端面其跳动应控制在与基准垂直且距离为 0.05 的两平行平面范围内。

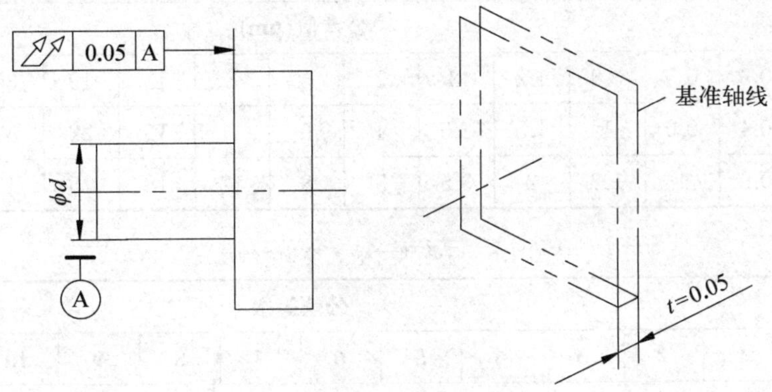

图 3.1.35　端面全跳动示意图

(3) 形位公差值

国家标准规定，形位精度的高低用公差等级大小来表示。对 14 项形位公差特征，除线、面轮廓度及位置度外，其余项目均规定了公差等级。一般分为 1～12 级，1 级精度最高，12 级精度最低。为了适应精密零件的需要，对圆度、圆柱度划分为 13 级，增加了一个 0 级。各项目的形位公差值见表 3.1.4～表 3.1.7。

表 3.1.4　直线度、平面度

主参数 L(mm)	公差等级											
	1	2	3	4	5	6	7	8	9	10	11	12
	公差值(μm)											
>63～100	0.6	1.2	2.5	4	6	10	15	25	40	60	100	200
>100～160	0.8	1.5	3	5	8	12	20	30	50	80	120	250
>160～250	1	2	4	6	10	15	25	40	60	100	150	300
>250～400	1.2	2.5	5	8	12	20	30	50	80	120	200	400
>400～630	1.5	3	6	10	15	25	40	60	100	150	250	500
>630～1 000	2	4	8	12	20	30	50	80	120	200	300	600

表 3.1.5　圆度、圆柱度

主参数 $d(D)$(mm)	公差等级												
	0	1	2	3	4	5	6	7	8	9	10	11	12
	公差值(μm)												
>18～30	0.2	0.3	0.6	1	1.5	2.5	3	6	9	13	21	33	52
>30～50	0.25	0.4	0.6	1	1.5	2.5	4	7	11	16	25	39	62

续 表

主参数 $d(D)$(mm)	公差等级												
	0	1	2	3	4	5	6	7	8	9	10	11	12
	公差值(μm)												
>50～80	0.3	0.5	0.8	1.2	2	3	5	8	13	19	30	46	74
>80～120	0.4	0.6	1	1.5	2.5	4	6	11	15	22	35	54	87
>120～180	0.6	1	1.2	2	3.5	5	8	12	18	25	40	63	100

表 3.1.6　平行度、垂直度、倾斜度

主参数 L、$d(D)$ (mm)	公差等级											
	1	2	3	4	5	6	7	8	9	10	11	12
	公差值(μm)											
>63～100	1.2	2.5	5	10	15	25	40	60	100	150	250	400
>100～160	1.5	3	6	12	20	30	50	80	120	200	300	500
>160～250	2	4	8	15	25	40	60	100	150	250	400	600
>250～400	2.5	5	10	20	30	50	80	120	200	300	500	800
>400～630	3	6	12	25	40	60	100	150	250	400	600	1 000
>630～1 000	4	8	15	30	50	80	120	200	300	500	800	1 200

表 3.1.7　同轴度、对称度、圆跳动、全跳动

主参数 $d(D)$、B、L (mm)	公差等级											
	1	2	3	4	5	6	7	8	9	10	11	12
	公差值(μm)											
>10～18	0.8	1.2	2	3	5	8	12	20	40	80	120	250
>18～30	1	1.5	2.5	4	6	10	15	25	50	100	150	300
>30～50	1.2	2	3	5	8	12	20	30	60	120	200	400
>50～120	1.5	2.5	4	6	10	15	25	40	80	150	250	500
>120～260	2	3	5	8	12	20	30	50	100	200	300	600
>260～500	2.5	4	6	10	15	25	40	60	120	250	400	800

位置度常用于控制螺栓或螺钉连接中孔距的位置精度要求，其公差值决定于螺栓与光孔之间的间隙。设螺栓(或螺钉)的最大直径为 d_{max}，光孔最小直径为 D_{min}，则位置度公差值(T)按下式计算：

$$螺栓连接：T \leqslant K(D_{min} - d_{max})$$

$$螺钉连接：T \leqslant 0.5K(D_{min} - d_{max})$$

式中，K 为间隙利用系数。考虑到装配调整对间隙的需要，一般取 K 为 0.6～0.8，若不需调整，则取 K 为 1。按上式算出的公差值，经圆整后应符合国标推荐的位置系数，见表 3.1.8。

表 3.1.8　位置度系数　（μm）

1	1.2	1.5	2	2.5	3	4	5	6	8
1×10^{3n}	1.2×10^{2n}	1.5×10^{2n}	2×10^{n}	2.5×10^{n}	3×10^{n}	4×10^{n}	5×10^{n}	6×10^{n}	8×10^{n}

注：n 为正整数。

4. 公差原则

公差原则是处理形位公差与尺寸公差关系的基本原则。公差原则有独立原则和相关原则，相关原则又可分成包容要求、最大实体要求、最小实体要求和其可逆要求。

（1）有关公差原则的术语及定义

1）体外作用尺寸

在被测要素的给定长度上，与实际轴（外表面）体外相接的最小理想孔（内表面）的直径（或宽度）称为轴的体外作用尺寸 d_a；与实际孔（内表面）体外相接的最大理想轴（外表面）的直径（或宽度）称为孔的作用尺寸 D_a，如图 3.1.36 所示。对于关联实际要素，该体外相接的理想孔（轴）的轴线（非圆形孔、轴则为中心平面）必须与基准保持图样给定的几何关系。

2）体内作用尺寸

① 单一要素的体内作用尺寸。在配合的全长上，与实际孔体内相接的最小理想轴的尺寸，称为孔的体内作用尺寸；与实际轴体内相接的最大理想孔的尺寸，称为轴的体内作用尺寸。孔的体内作用尺寸和轴的体内作用尺寸，如图 3.1.36 所示。体内作用尺寸由对实际工件的测量得到。

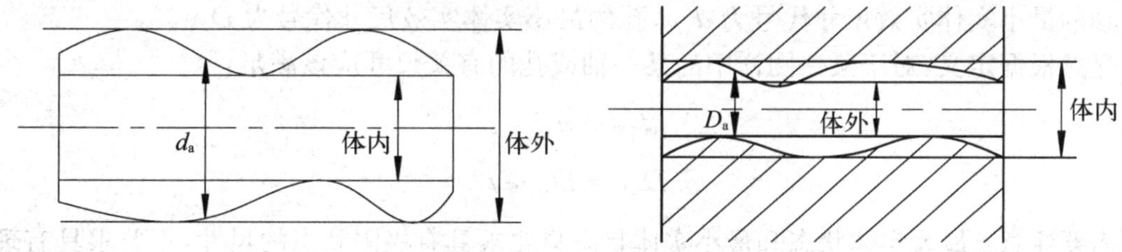

图 3.1.36　体外作用尺寸

② 关联要素的体内作用尺寸。孔的关联体内作用尺寸是指在结合面的全长上，与实际孔外接的最小理想轴的尺寸，而该理想轴必须与基准要素保持图样上给定的几何关系。轴的关联体内作用尺寸是指在结合面的全长上，与实际轴内接的最大理想孔的尺寸，而该理想孔必须与基准要素保持图样上给定的几何关系。

3）最大实体尺寸

孔或轴具有允许的材料量为最多时的状态，称为最大实体状态（MMC）。在此状态下的极限尺寸，称为最大实体尺寸（MMS），它是孔的最小极限尺寸和轴的最大极限尺寸的统称。

轴的最大实体尺寸代号为 d_M，孔的最大实体尺寸代号为 D_M。

显然根据极限尺寸和最大实体尺寸定义，对于某一图样中的某一轴或孔的有关尺寸应该满足：

$$d_M = d_{max}$$

$$D_M = D_{min}$$

4）最小实体尺寸

孔或轴具有允许的材料量为最少时的状态，称为最小实体状态（LMC）。在此状态下的极限尺寸，称为最小实体尺寸（LMS），它是孔的最大极限尺寸和轴的最小极限尺寸的统称。

轴的最小实体尺寸代号为 d_L，孔的最小实体尺寸代号为 D_L。

显然根据极限尺寸和最小实体尺寸的定义，对于某一图样中的某一轴或孔的有关尺寸应该满足

$$d_L = d_{min}$$

$$D_L = D_{max}$$

5）最大实体实效尺寸

在配合的全长上，孔、轴为最大实体尺寸，且其轴线的形状误差（单一要素）或位置误差（关联要素）等于给出公差值时的体外作用尺寸称为最大实体实效尺寸（MMVS）。

轴的最大实体实效尺寸代号为 d_{MV}，孔的最大实体实效尺寸代号为 D_{MV}。

显然根据定义，对于某一图样中的某一轴或孔的有关尺寸应该满足：

$$d_{MV} = d_M + t$$

$$D_{MV} = D_M - t$$

式中：t——形位公差。

6）最小实体实效尺寸

在配合的全长上，孔、轴为最小实体尺寸，且其轴线的形状（单一要素）或位置误差（关联要素）等于给出公差值时的体内作用尺寸称为最小实体实效尺寸（LMVS）。

轴的最小实体实效尺寸代号为 d_{LV}，孔的最小实体实效尺寸代号为 D_{LV}。

显然根据定义，对于某一图样中的某一轴或孔的有关尺寸应该满足：

$$d_{LV} = d_L - t$$

$$D_{LV} = D_L + t$$

需要注意：最大实体状态和最小实体状态只要求具有极限状态的尺寸，不要求具有理想形状。最大实体时效状态和最小实体时效状态只要求具有时效状态的尺寸，不要求具有理想状态。最大实体状态和最大实体时效状态由带有 M 的形位公差值 t 相联系；最小实体状态和最小实体时效状态由带有 L 的形位公差值 t 相联系。

7）边界

边界是由设计给定的具有理想形状的极限包容面。这里需要注意，孔（内表面）的理想边界是一个理想轴（外表面）；轴（外表面）的理想边界是一个理想孔（内表面）。依据极限包容面的尺寸与最大实体尺寸、最小实体尺寸、最大实体实效尺寸和最小实体实效尺寸相对应，边界的种类有最大实体边界（MMB）、最小实体边界（LMB）、最大实体实效边界（MMVB）和最小实体实效边界（LMVB）。

① 最大实体边界（MMB 边界）。当理想边界的尺寸等于最大实体尺寸时，该理想边界称为最大实体边界。

② 最大实体实效边界(MMVB 边界)。当理想边界尺寸等于最大实体实效尺寸时，该理想边界称为最大实体实效边界。

③ 最小实体边界(LMB 边界)。当理想边界的尺寸等于最小实体尺寸时，该理想边界称为最小实体边界。

④ 最小实体实效边界(LMVB 边界)。当理想边界尺寸等于最小实体实效尺寸时，该理想边界称为最小实体实效边界。

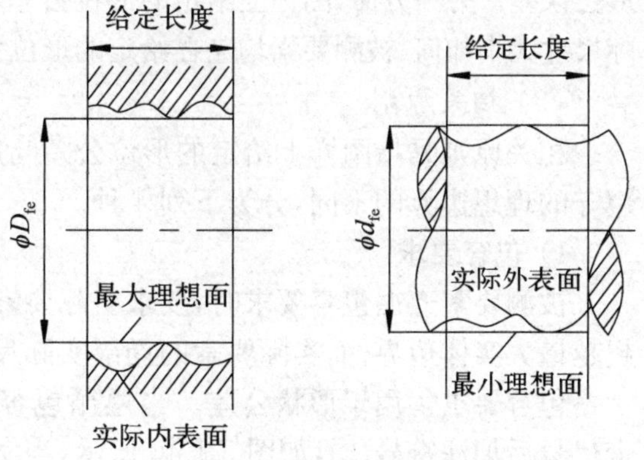

图 3.1.37　轴零件

单一要素的实效边界没有方向或位置的约束;关联要素的实效边界应与图样上给定的基准保持正确的几何关系。

在被测要素的给定长度上，与实际内表面(孔)体外相接的最大理想面，或与实际外表面(轴)体外相接的最小理想面的直径或宽度，称为体外作用尺寸，即通常所称作用尺寸，如图 3.1.37。

图 3.1.38 表示局部实际尺寸 A_1、A_2、A_3、A_4 和单一要素的体外作用尺寸 B。

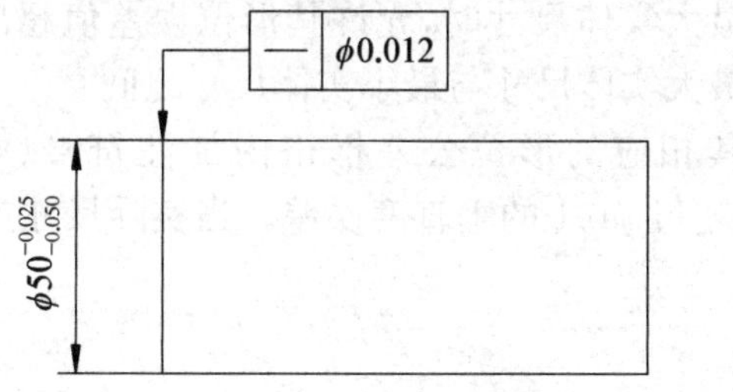

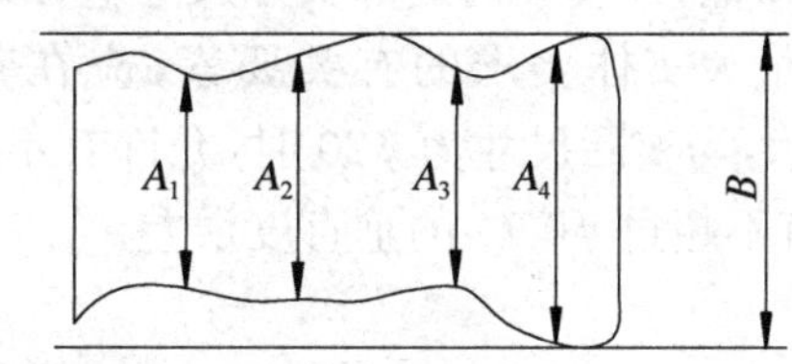

图 3.1.38　零件图

关联要素的体外作用尺寸是局部实际尺寸与位置误差综合的结果。是指结合面全长上，与实际孔内接(或与实际轴外接)的最大(或最小)的理想轴(或孔)的尺寸。而该理想轴(或孔)必须与基准要素保持图样上给定的功能关系。图 3.1.39 表示 A_1、A_2、A_3 是局部实际尺寸，B 是关联要素的体外作用尺寸。

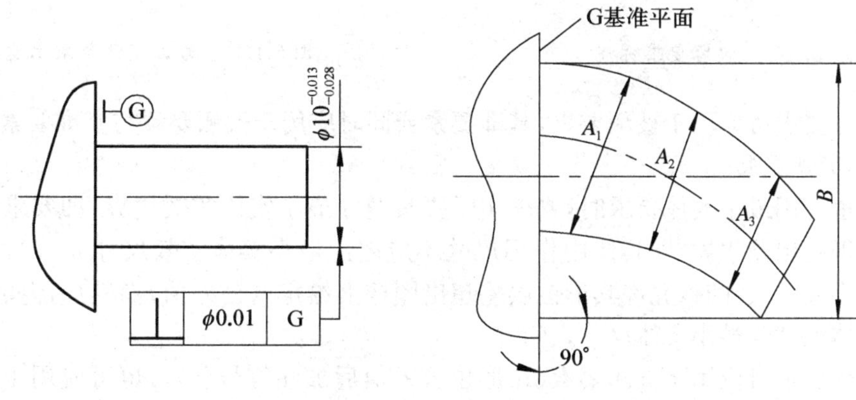

图 3.1.39　孔的零件图

(2) 独立原则

独立原则是指图样上给定的形位公差与尺寸公差是彼此独立相互无关的，并应分别满足要求。具体说，遵守独立原则时，尺寸公差仅控制局部实际尺寸的变动量，而不控制要素的形位误差。另一方面，图标上给定的形位公差与被测要素的局部实际尺寸无关，不论其局部实际尺寸大小如何，被测要素均应在给定的形位公差带内，并且其形位误差允许达到最大值。

(3) 相关原则

相关原则是指图样上给定的形位公差与尺寸公差相互有关的原则。根据被测实际要素遵守的理想边界的不同，分为下列 4 种。

1) 包容要求

被测要素遵循包容要求时，要求实际要素遵守最大实体边界，即要求实际要素处处不得超越最大实体边界，而实际要素的局部实际尺寸不得超越最小实体尺寸。

包容要求仅用于形状公差。当遵循包容要求时，应在被测要素的尺寸极限偏差或公差带代号后加注符号Ⓔ，如图 3.1.40 所示，当实际尺寸是 $\phi 9.99$ 时，允许有不超过 0.01 的形状误差。当实际尺寸处处为 $\phi 10$ 时，不允许有形状误差。

2) 最大实体要求

零件要素应用最大实体要求时，要求实际要素遵守最大实体实效边界，即要求其实际轮廓处处不得超越该边界，当其实际尺寸偏离最大实体尺寸时，允许其形位误差值超出图样上给定的公差值，而要素的局部实际尺寸应在最大实体尺寸与最小实体尺寸之间。

应用最大实体要求的有关要素，应在其相应的形位公差框格内加注符号Ⓜ。如图 3.1.41所示，当实际尺寸为 $\phi 20$ 时，允许有不超过 $\phi 0.1$ 的垂直度误差。当实际尺寸为 $\phi 19.96$ 时，允许有不超过 $\phi 0.14$ 的垂直度误差。

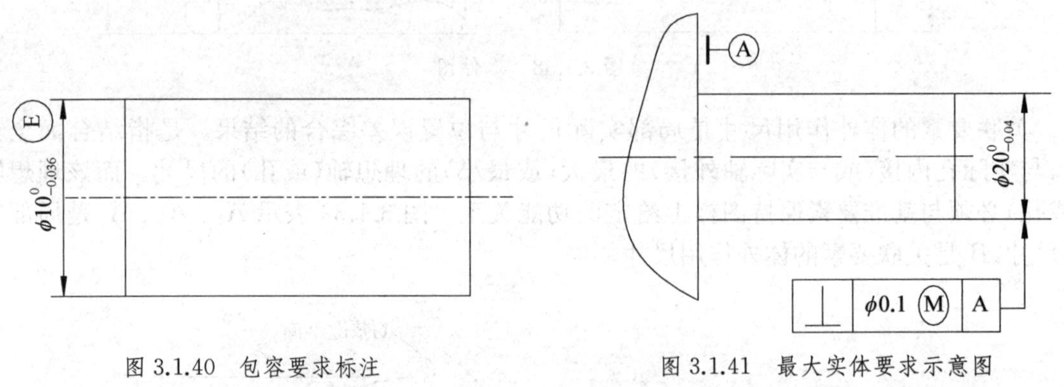

图 3.1.40 包容要求标注　　图 3.1.41 最大实体要求示意图

最大实体要求可应用于被测要素，基准要素或同时应用于被测要素与基准要素。

3) 最小实体要求

零件要素应用最小实体要求时，要求实际要素遵守最小实体实效边界，即要求被测要素实际轮廓不得超出该边界，即其体内作用尺寸不应超出最小实体实效尺寸(d_{LV})，当其实际尺寸偏离最小实体尺寸时，允许其形位误差超出图样上给定的公差值，而其局部实际尺寸必须在最大实体尺寸与最小实体尺寸之间。

最小实体要求可应用于被测要素(在形位公差值后加注符号Ⓛ)，也可应用于基准要素(在基准字母代号后加注符号Ⓛ)，也可两者同时应用最小实体要求。如图 3.1.42 所示，当实

际尺寸处处为 $\phi20$ 时，允许有不超过 $\phi0.1$ 的垂直度误差。

4）可逆要求

可逆要求是一种反补偿要求。上述的最大实体要求与最小实体要求均是实际尺寸偏离最大实体尺寸或最小实体尺寸时，允许其形位误差值最大，即可获得一定的补偿量，而实际尺寸受其极限尺寸控制，不得超出。而可逆要求则表示，当形位误差值小于其给定公差值时，允许其实际尺寸超出极限尺寸（形位偏离量向尺寸公差补偿）。但两者综合所形成实际轮廓，仍然不允许超出其相应的控制边界。

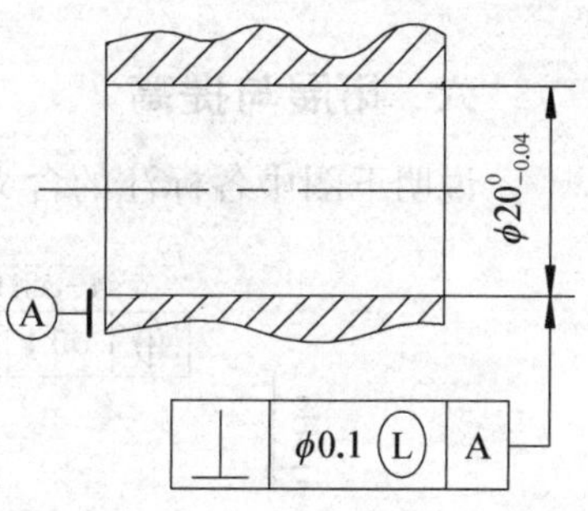

图 3.1.42　最小实体要求示意图

可逆要求可用于最大实体要求，也可用于最小实体要求。前者在符号Ⓜ后加注符号Ⓡ，后者在符号Ⓛ后加注符号Ⓡ。

五、总结与评价

本任务学习目的是掌握形位公差和形位误差的基本概念，熟悉形位公差国家标准的基本内容，为合理选择形位公差打下基础。学习要求是掌握形位公差带的特征（形状、大小、方向和位置）以及形位公差在图样上的标注；掌握形位误差的确定方法；掌握形位公差的选用原则；掌握公差原则（独立原则、相关要求）的特点和应用。

表 3.1.9　完成工作任务评价表

<table>
<tr><th rowspan="2">评价项目</th><th rowspan="2">评价内容</th><th rowspan="2">具体要求、指标</th><th rowspan="2">配分</th><th colspan="3">评　分</th></tr>
<tr><th>自评</th><th>小组</th><th>教师</th></tr>
<tr><td rowspan="5">形状和位置公差</td><td>形状和位置知识点</td><td>形位公差的项目、形位公差的标注、形位公差带、公差原则</td><td>5 分</td><td></td><td></td><td></td></tr>
<tr><td>形位公差的项目</td><td>形位公差的研究对象——几何要素</td><td>3 分</td><td></td><td></td><td></td></tr>
<tr><td>形位公差的标注</td><td>公差框格与基准符号</td><td>4 分</td><td></td><td></td><td></td></tr>
<tr><td>形位公差带</td><td>公差带的定义</td><td>4 分</td><td></td><td></td><td></td></tr>
<tr><td>公差原则</td><td>公差原则的要求</td><td>4 分</td><td></td><td></td><td></td></tr>
<tr><td>安全操作</td><td colspan="2">学习各项内容、熟练掌握其方法</td><td>10 分</td><td></td><td></td><td></td></tr>
<tr><td>完成工作任务的表现</td><td colspan="2">积极完成工作任务，认真学习相关知识，遵守安全操作规程和劳动纪律，有良好的职业道德和职业习惯</td><td>10 分</td><td></td><td></td><td></td></tr>
<tr><td colspan="3">你完成本次工作任务的体会：（学到了哪些知识、掌握了哪些技能，有哪些收获）</td><td>20 分</td><td></td><td></td><td></td></tr>
<tr><td colspan="3">小组同学对你在完成本次工作任务过程中，工作和学习方面的总体评价：</td><td>20 分</td><td></td><td></td><td></td></tr>
<tr><td colspan="3">老师对你在完成本次工作任务过程中，工作和学习方面的总体评价：</td><td>20 分</td><td></td><td></td><td></td></tr>
<tr><td>成绩评定</td><td colspan="2"></td><td>合计得分</td><td colspan="3"></td></tr>
<tr><td>备　　注</td><td colspan="6"></td></tr>
</table>

六、拓展与提高

说明下图中各标注的含义并分析各标注的公差带。

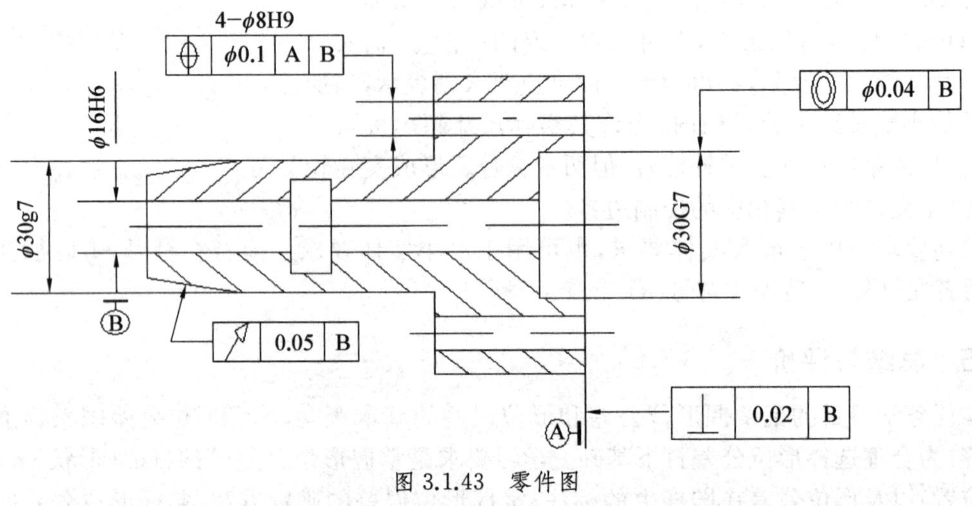

图 3.1.43 零件图

习 题

1. 径向圆跳动与同轴度、端面跳动与端面垂直度有哪些关系？

2. 试述径向全跳动公差带与圆柱度公差带、端面全跳动公差带与回转体端面垂直度公差带的异同点。

3. 什么叫实效尺寸？它与作用尺寸有何关系？

4. 改正图 3.1.44(a)、(b)中形位公差标注上的错误(不改变形位公差项目)。

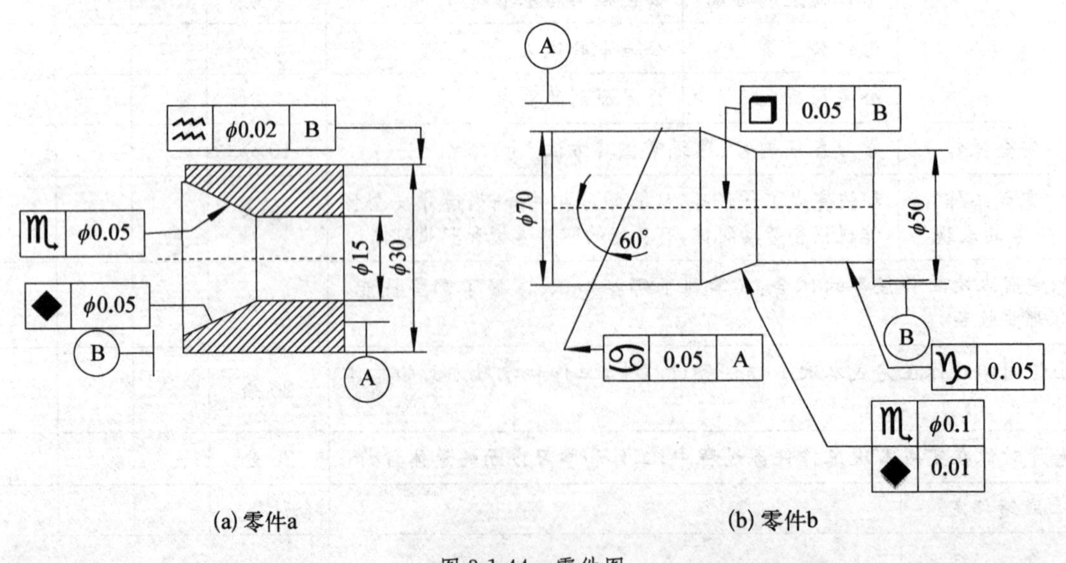

(a) 零件a (b) 零件b

图 3.1.44 零件图

5. 改正习题图 3.1.45(a)、(b)中各项形位公差标注上的错误(不得改变形位公差项目)。

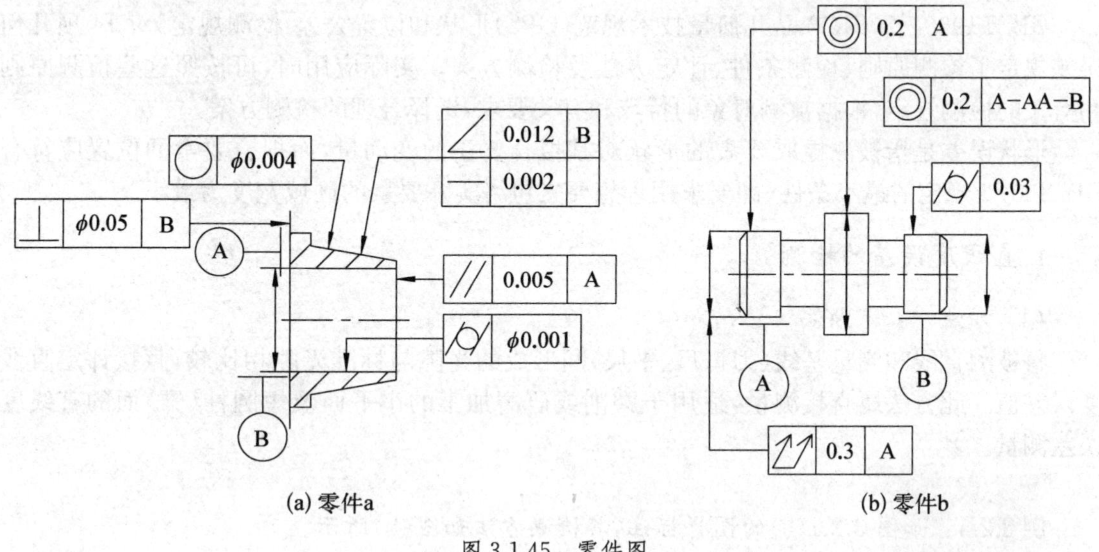

图 3.1.45　零件图

任务二　形状误差的检测

一、任务目标

1. 了解形状误差与检测的特点；
2. 熟悉形状误差检测的方法。

二、任务描述

1. 形状误差；
2. 形状误差检测方法；
3. 形状公差带的意义；
4. 形状误差的评定。

三、任务实施流程

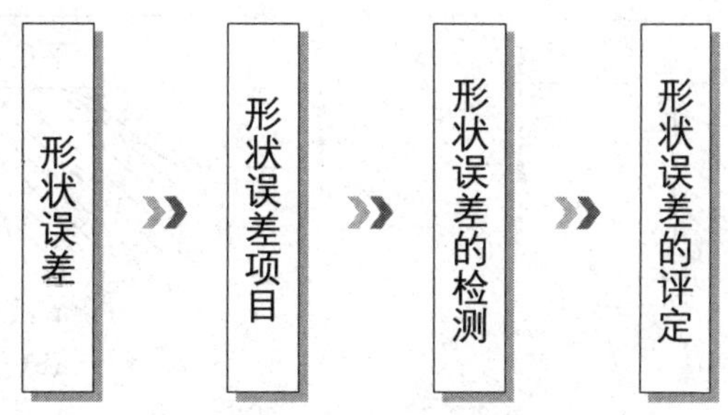

四、任务知识仓库及任务实施过程

GB/T1958－2004《产品几何量技术规范(GPS)形状和位置公差 检测规定》对14项几何误差规定了检测原则、检测条件、评定方法及检测方案。实际应用时，可按照这些检测原则和有关的检测规定，根据被测对象的特点和有关要求，选择合理的检测方案。

形状误差是指被测提取要素的形状对其拟合要素的变动量，而拟合要素的位置应符合GB/T1182规定的最小条件，即要求用理想要素包络实际要素的区域宽度为最小。

1. 直线度误差的检测

(1) 方法一：光隙法

将被测直线和测量基线(刀口尺、平尺)间形成的光隙与标准光隙相比较，直接评定直线度误差值。此方法属直接测量，适用于磨削或研磨加工的小平面及短圆柱(锥)面的直线度误差测量。

例3.2.1 如图3.2.1(a)的图样标注，其检测方法如图(b)所示。

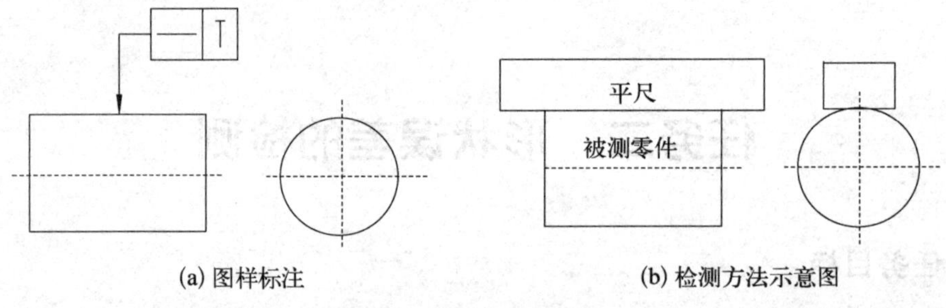

图3.2.1 光隙检测法

将平尺或刀口尺与被测素线直接接触，并使平尺和被测素线间的最大间隙为最小，这个最大间隙就是被测素线的直线度误差。测量若干条素线，取其中最大的误差值作为被测零件的直线度误差值。

平尺做得足够精确，可以作为直线的理想形状。由于平尺的位置就是理想直线的位置，因此，测量时，应将平尺的位置放置符合最小条件，使平尺与被测素线间的最大间隙为最小，其方法如下：

① 若素线为两端高、中间低，即高-低-高时，如图3.2.2(a)所示。平尺与两个高点相接触，则平尺与高点之间的间隙即为素线的直线度误差。

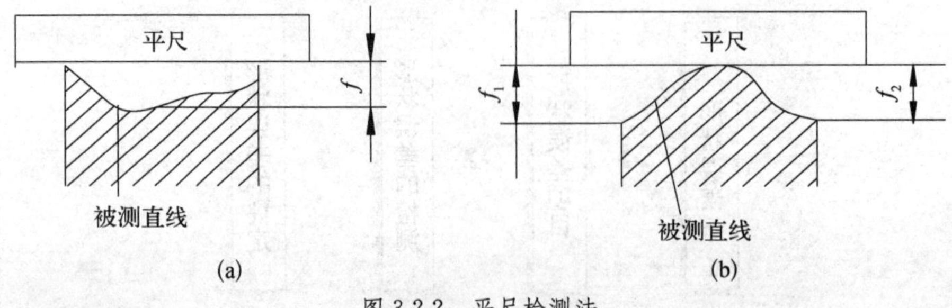

图3.2.2 平尺检测法

② 若素线为两端低、中间高，即低-高-低时，如图 3.2.2(b)所示。平尺与最高点接触，并且使平尺与最低点的间隙相等，即 $f_1=f_2$，此间隙就是素线的直线度误差。

(2) 方法二：垫塞法

用量块或塞尺测量被测直线和测量基线之间的间隙，直接评定直线度误差值。此方法属直接测量，适用于低精度被测零件的直线度误差测量。

(3) 方法三：指示器法(测微法)

用带指示器的测量装置测出被测直线相对于测量基线的偏离值，进而评定直线度误差值。此方法属直接测量，适用于中、小平面及圆柱、圆锥面素线或轴线等直线度误差测量。

例 3.2.2　如图 3.2.3 将被测零件放在平板上，并使零件紧靠直角座，在被测素线的全长范围内测量，同时记录读数，如图 3.2.3 中(a)所示。根据记录的读数，用计算法按最小条件计算该条素线的直线度误差。

将零件按图中(b)所示，间断旋转，重复上述步骤，测量若干条素线的直线度误差，取其中最大的误差值作为被测零件的直线度误差值。

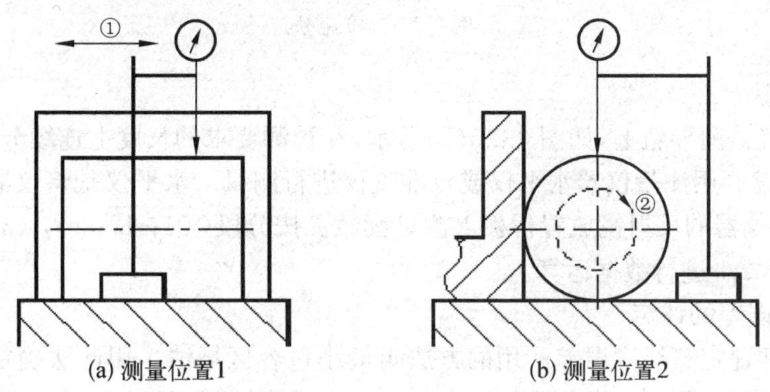

图 3.2.3　测微法

例 3.2.3　被测零件的图样标注如图 3.2.4(a)所示，测量方法如图 3.2.4(b)所示。

将被测零件安装在平行于平板的两顶尖之间，在开始端将两指示器调零后，沿铅垂轴截

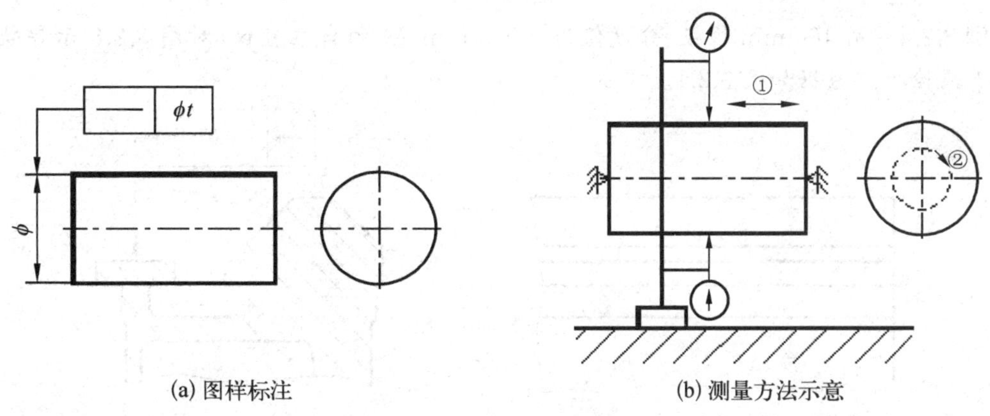

图 3.2.4　测微法测量体例

面的两条素线测量，如图 3.2.4(b)中的①。同时分别记录两指示器在各自测点的读数 M_a、M_b，取各测点读数差的一半，即$(M_a - M_b)/2$ 中的最大值作为该截面轴线的直线度误差。

间断转动被测零件，如图 3.2.4(b)中的②所示，重复上述步骤，测量若干截面，取其中最大的误差值作为该被测零件轴线的直线度误差。

(4) 方法四：节距法(相对测量法)

1) 桥板

如图 3.2.5(a)示，两支承线 a、b 之间的距离为"节距"L，a 和 b 是两条平行线，工作面与 a、b 两线所形成的平面平行。

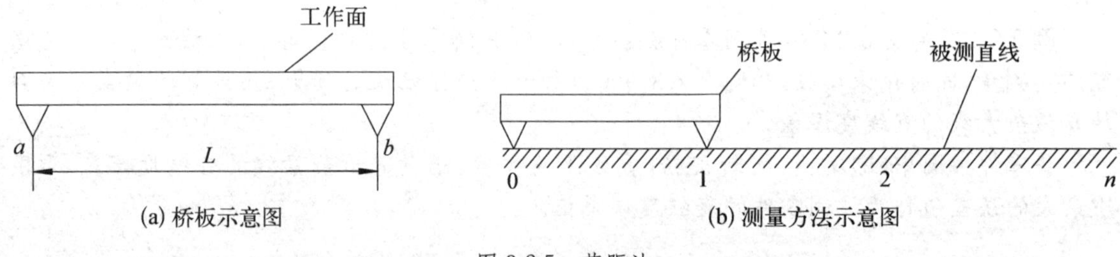

(a) 桥板示意图　　(b) 测量方法示意图

图 3.2.5　节距法

2) 测量方法

将桥板放置被测导轨上，如图 3.2.5(b)所示，在被测要求的长度上连续分段，其分段长度为节矩 L 的长度。用测量仪器水平仪或自准直仪进行测量。水平仪是将仪器放置桥板上读数，准直仪是将仪器的反射镜放置桥板上测量读数。按分段($\overline{01}$；$\overline{12}$；…，$\overline{(n-1)}$)，连续测量读数记入表 3.2.1 进行数据运算。

3) 直线度误差的评定

按最小条件评定直线度误差所用的方法叫最小包容区域法。用此法确定直线度误差值时应用"相间准则"来判别：若上下两条平行线包容了实际线，且与实际线成高、低相间三点接触时，此二平行线的位置必符合最小条件。刀口尺法的测量基准与评定基准一致，读取的最大光隙量即为符合最小条件的直线度误差值，而其他情况下测量基准往往与评定基准并不重合，需要经过数据处理得到直线度误差值。

例 3.2.4　用 100 mm 桥板，分度值为 0.005 mm/M 的自准直仪，对图 3.2.6 示导轨进行连续五段检测。数据如表 3.2.1。

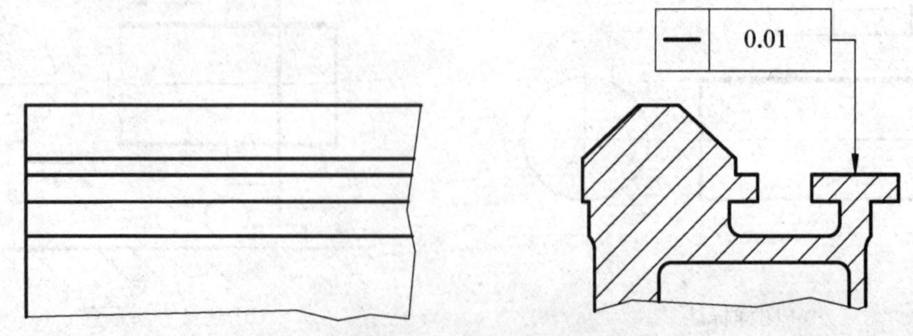

图 3.2.6　直线度测量

表 3.2.1　检测数据

测点	0	1	2	3	4	5
读数 a_i	0	5	5	0	−2	4
累积 h_i	0	5	10	10	8	12

① 读数累积(统一坐标值)。由于测量读数是桥板支点后一点相对前一点对测量基准(水平仪是水平面、准直仪是光轴)的高度差，是一个相对读数，通过累积作为各点相对“0”点的统一读数坐标。

② 以累积值为纵轴，“0”点为坐标原点，测长方向为横轴，建立坐标，将各测点标于坐标图 3.2.7 上。用直线连接形成被测实际要素。

③ 根据图 3.2.6 标注相对被测要素的直线度是两平行直线之间的区域，区域宽度为 0.01，因此用两平行线 l_1、l_2 按最小区域包络被测直线，如图 3.2.8，沿累积轴方向按几何方式计算直线度误差 Δf_{-}(有争议时采用点到线的距离计算)。

$$\begin{aligned}\Delta f_{-} &= h_2 - \Delta \\ &= h_2 - \frac{1}{2}h_4 \\ &= 10 - 4 \\ &= 6\end{aligned}$$

计算分度值(E)：

$$E = \frac{100}{1\,000} \times 0.005 = 0.000\,5\text{ mm}$$

Δf_{-}的线值：$\Delta f_{-} = 6 \times 0.000\,5 = 0.003$ mm。

由于 $\Delta f_{-} = 0.003\text{ mm} \angle 0.01\text{ mm}$，

其直线度误差小于要求的直线度公差，满足设计要求。

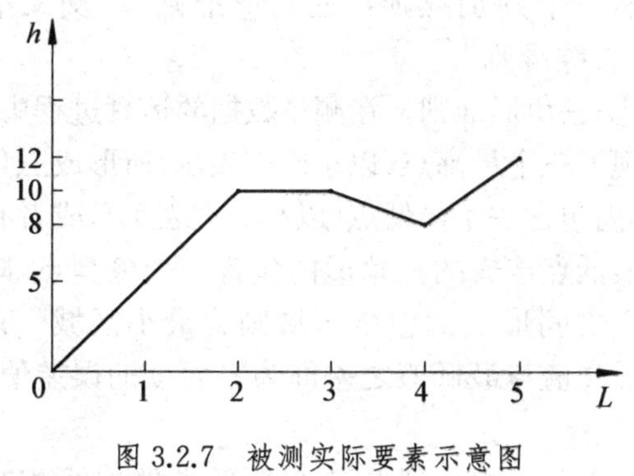

图 3.2.7　被测实际要素示意图

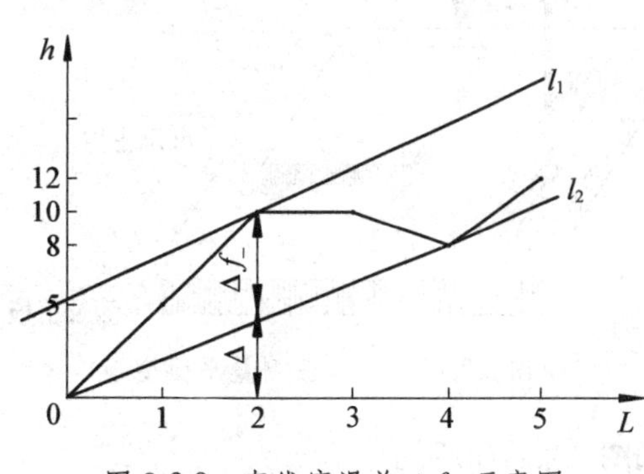

图 3.2.8　直线度误差 Δf_{-}示意图

2. 平面度误差的检测

(1) 平晶干涉法

对于量块、千分尺等较小的测量面，常用平晶干涉法测量其平面度误差。

平面平晶与被测实际表面相接触，当干涉条纹呈现相互平行的直的明暗条纹时，则被测实际表面是理想的几何平面；当干涉条纹呈现弯曲形状时，则平面度误差 $f=\frac{a}{b}\times\frac{\lambda}{2}$，$\lambda$ 为光波的波长，a 是干涉条纹的弯曲量，b 是相邻两干涉条纹之间的距离，a/b 称之为干涉条纹的弯曲度。如图 3.2.9 所示：(a) 图平面度误差为零；(b) 图所示被测面凸形；(c) 图所示被测面呈凹形。当干涉条纹弯曲成封闭的条纹时，则平面度误差 $f=n\times\frac{\lambda}{2}$，$n$ 为干涉条纹数。

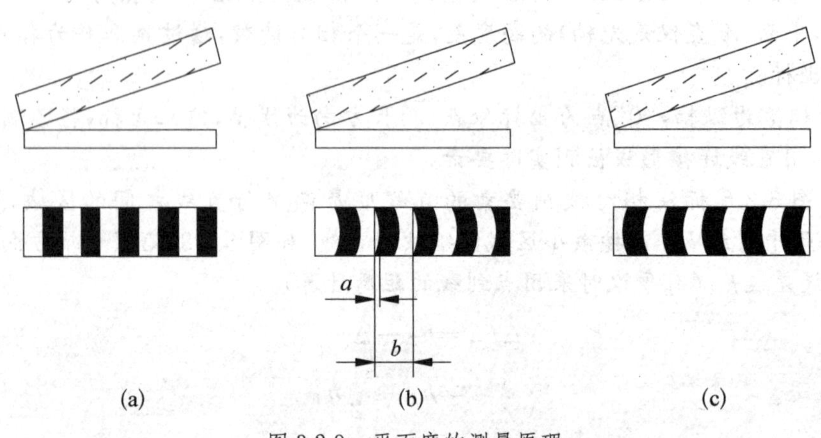

图 3.2.9　平面度的测量原理

说明：此方法适用于测量高精度的小平面，如块规等。它是符合最小条件的测量方法。

(2) 绝对测量法

绝对测量法是指被测表面各测点的读数值是统一坐标值。

1) 绝对测量法的判别准则

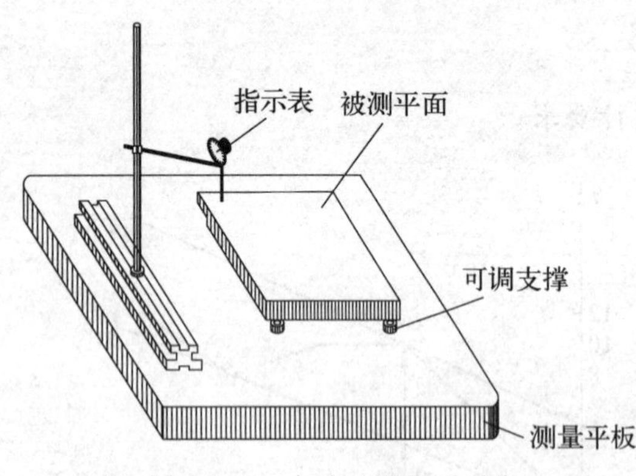

图 3.2.10　打表法测量平面度

平面度绝对测量法，如图 3.2.10 所示的测量。对被测平面按最小区域法进行评定，根据平面上各个测点的大小(高低)是否符合最小条件。有三个判别准则：“三角形准则”、“交叉准则”、“直线准则”。

① 三角形准则。在测量数据的运算过程中，若出现了三个最高点(以小圆圈表示)所形成三角形，其内包含一个最低点(以小方框表示)，或者有三个最低点连成的三角形内包含一个最高点，则高低点之间形成的包络区域则为最小区域。其中的最高值与最低值之差即为平面度的误差值，如图 3.2.11(a)所示。

② 交叉准则。若在数据运算过程中出现两个最高点的连线与两个最低点的连线相交叉，则该两交线之间的包络区域为最小区域。此时最高点与最低点之差即为平面度的误差值，如图 3.2.11(b)所示。

③ 直线准则。若两个最高点的连线之间为最低点，或两个最低点的连线之间为最高点，则该两高点(或两低点)连线与低点(或高点)之间的包络区域为最小区域。此时最高点与最低点之差即为平面度的误差值，如图 3.2.11(c)所示。

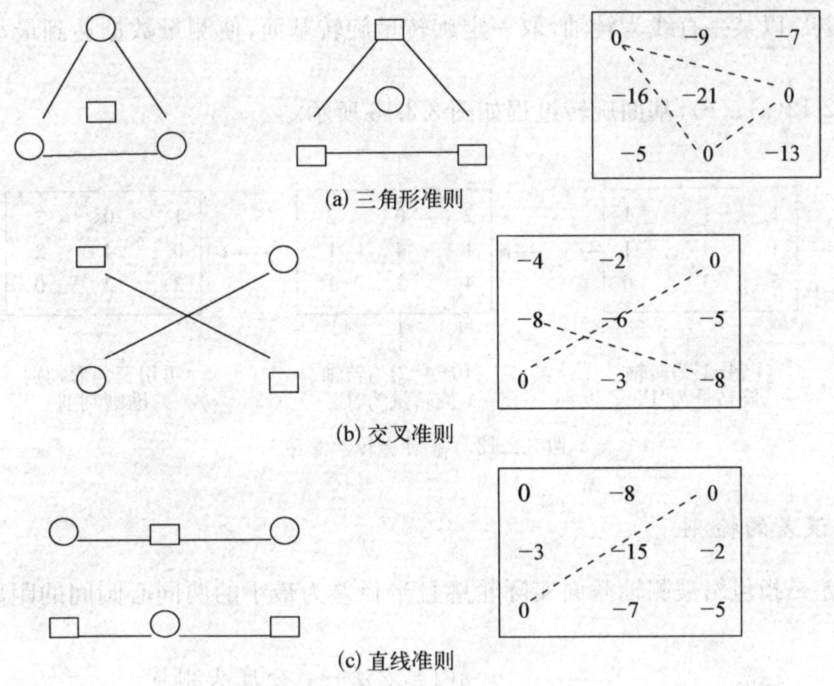

图 3.2.11　最小区域的判别准则

2）绝对测量法的判别准则举例

下面举例说明：

① 测试数据如图 3.2.12(a)，通过基面旋转为 3.2.12(b)，符合三角形准则评定，其平面度误差 $f=4\ \mu\text{m}$。

② 测试数据如图 3.2.12(c)，通过基面旋转为图 3.2.12(d)，符合直线准则评定，其平面度误差 $f=4\ \mu\text{m}$。

③ 测试数据如图 3.2.12(e)，通过基面旋转为图 3.2.12(f)，符合交叉准则评定，其平面度误差 $f=5\ \mu\text{m}$。

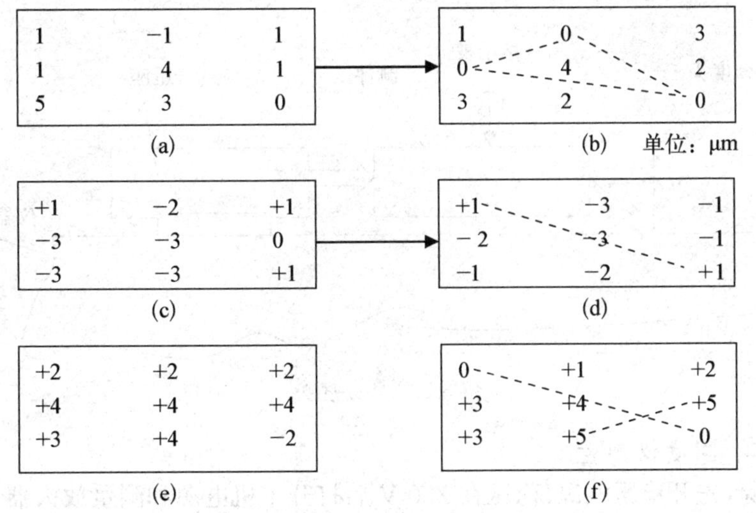

图 3.2.12　测试数据

基面旋转：以某一直线为转轴，取一定旋转量旋转基面，使测量数据达到最小区域判别准则的条件。

如图 3.2.12(a)、(b)，基面旋转过程如图 3.2.13 所示。

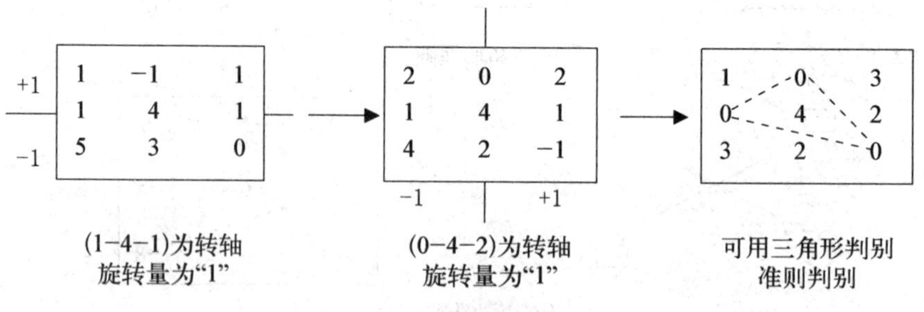

图 3.2.13 基面旋转示意图

3. **圆度误差的检测**

圆度误差是指包络被测轴截面实际轮廓且半径差为最小的两同心圆间的距离 f_o，如图 3.2.14。

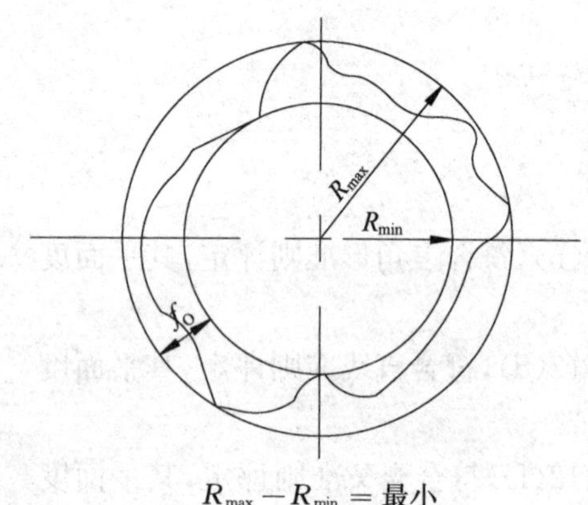

图 3.2.14 圆度误差定义

(1) **方法一：分度头测量**

测量示意图如图 3.2.15。

① 将零件顶在光学分度头的两顶尖间，指示表引向工件，并使表头与工件径向最高点接触；

② 将分度头主轴上的外活动度盘转到 0°，再将指示表调零；

③ 根据对测取点数的要求进行分度，在一周内，分度头每转过一个角度(或进行了一次分度)，从指示表上读取相应点的数值，记入圆坐标纸，连成误差曲线；

④ 进行数据处理并做出合格性判断。

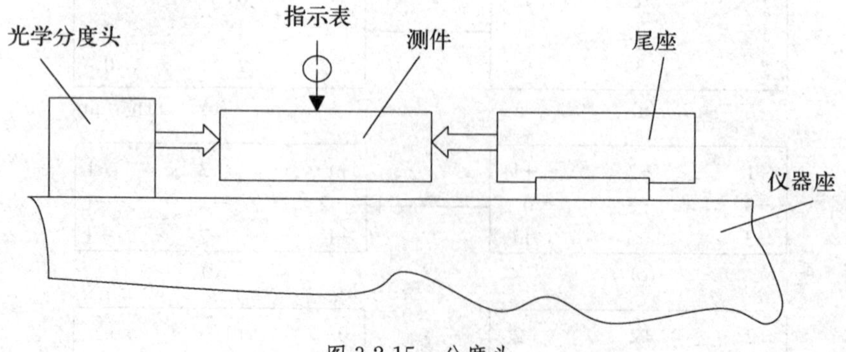

图 3.2.15 分度头

(2) **方法二：圆度仪测量**

① 接通电源，先开稳压电源，稳压在 220 V 后打开主机电源和测量放大器；

② 根据圆度仪操作程序调整好仪器，要求被测轴线和主轴轴线对准；

③ 装上记录纸；

④ 将记录按钮轻轻按下，注意比较笔尖应该在记录纸幅内摆动，进而按下按钮，记录开始，记录一圈后，记录电源自动切断，指示灯灭；

⑤ 取下记录纸，将记录图形贴附在同心圆模板下面，按最小条件读取被测件的圆度误差值，如图 3.2.16 所示；

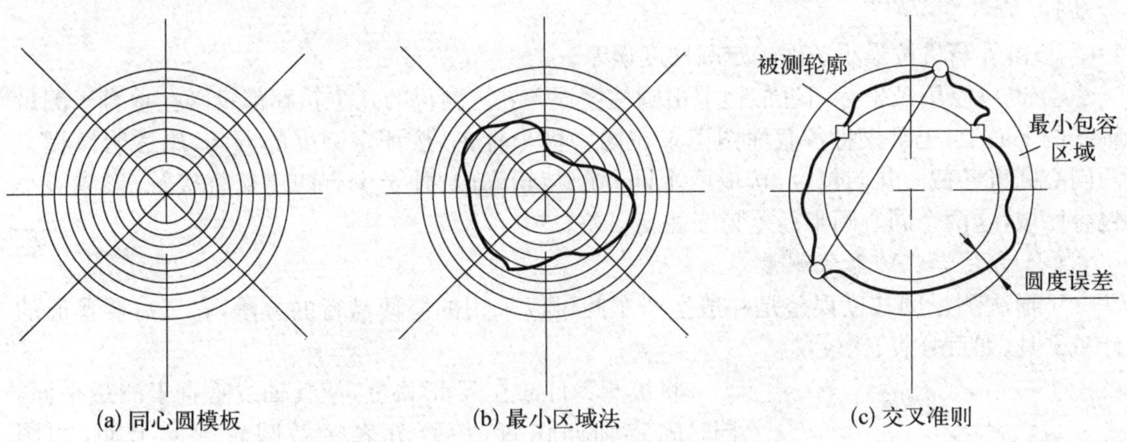

图 3.2.16　圆度误差的评定与最小区域判断准则

⑥ 进行数据处理并做出合格性判断。

圆度仪有两种结构，如图 3.2.17 所示，转轴式（传感器旋转式）圆度仪，主轴工作时不受被测零件重量的影响，因而比较容易保证较高的主轴回转精度；转台式（工作台旋转式）圆度仪，能使测头很方便地调整到被测件任一截面进行测量，但是受旋转工作台承载能力的限制，只适用于测量小型零件的圆度误差。

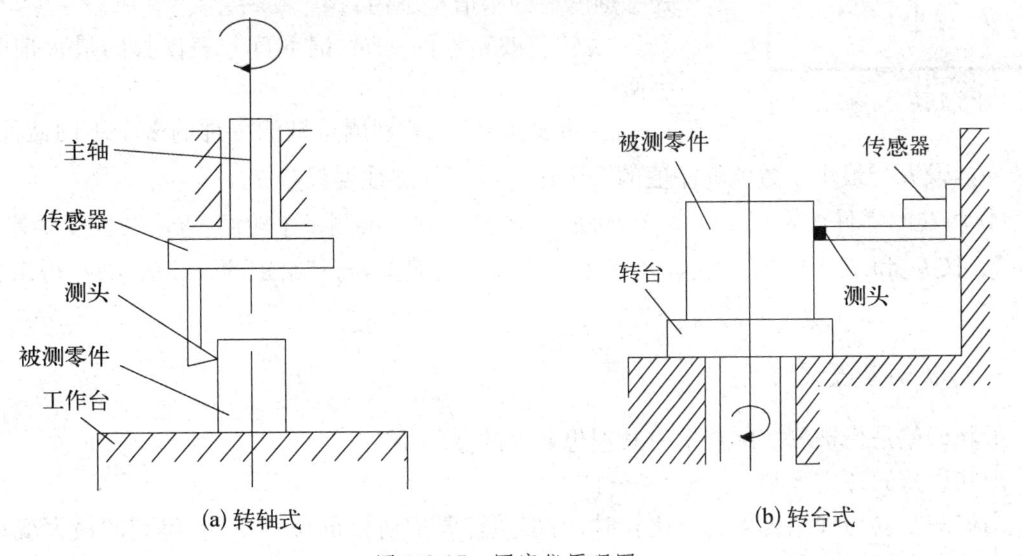

图 3.2.17　圆度仪原理图

4. **圆柱度误差的检测**

两同轴圆柱面包络实际圆柱面，使两同轴圆柱面的半径差达到最小，该半径差即圆柱度误差。

(1) 方法一：圆度仪检测

① 将被测零件的轴线调整到与圆度仪的轴线同轴，然后记录被测零件回转一周过程中截面上各点的数据；

② 测头没有径向偏移的情况下，按上述方法测量若干个横截面(测头也可以沿螺旋线运动)；

③ 由计算机按最小条件确定圆柱度误差；

④ 也可以用极坐标图近似地求出圆柱度误差：将测得的几个轮廓都投影在垂直于测量轴线的平面上，记录仪将各截面图记录在同一极坐标上，按评定圆度的方法，用透明模板上两同心圆将各截面共同包容，构成两个同心圆与轮廓内、外至少有四点交替接触，形成最小包容区域，这两个同心圆半径差为圆柱度误差。

(2) 方法二：V 形法测量

V 形法测量圆柱度误差是一般生产车间可以采用的简便易行的方法，它只需要普通的计量器具，如百分表、比较仪。

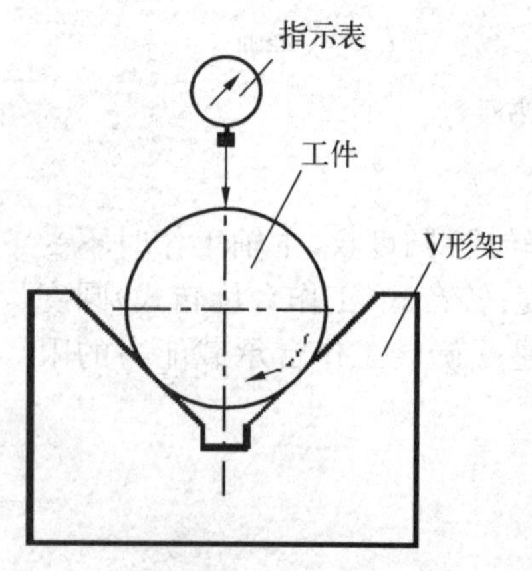

图 3.2.18　V 形法测量

将被测零件放在 V 形块上，使其轴线垂直于测量平面，同时固定轴向位置，使百分表接触圆轮廓的上面，如图 3.2.18 所示。将被测零件旋转一周，记下其最大读数和最小读数。测量若干个截面，取各截面内最大与最小读数值的差值的一半作为零件的圆柱度误差。这种方法适用于测量轮廓圆具有奇数棱的圆柱度误差。

① 将被测零件放置在 90°的 V 形块上，平稳移动百分表座，使表的测头接触被测零件，并垂直于其轴线，使表上指针处于刻度盘的示值范围内；

② 转动被测零件一周，记下百分表读数的最大值和最小值；

③ 重复步骤②，分别测量被测零件的多个不同截面，取各截面内最大与最小读数值的差值的一半作为零件的圆柱度误差 f_1；

④ 将被测零件放置在 120°的 V 形块上，按上述方法再测一个轮回，求出圆柱度误差 f_2；

⑤ 取 f_1 和 f_2 中的较大值作为该零件的圆柱度误差，与其给定的公差值比较，得出合格性结论。

5. 形状误差及其评定

形状误差是指被测实际要素对其理想要素的变动量。

形状误差的评定准则——最小条件。

当被测要素与理想要素进行比较时，由于理想要素所处的位置不同，得到的最大变动量也会不同。为了正确和统一地评定形状误差，就必须明确理想要素的位置，即规定形状误差的评定准则。因此，国家标准规定，评定形状误差时，理想要素相对于实际要素的位置，应符合"最小条件"。所谓"最小条件"，是指被测实际要素对其理想要素的最大变动量为最小。

对于轮廓要素，"最小条件"就是理想要素位于零件实体之外并与被测实际要素相接触，

使被测实际要素的最大变动量为最小的条件。对于中心要素,"最小条件"就是理想要素穿过实际中心要素,并使实际中心要素对理想要素的最大变动量为最小的条件。

6. 最小区域法

形状误差值用最小包容区域的宽度或直径表示,所谓"最小区域"是指包容被测实际要素且具有最小宽度 f 或直径 ϕf 的区域,如图 3.2.19(a)、(b)所示,为形状误差值的最小包容区域。

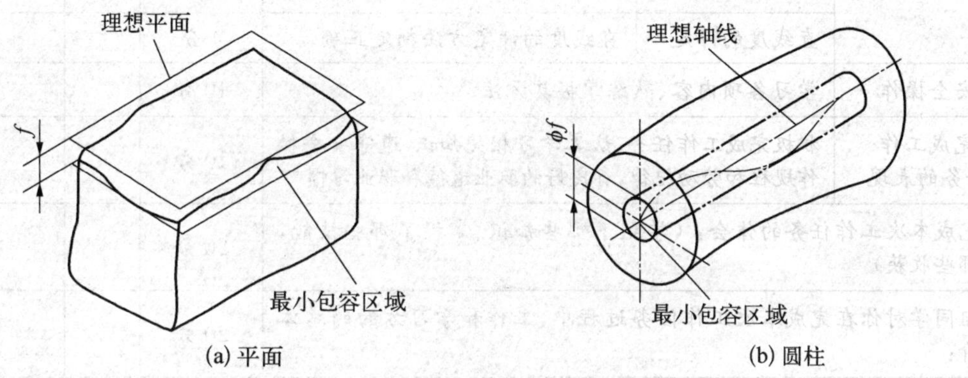

图 3.2.19　最小包容区域

最小包容区域的形状与其形状公差带相同,而大小、方向和位置由实际要素决定。按最小包容区域评定形状误差值的方法,称为最小区域法。显然按最小区域法评定的形状误差值是唯一的最小值。因此,可以最大限度地保证合格件的通过。最小区域法是评定形状误差的一个基本方法,因这时的理想要素是符合最小条件的。在实际测量时,只要能满足零件功能要求,允许采用近似的评定方法。例如,以两端点连线法评定直线度误差,用三点法评定平面度误差等。当采用不同的评定方法所获得的测量结果有争议时,应按最小区域法评定的结果作为仲裁的依据。若图样上已给定检测方案时,则按给定的方案进行仲裁。

五、总结与评价

正确选择形位公差对保证零件的功能要求及提高经济效益都十分重要;应了解形位公差的选择依据,初步具备形位公差特征、基准要素、公差等级(公差值)和公差原则的选择能力。掌握形位误差的检测原则:与理想要素比较原则;控制实效边界原则。

表 3.2.2　完成工作任务评价表

评价项目	评价内容	具体要求、指标	配分	评　分		
				自评	小组	教师
平直度测量仪测量导轨直线度	平直度测量仪使用	安装、调试、检测等操作正确	5 分			
	测量原理及测量方法的判别	知道自准原理、跨距法测量原理 测量方法选用恰当	3 分			

续 表

评价项目	评价内容	具体要求、指标	配分	评分		
				自评	小组	教师
平直度测量仪测量导轨直线度	测量过程	仪器操作正确,测量步骤操作正确,读数正确,小组分工明确,团结互助,配合良好	4分			
	误差分析	几何误差的评定方法合理	4分			
	直线度的评定	直线度的评定方法判定正确	4分			
安全操作	学习各项内容、熟练掌握其方法		10分			
完成工作任务的表现	积极完成工作任务,认真学习相关知识,遵守安全操作规程和劳动纪律,有良好的职业道德和职业习惯		10分			
你完成本次工作任务的体会:(学到了哪些知识、掌握了哪些技能,有哪些收获)			20分			
小组同学对你在完成本次工作任务过程中,工作和学习方面的总体评价:			20分			
老师对你在完成本次工作任务过程中,工作和学习方面的总体评价:			20分			
成绩评定			合计得分			
备　注						

习　题

1. 什么是最小条件?什么是最小区域法?说明如何应用最小条件或最小区域法来评定形状和位置的误差。

2. 形位公差带由哪四个要素组成?分析比较各项形状公差带和位置公差带的特点。

3. 端面对轴线的垂直度和端面圆跳动、同轴度和径向圆跳动、圆柱度和径向全跳动各有何区别?如何选用?

4. 对某导轨用0.01 mm/M的水平仪按节矩法用100 mm的桥板连续测量6段,其顺序读数为(格):0,−4,−1,+2,−2,+7,−2,求实际导轨的直线度误差。

5. 对某平板用绝对法进行测量,测得数据如图示(单位:μm),计算被测表面的平面度误差。

+2	−2	0
−2	−4	−1
−2	−3	0

图3.2.20　测量数据

任务三　位置误差的检测

一、任务目标

1. 了解位置误差；
2. 熟悉位置误差检测的方法。

二、任务描述

1. 位置公差带的定义、标注、解释(GB/T1182－1996)及位置误差的检测方法；
2. 位置误差的评定与检测。

三、任务实施流程

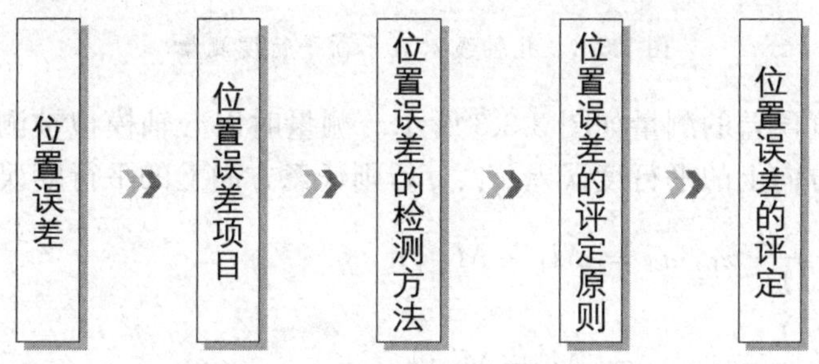

四、任务知识仓库及任务实施过程

位置误差是指被测要素相对基准要素的实际位置对其理想位置的变动量。

位置误差带的形状与其相对应的公差带形状相同，位置误差的大小应由理论正确位置的最小包络区域宽度来确定。

1. 平行度误差的检测

平行度误差检测要求包络被测要素的区域与基准平行其区域宽度达到最小。面对面的平行度误差的测量如图 3.3.1 所示。测量时以平板体现基准，指示表在整个被测表面上的最大、最小读数之差即是平行度误差。

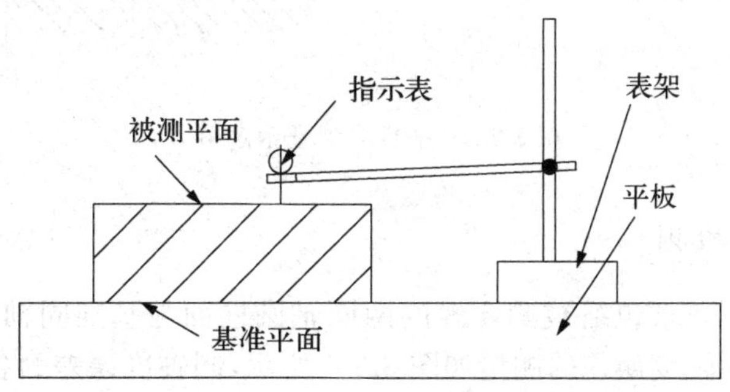

图 3.3.1　测量面对面的平行度误差

线对面的平行度误差的测量，如图 3.3.2 所示。测量时以心轴模拟被测孔轴线，以平板体现基准在长度 L_1 两端 L_2 上用指示表测量。设测得的最大、最小读数之差 a，则在给定长度 L 内的平行度误差 f 为：

$$f=\frac{L_1}{L_2}a,\ |M_1-M_2|=a$$

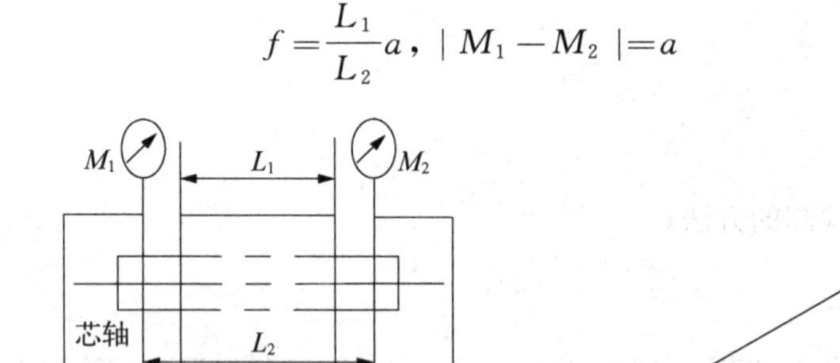

图 3.3.2　孔轴线对底平面平行度测量

线对线的平行度误差的测量如图 3.3.3 所示。测量时以心轴模拟被测轴线与基准轴线，测量两个互相垂直方向上的平行度误差 f_1、f_2，则任意方向上的平行度误差 f 为：

铅垂方向：$f_1=\frac{L_1}{L_2}a_1,\ a_1=|M_1-M_2|$；

水平方向：$f_2=\frac{L_1}{L_2}a_2,\ a_2=|M'_1-M'_2|$；

任意方向：$f^2=f_1^2+f_2^2,\ f=\frac{L_1}{L_2}\sqrt{a_1^2+a_2^2}$。

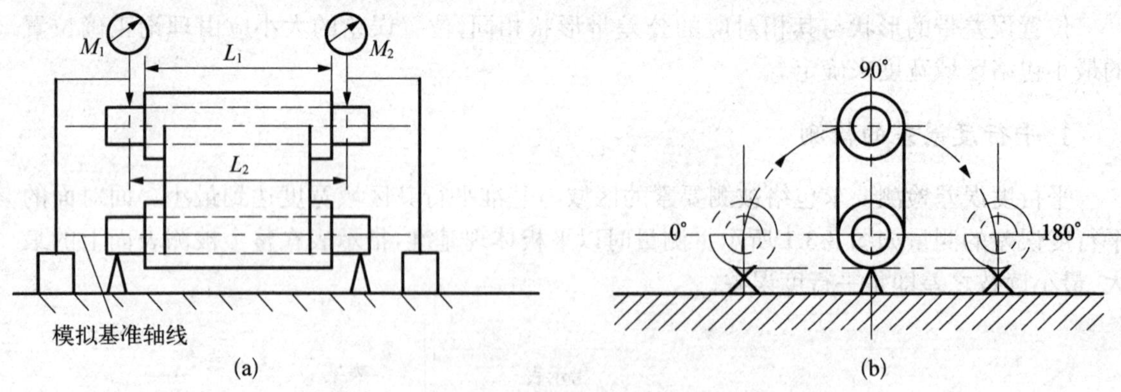

图 3.3.3　平行度测量示意图

2. 同轴度误差的检测

同轴度误差的检测要求包络被测要素的两同轴圆柱面与基准同轴，该两圆柱面区域宽度半径差达到最小。同轴度误差的测量如图 3.3.4 所示，同轴度误差为各径向截面测得的最大读数差中的最大值。

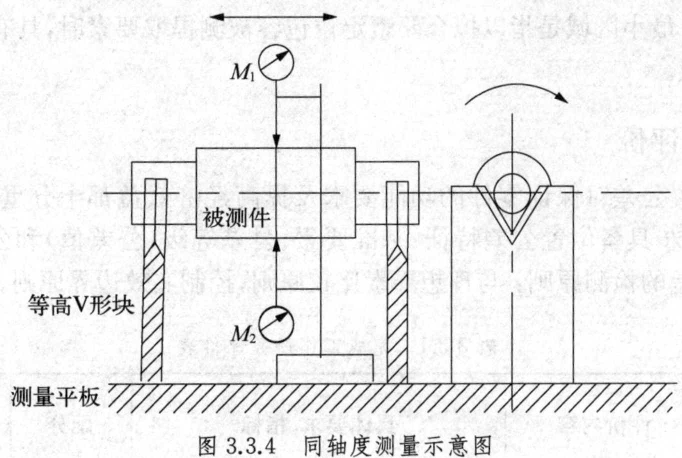

图 3.3.4　同轴度测量示意图

3. 跳动的测量

① 如图 3.3.5 所示，在跳动仪上测量跳动。圆跳动的测量是将被测件绕基准轴线作无轴向移动的旋转，在回转一周过程中，指示表的最大和最小读数之差，即为该测量截面上的径向跳动或测量圆柱面上的端面圆跳动。分别将在圆柱各截面(如Ⅰ-Ⅰ、Ⅱ-Ⅱ……)上测出的跳动量中的最大值作为径向圆跳动；分别将在端面 A 各直径上测出的跳动量中的最大值作为端面圆跳动。

② 全跳动的测量：被测零件在绕基准轴线作无轴向移动的连续回转过程中。指示表缓慢地沿基准轴方向平移，测量整个圆柱面，其最大读数差为径向全跳动，如图 3.3.5 所示；若指示表沿着与基准轴线的垂直方向缓慢移动时，测量整个端面 A，则最大读数差为端面全跳动，如图 3.3.5 所示。

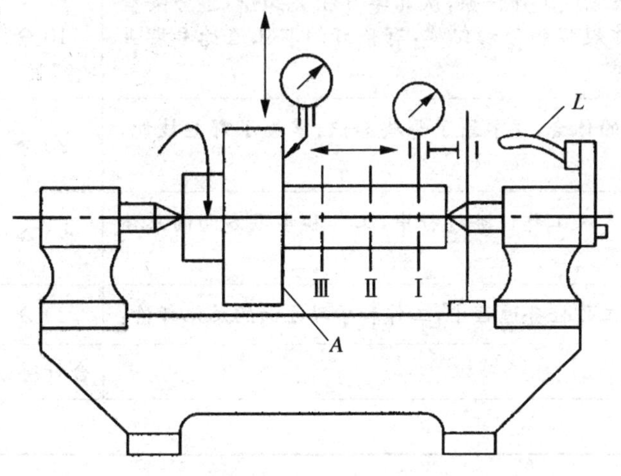

图 3.3.5　跳动的测量

4. 位置误差的评定方法——最小区域法

位置误差的评定与检测：位置误差是被测提取要素对具有确定位置的拟合要素的变动量，拟合要素的位置由基准和理论正确尺寸确定。位置误差用定位最小包容区域的宽度 f

或直径 ϕf 表示。最小区域是指以拟合要素定位包容被测提取要素时，具有最小宽度 f 或直径 ϕf 的包容区域。

五、总结与评价

正确选择位置公差对保证零件的功能要求及提高经济效益都十分重要；应了解位置公差的选择依据，初步具备位置公差特征、基准要素、公差等级（公差值）和公差原则的选择能力。掌握形位误差的检测原则：与理想要素比较原则；控制实效边界原则。

表 3.3.1 完成工作任务评价表

<table>
<tr><th rowspan="2">评价项目</th><th rowspan="2">评价内容</th><th rowspan="2">具体要求、指标</th><th rowspan="2">配分</th><th colspan="3">评　分</th></tr>
<tr><th>自评</th><th>小组</th><th>教师</th></tr>
<tr><td rowspan="5">位置度
测量仪测量</td><td>位置度测量仪器的使用</td><td>安装、调试、检测等操作正确</td><td>5 分</td><td></td><td></td><td></td></tr>
<tr><td>测量原理及测量方法的判别</td><td>知道自准原理测量原理测量方法选用恰当</td><td>3 分</td><td></td><td></td><td></td></tr>
<tr><td>测量过程</td><td>仪器操作正确，测量步骤操作正确，读数正确，小组分工明确，团结互助，配合良好</td><td>4 分</td><td></td><td></td><td></td></tr>
<tr><td>误差分析</td><td>几何误差的评定方法合理</td><td>4 分</td><td></td><td></td><td></td></tr>
<tr><td>位置度的评定</td><td>位置度的评定方法判定正确</td><td>4 分</td><td></td><td></td><td></td></tr>
<tr><td>安全操作</td><td colspan="2">学习各项内容、熟练掌握其方法</td><td>10 分</td><td></td><td></td><td></td></tr>
<tr><td>完成工作
任务的表现</td><td colspan="2">积极完成工作任务，认真学习相关知识，遵守安全操作规程和劳动纪律，有良好的职业道德和职业习惯</td><td>10 分</td><td></td><td></td><td></td></tr>
<tr><td colspan="3">你完成本次工作任务的体会：（学到了哪些知识、掌握了哪些技能，有哪些收获）</td><td>20 分</td><td></td><td></td><td></td></tr>
<tr><td colspan="3">小组同学对你在完成本次工作任务过程中，工作和学习方面的总体评价：</td><td>20 分</td><td></td><td></td><td></td></tr>
<tr><td colspan="3">老师对你在完成本次工作任务过程中，工作和学习方面的总体评价：</td><td>20 分</td><td></td><td></td><td></td></tr>
<tr><td>成绩评定</td><td colspan="2"></td><td>合计得分</td><td></td><td></td><td></td></tr>
<tr><td>备　　注</td><td colspan="6"></td></tr>
</table>

六、拓展与提高

图 3.3.6(a)为被测齿轮毛坯简图，齿坯外圆对基准孔轴线 A 的径向全跳动公差值为 t_1，右端面对基准孔轴线 A 的端面圆跳动公差值为 t_2。如图 3.3.6(b)所示，测量时，用心轴模拟基准轴线 A，测量 ϕd 圆柱面上各点到基准轴线的距离，取各点距离中最大差值作为径向全

跳动误差；测量右端面上某一圆周上各点至垂直于基准轴线的平面之间的距离，取各点距离的最大差值作为端面圆跳动误差。

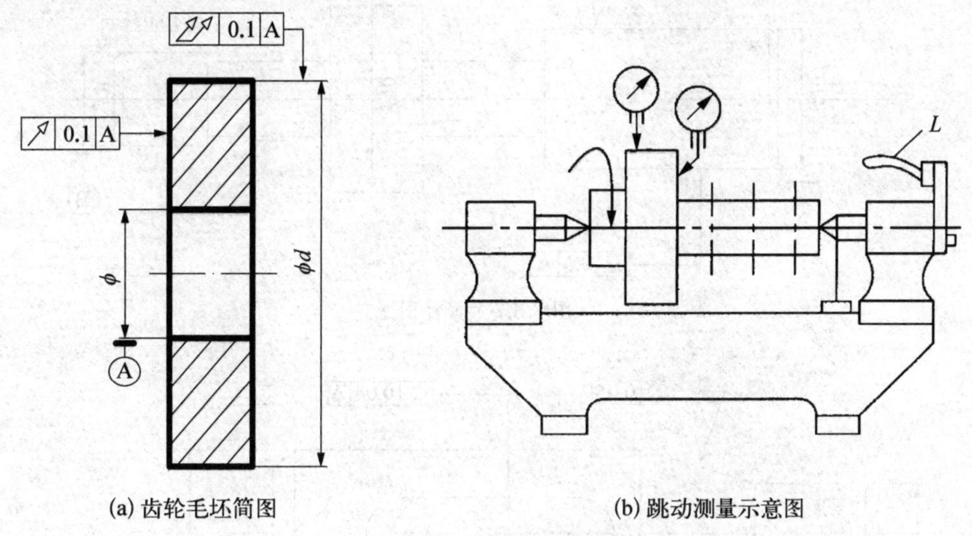

(a) 齿轮毛坯简图　　(b) 跳动测量示意图

图 3.3.6　跳动的测量

测量步骤：

(1) 图 3.3.6(b)为测量示意图，将被测工件装在心轴上，并安装在跳动检查仪的两顶尖之间。

(2) 调节百分表，使测头与工件右端面接触，并有 1—2 圈的压缩量，并且测杆与端面基本垂直。

(3) 将被测工件回转一周，百分表的最大读数与最小读数之差即为所测直径上的端面圆跳动误差。测量若干直径(可根据被测工件直径的大小适当选取)上的端面圆跳动误差，取其最大值作为该被测要素的端面圆跳动误差 f。

(4) 调节百分表，使测头与工件 ϕd 外圆表面接触，测杆与轴线垂直，且有 1—2 圈的压缩量。

(5) 将被测工件缓慢回转，并指示表沿轴线方向作直线移动，使指示表测头在外圆的整个表面上划过，记下表上指针的最大读数与最小读数。取两读数之差值作为该被测要素的径向全跳动误差 f。

习　题

1. 径向全跳动公差带的形状和(　　)公差带的形状相同。

A. 同轴度　　B. 圆度　　C. 圆柱度　　D. 位置度

2. 怎么检测端面跳动误差？

3. 位置误差有哪些检测方法？

4. 心轴插入基准孔内起什么作用？

5. 结合图 3.3.7 和图 3.3.8 解说标注圆跳动、全跳动测量与圆度、圆柱度误差测量有何异同？

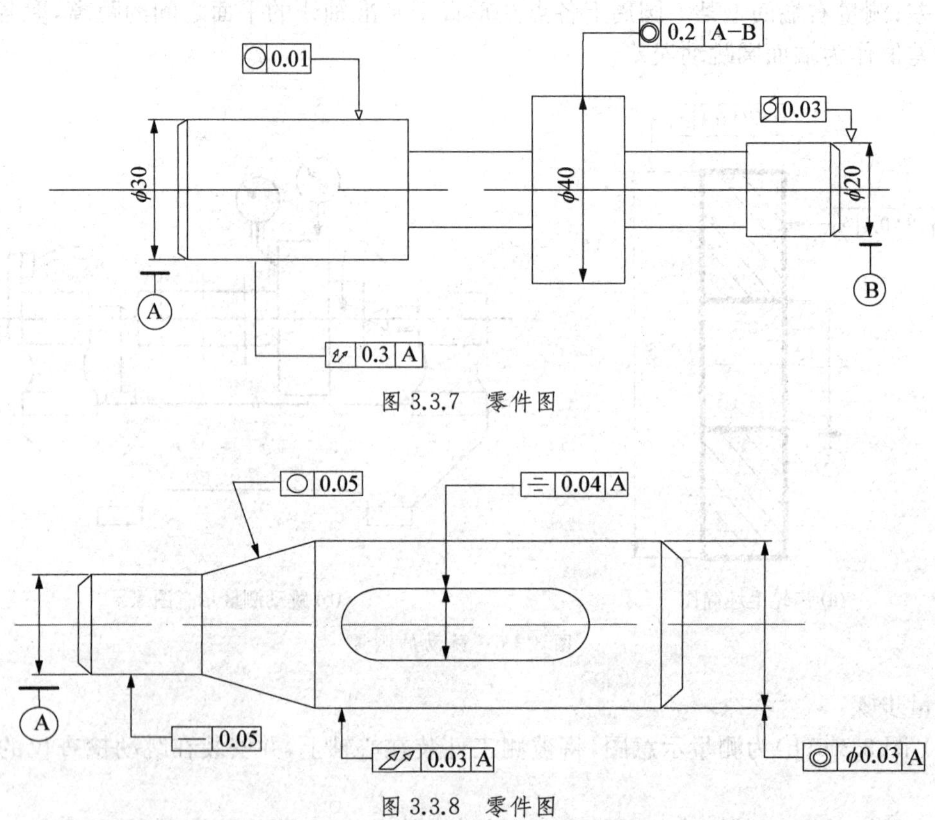

图 3.3.7　零件图

图 3.3.8　零件图

6. 试将下列技术要求标注在习题图 3.3.9 上。

(1) 圆锥面的圆度公差为 0.01 mm，圆锥素线直线度公差为 0.02 mm。

(2) 圆锥轴线对 $\phi d1$ 和 $\phi d2$ 两圆柱面公共轴线的同轴度公差为 0.05 mm。

(3) 端面 I 对 $\phi d1$ 和 $\phi d2$ 两圆柱面公共轴线的端面圆跳动公差为 0.03 mm。

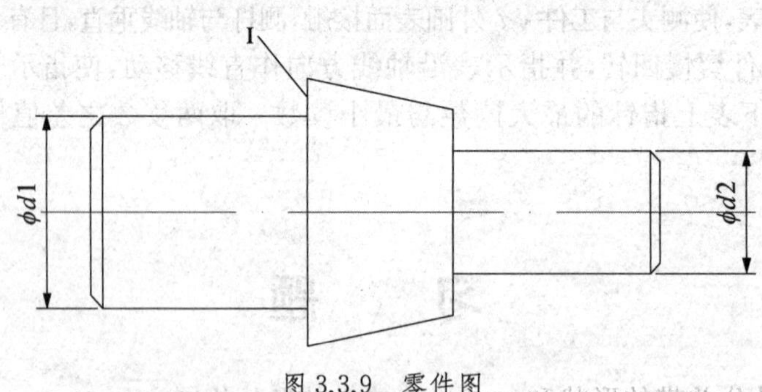

图 3.3.9　零件图

7. 试将下面技术要求标注在习题图 3.3.10 上。

(1) 左端面的平面度公差为 0.01 mm，右端面对左端面的平行度公差为 0.04 mm。

(2) ϕ70H7 孔的轴线对左端面的垂直度公差为 0.02 mm。

(3) ϕ210h7 对 ϕ70H7 同轴度公差为 0.03 mm。

(4) 4—ϕ20H8 孔的轴线对左端面（第一基准）和 ϕ70H7 孔的轴线的位置度公差为 0.15 mm。

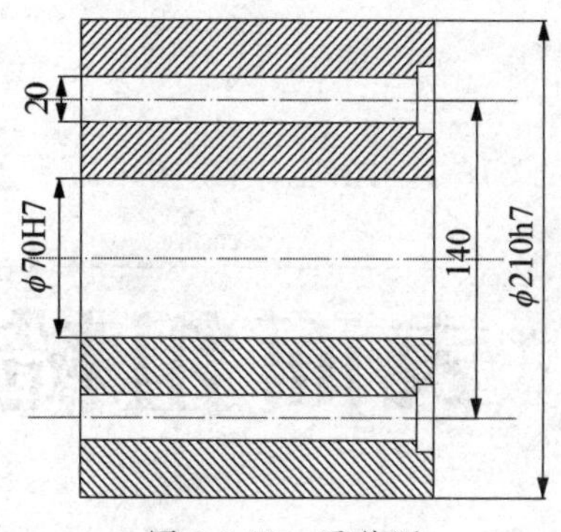

图 3.3.10　零件图

8. 将下列技术要求标注在习题图 3.3.11 上。

(1) 2—ϕd 轴线对其公共轴线的同轴度公差为 ϕ0.02 mm。

(2) ϕD 轴线对 2—ϕd 公共轴线的垂直度公差为 100：0.02 mm。

(3) 槽两侧面对 ϕD 轴线的对称度公差为0.04 mm。

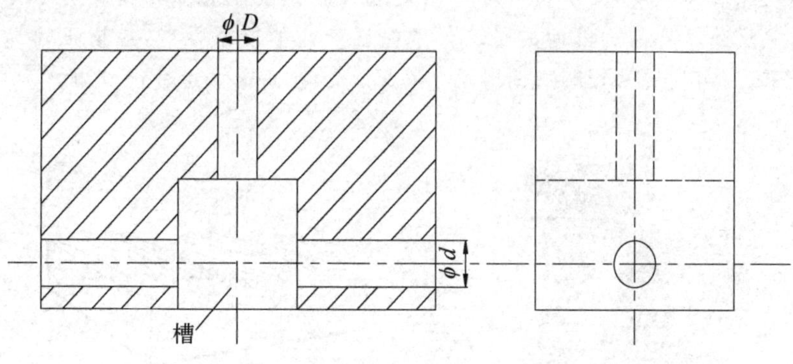

图 3.3.11　零件图

9. 试将下列技术要求标注在习题图 3.3.12 上。

(1) 大端圆柱面的尺寸要求为 ϕ35h7，并采用包容原则。

(2) 小端圆柱面的轴线对大端圆柱面轴线的同轴度公差为 0.03 mm。

(3) 小端面圆柱面的尺寸要求为 25±0.007 mm，素线直线度公差为 0.01 mm，并采用包容原则。

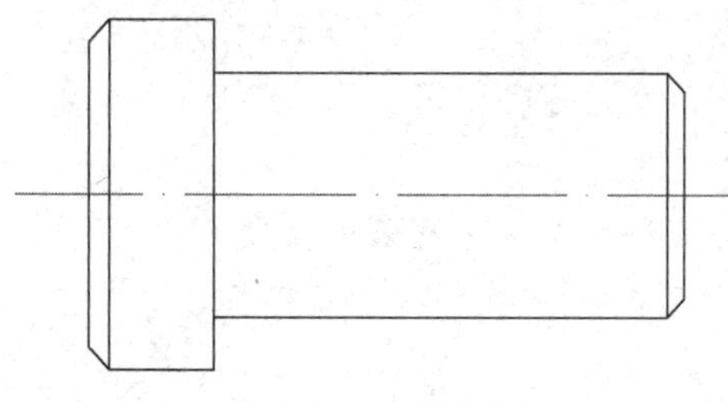
图 3.3.12　零件图

学习情境四

表面粗糙度与检测

情境导入

一个产品的表面总是存在着高低不平，其高低不平的程度要从宏观到微观去分析。宏观不平有形状误差、表面波度，要从微观分析则是表面粗糙度。表面粗糙度对零件的使用性能有很大影响，它反映了产品的表面质量。为了保证产品的使用性能，应该正确选择表面粗糙度参数，并在零部件图上正确标注，同时选定合理的参数评定方法进行检测。

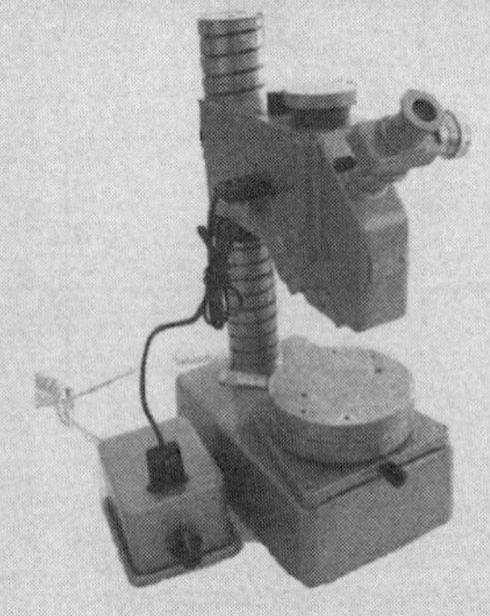

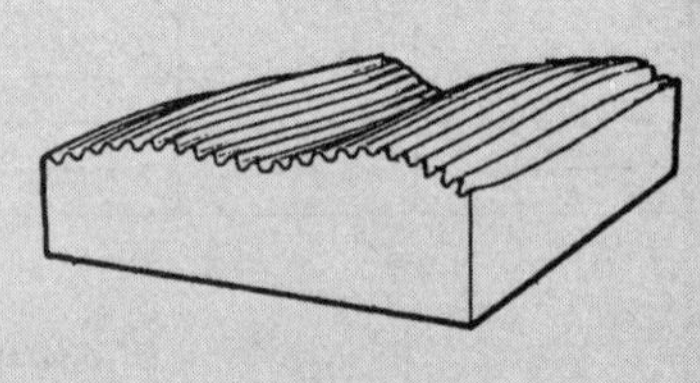

情境目标

知识目标

1. 了解表面粗糙度的实质及对零件使用性能的影响；
2. 熟悉表面粗糙度值的选用；
3. 熟悉表面粗糙度的评定参数的含义及应用场合；
4. 熟悉表面粗糙度的正确选用，能在图样上正确标注。

技能目标

1. 用比较法测量零件表面粗糙度；
2. 用针描法测量零件表面粗糙度；
3. 用干涉法和光切法测量零件表面粗糙度。

任务一　表面粗糙度及参数评定

一、任务目标

1. 从微观几何误差的角度理解粗糙度轮廓的概念；
2. 了解表面粗糙度及对零件使用性能的影响；
3. 理解取样长度评定长度及中线的作用；
4. 熟练掌握表面粗糙度技术要求在图样上的标注方法。

二、任务描述

本项目的任务是了解表面粗糙度的含义及其对机械零件使用性能的影响，掌握表面粗糙度的评定参数的含义，掌握表面粗糙度的选用原则，重点理解表面粗糙度的评定参数及其标注方法。

三、任务实施流程

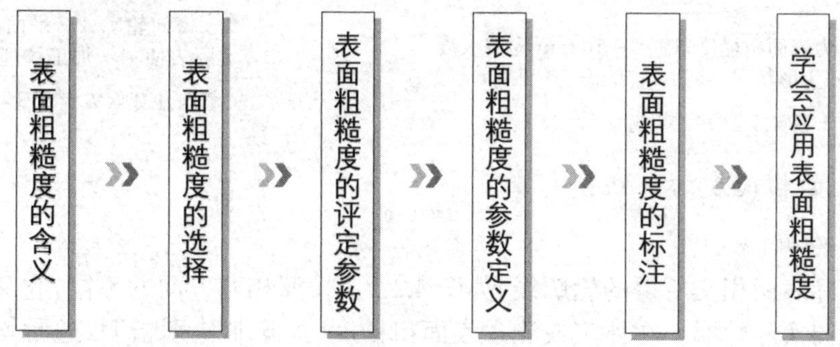

四、任务知识仓库及任务实施过程

通过本情境的学习，要求读者了解表面粗糙度的概念及对机械零件使用功能的影响；了解表面粗糙度的国家标准；能正确理解图样上表面粗糙度代号的技术含义；熟悉表面粗糙度的选用原则和选用方法。

1. 表面粗糙度

一个产品的表面总会存在着高低不平，一般将凸起处称之为波峰，将凹下处称之为波谷，两相邻峰(或谷)之间的距离称之为波距。对波距在 1 mm 以下的高低不平称之为表面粗糙度。

表面粗糙度一般是由所采用的加工方法和其他因素所形成的，例如加工过程中刀具与零件表面间的摩擦、切屑分离时表面层金属的塑性变形以及工艺系统中的高频振动等。由于加工方法和工件材料的不同，被加工表面留下痕迹的深浅、疏密、形状和纹理都有差别。

表面粗糙度与机械零件的配合性质、耐磨性、疲劳强度、接触刚度、振动和噪声等有密切关系，对机械产品的使用寿命和可靠性有重要影响。

物体表面在显微镜下的微观结构如图 4.1.1。

表面粗糙度对零件的影响主要表现在以下几个方面，如表 4.1.1。

表 4.1.1　表面粗糙度对零件的影响

项目	耐磨性	配合性	疲劳强度	接触刚度	抗腐蚀性	其　他
影响趋势	零件越粗糙,阻力就越大,零件磨损也越快	表面越粗糙,配合性质的可靠性和稳定性就越差	零件表面粗糙,使疲劳强度降低,容易导致零件表面产生裂纹而损坏	零件表面粗糙,接触刚度降低,极易产生接触变形	提高零件表面粗糙度的质量,可以增强其抗腐蚀的能力	表面粗糙度大小还对零件结合的密封性,流体流动的阻力,机器、仪器的外观质量及测量精度等都有很大影响

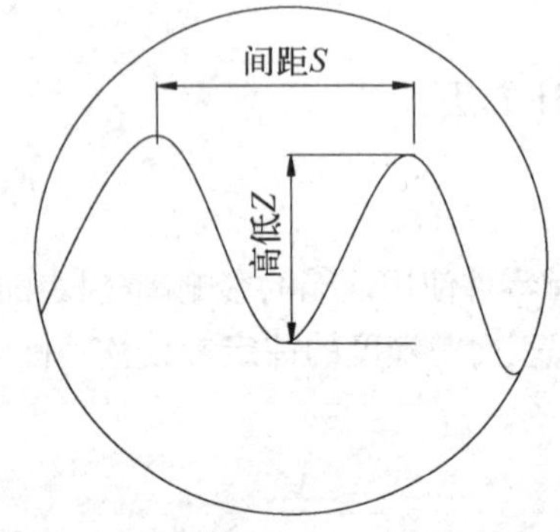

$S<1$ mm 为表面粗糙度;$1\leqslant S\leqslant 10$ mm 为波纹度;
$S>10$ mm 为形状误差(如:直线度、平面度)

图 4.1.1　微观几何形状

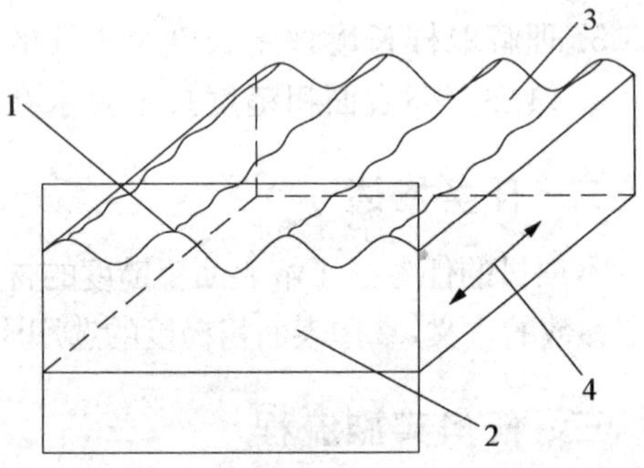

1—横向轮廓;2—平面;
3—实际表面;4—加工纹理方向

图 4.1.2　实际轮廓

2. 评定表面粗糙度的中线

(1) 表面轮廓

平面与实际表面相交所得的轮廓线,如图 4.1.2。按照相截方向的不同,它又可分为横向实际轮廓和纵向实际轮廓。在评定或测量表面粗糙度时,除非特别指明,通常均指横向实际轮廓,即与加工纹理方向垂直的截面上的轮廓。

(2) 取样长度 l_r

取样长度应根据零件实际表面的形成情况及纹理特征,选取能反映表面粗糙度特征的那一段长度,量取取样长度时应根据实际表面轮廓的总的走向进行。规定和选择取样长度是为了限制和减弱表面波纹度和形状误差对表面粗糙度的测量结果的影响。相应的取样长度 l_r 国家规定数值见表 4.1.2。

表 4.1.2　取样长度 l_r 的数值(GB/T1031 - 2009)　(mm)

l_r	0.08	0.25	0.8	2.5	8	25

(3) 评定长度 l_n

评定长度 l_n 是评定轮廓所必须的一段长度,它可包括一个或几个取样长度,如图 4.1.3。由于零件表面各部分的表面粗糙度不一定很均匀,在一个取样长度上往往不能合理地反映某一表面粗糙度特征,故需在表面上连续或分段的取几个取样长度来评定表面粗糙度。评定长度 l_n 一般包含 5 个取样长度 l_r。

(4) 中线

基准线是用以评定表面粗糙度参数的轮廓中线。基准线有下列两种。

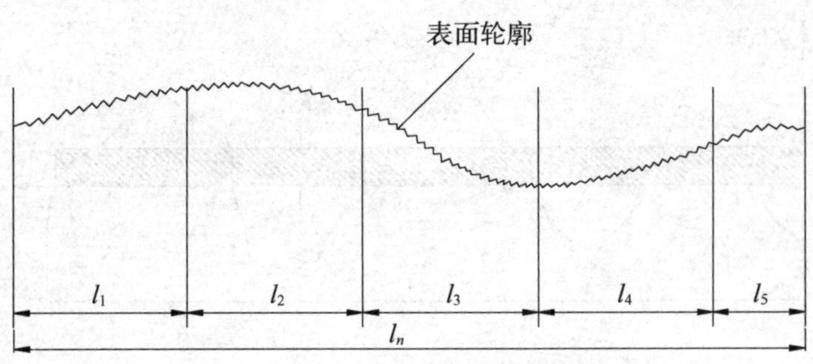

图 4.1.3　评定长度

1）轮廓的最小二乘中线

在取样长度内，使轮廓上各点至该线的距离 Zi 平方和为最小。即 $\int_0^{l_r} Z^2 \mathrm{d}x$ 为最小，具有几何轮廓形状，如图 4.1.4。

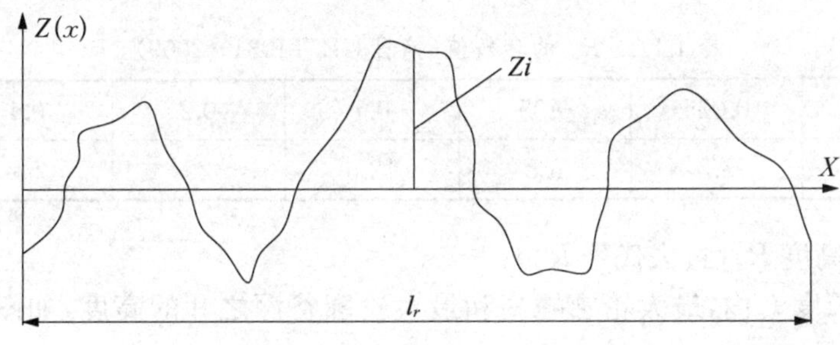

图 4.1.4　二乘中线

2）轮廓的算术平均中线

在取样长度内，中线上下两边轮廓的面积相等，如图 4.1.5，即 $\sum_{i=1}^{n} F_i = \sum_{i=1}^{n} S_j$。

理论上最小二乘中线是理想的基准线，但在实际应用中很难获得，因此一般用轮廓的算术平均中线代替，且测量时可用一根位置近似的直线代替。

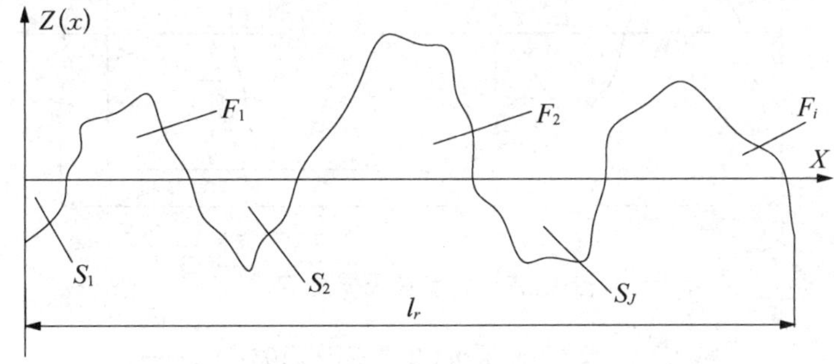

图 4.1.5　算数平均中线

3. 表面粗糙度参数的定义

(1) R_a、R_z 特征参数

1）轮廓算术平均偏差 R_a

在取样长度 l_r 范围内，轮廓偏距 $Z(x)$ 绝对值的算术平均值，如图 4.1.6。即在取样长度 l_r 范围内，轮廓各点到中线的平均距离。

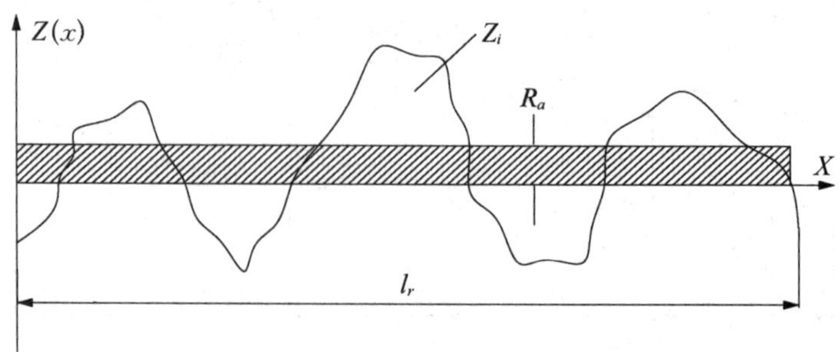

图 4.1.6　轮廓算术平均偏差 R_a

在实际测量中，测量点的数目越多，R_a 越准确。相应的 R_a 国家规定数值见表 4.1.3。公式表示为：

$$R_a = \frac{1}{l_r}\int_0^{l_r} |z(x)| \mathrm{d}x \tag{4.1.1}$$

表 4.1.3　R_a 的参数值(摘自 GB/T1031－2009)　(μm)

R_a	0.012	0.025	0.05	0.1	0.2	0.4	0.8
	1.6	3.2	6.3	12.5	25	50	100

2）轮廓最大高度 R_z（过去代号 R_y）

在一个取样长度 l_r 内，最大轮廓峰高和最大轮廓谷深之和的高度，如图 4.1.7。相应的 R_z 国家规定数值见表 4.1.4。公式表示为：

$$R_z = Z_{p\max} + Z_{v\max} \tag{4.1.2}$$

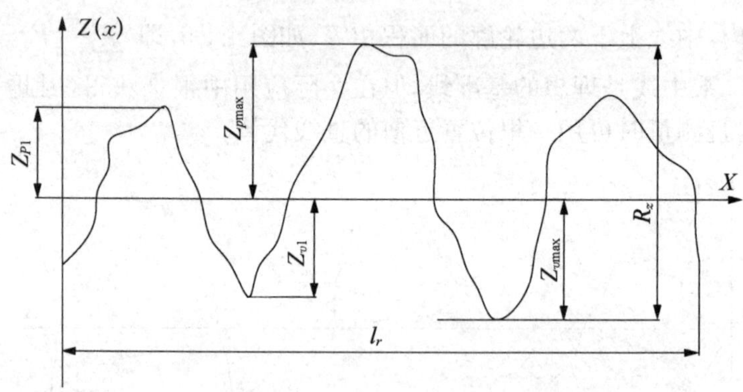

图 4.1.7　轮廓最大高度 R_z

表 4.1.4　R_z 的参数值(摘自 GB/T1031－2009)　(μm)

R_z	0.025	0.05	0.1	0.2	0.4	0.8
	1.6	3.2	6.3	12.5	25	50
	100	200	400	800	1 600	

3）微观不平度十点高度 R_c（过去的代号是 R_z，现在暂行代号 R_c）

在取样长度内，5 个最大的轮廓峰高的平均值与 5 个最大的轮廓谷深的平均值之和，如

图 4.1.8 所示。用公式表示为：

$$R_c = \frac{\sum_{i=1}^{5} y_{pi} + \sum_{i=1}^{5} y_{vi}}{5} \tag{4.1.3}$$

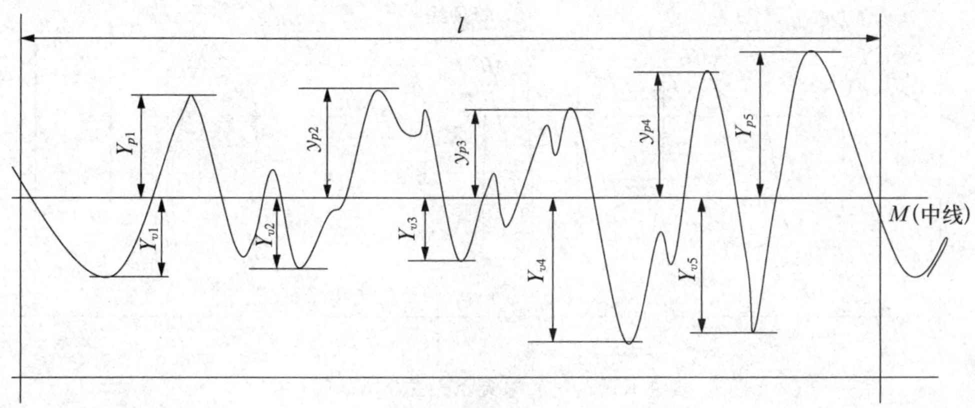

图 4.1.8　微观不平度示意图

(2) 平均间距 R_{sm} 参数

轮廓单元的平均宽度用 R_{sm} 表示。在取样长度内，轮廓微观不平度间距的平均值，如图 4.1.9。相应的 R_{sm} 国家规定数值见表 4.1.5。微观不平度间距是指轮廓峰和相邻的轮廓谷在中线上的一段长度。公式表示为：

$$R_{sm} = \frac{1}{m}\sum_{i=1}^{m} x_{si} \tag{4.1.4}$$

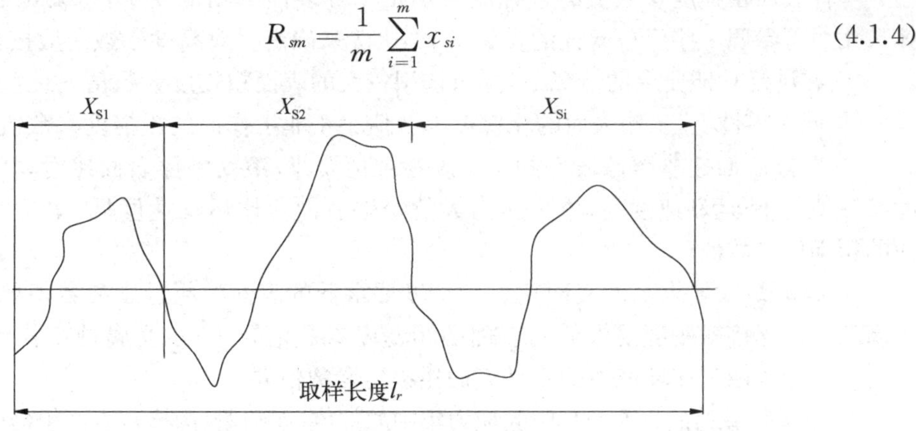

图 4.1.9　轮廓单元的宽度

表 4.1.5　轮廓单元的平均宽度 R_{sm} 的数值(摘自 GB/T1031－2009)　(μm)

R_{sm}	0.006	0.012 5	0.025	0.05	0.1	0.2
	0.4	0.8	1.6	3.2	6.3	12.5

(3) 轮廓的支承长度率 $R_{mr}(c)$ 特征参数

轮廓支承长度率用 $R_{mr}(c)$表示，国家规定数值见表 4.1.6 是轮廓支撑长度与取样长度的比值，如图 4.1.10。轮廓支承长度是取样长度内，平行于中线且与轮廓峰顶线相距为 c(水平截距)的直线与轮廓相截所得到的各段截线长度之和。公式表示为：

$$Ml(c)=Ml_1+Ml_2+,\cdots,+Ml_n \tag{4.1.5}$$

$$R_{mr}=\frac{Ml(c)}{l_n} \tag{4.1.6}$$

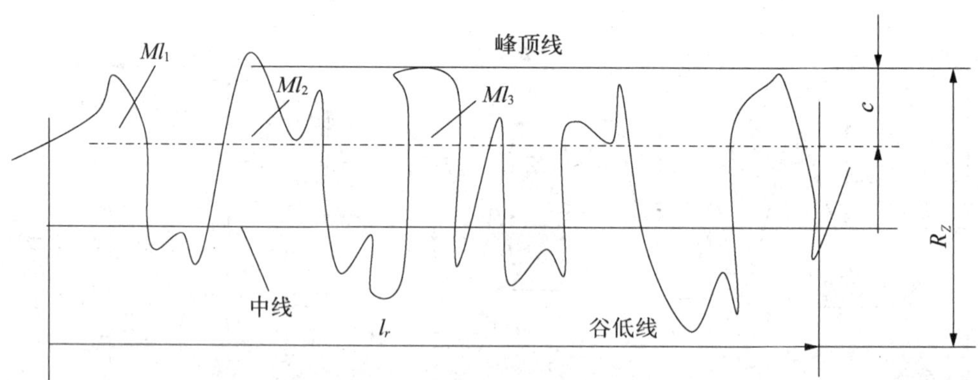

图 4.1.10 用轮廓支承长度率 $R_{mr}(c)$

表 4.1.6 $R_{mr}(c)$的数值(摘自 GB/T1031－2009) (%)

$R_{mr}(c)$	10	15	20	25	30	40	50	60	70	80	90

4. **表面粗糙度的选择**

零件表面粗糙度参数值的选择既要满足零件表面的功能要求，也要考虑到经济性。具体选用时可参照一些经过验证的实例，用类比法来确定。对高度参数一般按如下原则选择：

① 在满足功能要求的情况下，尽量选用较大的表面粗糙度参数值。

② 同一零件上，工作表面的粗糙度参数值小于非工作面的粗糙度参数值。

③ 摩擦表面比非摩擦表面的粗糙度参数值要小；滚动摩擦表面比滑动摩擦表面的粗糙度参数值要小；运动速度高，单位压力大的摩擦表面应比运动速度低，单位压力小的摩擦表面的粗糙度参数值要小。

④ 运动精度要求高的表面比运动精度要求低的表面的粗糙度参数值要小；接触刚度要求高的表面比接触刚度要求低的表面的粗糙度参数值要小；承受腐蚀工作环境下的零件表面比不承受腐蚀工作环境下的零件表面粗糙度参数值要小。

⑤ 受循环载荷的表面及易引起应力集中的部位(如圆角、沟槽)，表面粗糙度参数值要小。

⑥ 配合精度越高，参数值越小。间隙配合比过盈配合的参数值小。

⑦ 与尺寸公差、形状公差协调。通常，尺寸及形状公差小，表面粗糙度参数值也要小，同一尺寸公差的轴比孔的粗糙度参数值要小。可参考表 4.1.7 所示形状公差与尺寸公差的比值和表 4.1.8 轴和孔的表面粗糙度推荐值确定表面粗糙度参数值。

⑧ 要求密封、耐腐蚀或具有装饰性的表面，参数值要小。

⑨ 配合性质相同，零件尺寸越小时，表面粗糙度参数值应越小；同一公差等级，小尺寸比大尺寸、轴比孔的表面粗糙度参数值应小。

通常尺寸公差和表面形状公差值小时，表面粗糙度参数值也小，其对应关系如下述一组表达式：

$T \approx 0.6\ \mathrm{IT}$　　则 $R_a \leqslant 0.05\ \mathrm{IT}$　　$R_z \leqslant 0.2\ \mathrm{IT}$

$T \approx 0.4\ \mathrm{IT}$　　则 $R_a \leqslant 0.025\ \mathrm{IT}$　　$R_z \leqslant 0.1\ \mathrm{IT}$

$T \approx 0.25\ \mathrm{IT}$　　则 $R_a \leqslant 0.012\ \mathrm{IT}$　　$R_z \leqslant 0.05\ \mathrm{IT}$

$T < 0.25\ \mathrm{IT}$　　则 $R_a \leqslant 0.15\ \mathrm{IT}$　　$R_z \leqslant 0.6\ \mathrm{IT}$

式中，IT 为尺寸公差，T 为形状公差。

表 4.1.9 列出了典型零件的表面粗糙度参数值，供选用时参考。

表 4.1.7　表面粗糙度参数值与尺寸公差值、形状公差值的一般关系

形状公差 t 占尺寸公差 T 的百分比 t、T(%)	表面粗糙度参数值占尺寸公差值的百分比	
	R_a/T(%)	R_c/T(%)
约 60	≤5	≤20
约 40	≤2.5	≤10
约 25	≤1.2	≤5

表 4.1.8　轴和孔的表面粗糙度推荐值

应用场合			R_a/μm	
示　例	公差等级	表面	基本尺寸/mm	
			≤50	>50～500
经常拆装零件的配合表面(如交换齿轮、滚刀等)	IT5	轴	≤0.2	≤0.4
		孔	≤0.4	≤0.8
	IT6	轴	≤0.4	≤0.8
		孔	≤0.8	≤1.6
	IT7	轴	≤0.8	≤1.6
		孔		
	IT8	轴	≤0.8	≤1.6
		孔	≤1.6	≤3.2

应用场合			R_a/μm		
示　例	公差等级	表面	基本尺寸/mm		
			≤50	>50～120	>120～500
① 过盈配合的配合表面 ② 用压力机装配 ③ 用热孔法装配	IT5	轴	≤0.2	≤0.4	≤0.4
		孔	≤0.4	≤0.8	≤0.8
	IT6、IT7	轴	≤0.4	≤0.8	≤1.6
		孔	≤0.8	≤1.6	≤1.6
	IT8	轴	≤0.8	≤1.6	≤3.2
		孔	≤1.6	≤3.2	≤3.2
	IT9	轴	≤1.6	≤3.2	≤3.2
		孔	≤3.2	≤3.2	≤3.2

续　表

<table>
<tr><th colspan="3">应用场合</th><th colspan="6">R_a/μm</th></tr>
<tr><th rowspan="2">示　　例</th><th rowspan="2">公差等级</th><th rowspan="2">表面</th><th colspan="6">基本尺寸/mm</th></tr>
<tr><th colspan="2">≤50</th><th colspan="2">>50～120</th><th colspan="2">>120～500</th></tr>
<tr><td rowspan="4">滚动轴承的配合表面</td><td rowspan="2">IT6～IT9</td><td>轴</td><td colspan="6">≤0.8</td></tr>
<tr><td>孔</td><td colspan="6">≤1.6</td></tr>
<tr><td rowspan="2">IT10～IT12</td><td>轴</td><td colspan="6">≤3.2</td></tr>
<tr><td>孔</td><td colspan="6">≤3.2</td></tr>
<tr><td rowspan="4">精密定心零件配合表面</td><td rowspan="2">公差等级</td><td rowspan="2">表面</td><td colspan="6">径向圆跳动公差/μm</td></tr>
<tr><td>2.5</td><td>4</td><td>6</td><td>10</td><td>16</td><td>25</td></tr>
<tr><td rowspan="2">IT5～IT8</td><td>轴</td><td>≤0.05</td><td>≤0.1</td><td>≤0.1</td><td>≤0.2</td><td>≤0.4</td><td>≤0.8</td></tr>
<tr><td>孔</td><td>≤0.1</td><td>≤0.2</td><td>≤0.2</td><td>≤0.4</td><td>≤0.8</td><td>≤1.6</td></tr>
</table>

表 4.1.9　典型零件的表面粗糙度参数值　(μm)

<table>
<tr><th>表面特性</th><th>部　　位</th><th colspan="4">表面粗糙度 R_a 值不大于</th></tr>
<tr><td rowspan="4">滑动轴承的配合表面</td><td rowspan="2">表面</td><td colspan="2">公差等级</td><td colspan="2" rowspan="2">液体摩擦</td></tr>
<tr><td>IT7～IT9</td><td>IT11～IT12</td></tr>
<tr><td>轴</td><td>0.2～3.2</td><td>1.6～3.2</td><td colspan="2">0.1～0.4</td></tr>
<tr><td>孔</td><td>0.4～1.6</td><td>1.6～32</td><td colspan="2">0.2～0.8</td></tr>
<tr><td rowspan="6">带密封的轴颈表面</td><td rowspan="2">密封方式</td><td colspan="4">轴颈表面速度(m/s)</td></tr>
<tr><td>≤3</td><td>≤5</td><td>>5</td><td>≤4</td></tr>
<tr><td>橡胶</td><td>0.4～0.8</td><td>0.2～0.4</td><td>0.1～0.2</td><td></td></tr>
<tr><td>毛毡</td><td></td><td></td><td></td><td>0.4～0.8</td></tr>
<tr><td>迷宫</td><td colspan="2">1.6～3.2</td><td colspan="2"></td></tr>
<tr><td>油槽</td><td colspan="2">1.6～3.2</td><td colspan="2"></td></tr>
<tr><td rowspan="3">圆锥结合</td><td>表面</td><td>密封结合</td><td>定心结合</td><td colspan="2">其他</td></tr>
<tr><td>外圆锥表面</td><td>0.1</td><td>0.4</td><td colspan="2">1.6～3.2</td></tr>
<tr><td>内圆锥表面</td><td>0.2</td><td>0.8</td><td colspan="2">1.6～3.2</td></tr>
<tr><td rowspan="4">螺纹</td><td rowspan="2">类别</td><td colspan="4">螺纹精度等级</td></tr>
<tr><td>4</td><td>5</td><td colspan="2">6</td></tr>
<tr><td>粗牙普通螺纹</td><td>0.4～0.8</td><td>0.8</td><td colspan="2">1.6～3.2</td></tr>
<tr><td>细牙普通螺纹</td><td>0.2～0.4</td><td>0.8</td><td colspan="2">1.6～3.2</td></tr>
</table>

续　表

表面特性	部　位		表面粗糙度 R_a 值不大于					
键结合	结合型式		键	轴槽	毂槽			
	工作表面	沿毂槽移动	0.2～0.4	1.6	0.4～0.8			
		沿轴槽移动	0.2～0.4	0.4～0.8	1.6			
		不动	1.6	1.6	1.6～3.2			
	非工作表面		6.3	6.3	6.3			
矩形齿花键	定心方式		外径	内径	键侧			
	外径 D	内花键	1.6	6.3	3.2			
		外花键	0.8	6.3	0.8～3.2			
	内径 d	内花键	6.3	0.8	3.2			
		外花键	3.2	0.8	0.8			
	键宽 b	内花键	6.3	6.3	3.2			
		外花键	3.2	6.3	0.8～3.2			
齿轮	部位		齿轮精度等级					
			5	6	7	8	9	10
	齿面		0.2～0.4	0.4	0.4～0.8	1.6	3.2	6.3
	外圆		0.8～1.6	1.6～3.2	1.6～3.2	1.6～3.2	3.2～6.3	3.2～6.3
	端面		0.4～0.8	0.4～0.8	0.8～3.2	0.8～3.2	3.2～6.3	3.2～6.3
蜗轮蜗杆	部位		蜗轮蜗杆精度等级					
			5	6	7	8	9	
	蜗杆	齿面	0.2	0.4	0.4	0.8	1.6	
		齿顶	0.2	0.4	0.4	0.8	1.6	
		齿根	3.2	3.2	3.2	3.2	3.2	
	蜗轮	齿面	0.4	0.4	0.8	1.6	3.2	
		齿根	3.2	3.2	3.2	3.2	3.2	

5. 表面粗糙度标注

(1) 表面粗糙度符号

表面粗糙度的符号及意义(国标规定表面粗糙度代号是由规定的符号和有关参数组成)如下。

① 表面粗糙度符号、表面粗糙度代号的基本标注方法按国标标准在图样上表示。

② 表面粗糙度的符号有五种,见表 4.1.10。

表 4.1.10　表面粗糙度代号

符　　号	意义及说明
	基本符号,表示表面可用任何方法获得。当不加注粗糙度参数值或有关说明时,仅适用于简化代号标注
	基本符号加一短划,表示表面是用去除材料的方法获得。例如:车、铣、钻、磨、剪切、抛光、腐蚀、电火花加工、气割等
	基本符号加一小圆,表示表面是用不去除材料的方法获得。例如:铸、锻、冲压变形、热轧、粉末冶金等
	在上述三个符号的长边上均可加一横线,用于标注有关参数和说明
	上述三个符号上均可加一小圆,表示所有表面具有相同的表面粗糙度要求

(2) 表面粗糙度要求标注的内容及在图中标注的位置

表面粗糙度要求标注的内容及在图中标注的位置,见表 4.1.11 所示。

表 4.1.11　表面粗糙度标注位置

符　　号	位置	注写内容
c a b e d	a	第一个表面粗糙(单一)要求(μm)
	a 和 b	第二个表面粗糙度要求(μm)
	c	加工方法(车,铣)
	d	表面纹理和纹理方向
	e	加工余量(mm)

(3) 表面粗糙度要求在图中标注的方法

表面粗糙度要求在图中标注的方法,如图 4.1.11。

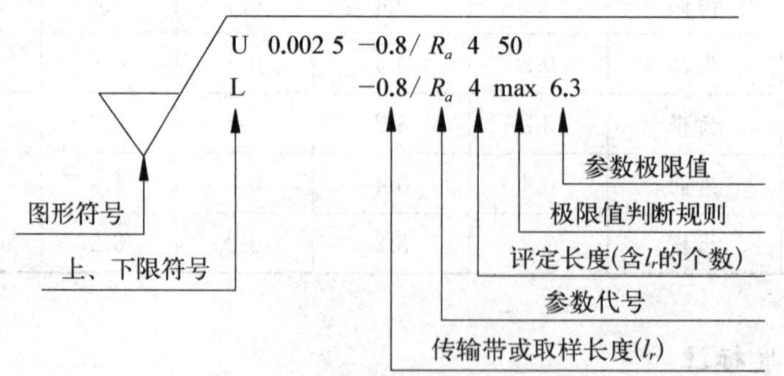

图 4.1.11　表面粗糙度标注位置

① 位置 a 处——注写表面粗糙度的单一要求,该要求不能省略。

② 上限或下限的标注:表示双向极限时应标注上限符号“U”和下限符号“L”。如果同一参数具有双向极限要求,在不引起歧义时,可省略“U”和“L”的标注。若为单向下限值,则

必需加注“L”。

③ 传输带和取样长度的标注：传输带是指两个滤波器的截止波长值之间的波长范围。长波滤波器的截止波长值就是取样长度 lr。传输带的标注时，短波在前，长波在后，并用连字号“—”隔开。在某些情况下，传输带的标注中，只标一个滤波器，也应保留连字号“—”，来区别是短波还是长波。

④ 参数代号的标注：参数代号标注在传输带或取样长度后，它们之间用“/”隔开。

⑤ 评定长度的标注：如果默认的评定长度时，可省略标注。如果不等于 $5lr$ 时，则应注出取样长度的个数。

⑥ 极限值判断规则和极限值的标注：极限值判断规则的标注上限为“16%规则”，下限为“最大规则”。为了避免误解，在参数代号和极限值之间插入一个空格。

(4) 表面粗糙度的标注实例

① 表面粗糙度的标注实例，见表 4.1.12。

表 4.1.12　表面粗糙度的标注示例

序号	代　　号	意　　义
1	R_z 0.4	表示不允许去除材料，单向上限值，默认传输带，轮廓的最大高度 0.4 μm，评定长度为 5 个取样长度(默认)，“16%规则”(默认)
2	R_z max 0.2	表示去除材料，单向上限值，默认传输带，轮廓最大高度的最大值 0.2 μm，评定长度为 5 个取样长度(默认)，“最大规则”
3	U R_a max 3.2 L R_a 0.8	表示不允许去除材料，双向极限值，两极限值均使用默认传输带，上限值：算数平均偏差 3.2 μm，评定长度为 5 个取样长度(默认)，“最大规则”；下限值：算数平均偏差 0.8 μm，评定长度为 5 个取样长度(默认)，“16%规则”(默认)
4	L R_z 1.6	表示任意加工方法，单向下限值，默认传输带，算数平均偏差 1.6 μm，评定长度为 5 个取样长度(默认)，“16%规则”(默认)
5	0.008−0.8/R_a 3.2	表示去除材料，单向上限值，传输带 0.008～0.8 mm，算数平均偏差 3.2 μm，评定长度为 5 个取样长度(默认)，“16%规则”(默认)
6	−0.8/R_a 3.2	表示去除材料，单向上限值，传输带：根据 GB/T6062，取样长度 0.8 mm，算数平均偏差 3.2 μm，评定长度为 3 个取样长度(即 ln=0.8 mm×3=2.4 mm)，“16%规则”(默认)
7	铣 R_a 0.2 ⊥ −2.5/R_z 3.2	表示去除材料，两个单向上限值：① 默认传输带和评定长度，算数平均偏差 0.2 μm，“16%规则”(默认)。② 传输带为−2.5 mm，默认评定长度，轮廓的最大高度 3.2 μm，“16%规则”(默认)。表面纹理垂直于视图所在的投影面。加工方法为铣削
8	0.008−4/R_a 50 0.008−4/R_a 6.3 3	表示去除材料，双向极限值：上限值 R_a=50 μm，下限值 R_a=6.3 μm；上、下极限传输带均为 0.008～4 mm；默认的评定的长度为 ln=4 mm×5=20 mm；“16%规则”(默认)。加工余量为 3 mm
9	Y　Z	简化符号：符号及所加字母的含义由图样中的标注说明

② 表面粗糙度的纹理，见表 4.1.13。

表面粗糙度代号要求标注如：粗糙度参数值、测量时的取样长度值、加工纹理、加工方法等。

表 4.1.13　表面粗糙度纹理

符号	说　明	示　意　图	符号	说　明	示　意　图
=	纹理平行于标注代号的视图投影面	纹理方向	C	纹理呈近似的同心圆	
⊥	纹理垂直于标注代号的视图投影面	纹理方向	M	纹理呈多方向	
X	纹理呈相交的方向	纹理方向	R	纹理呈近似放射形	

③ 表面粗糙度的实际应用，见表 4.1.14。

表 4.1.14　表面粗糙度的实际应用

① 表面粗糙度标注在轮廓线上或引线上。 ② 表面粗糙度要求在尺寸线上标注。 ③ 表面粗糙度要求在几何公差框格上标注	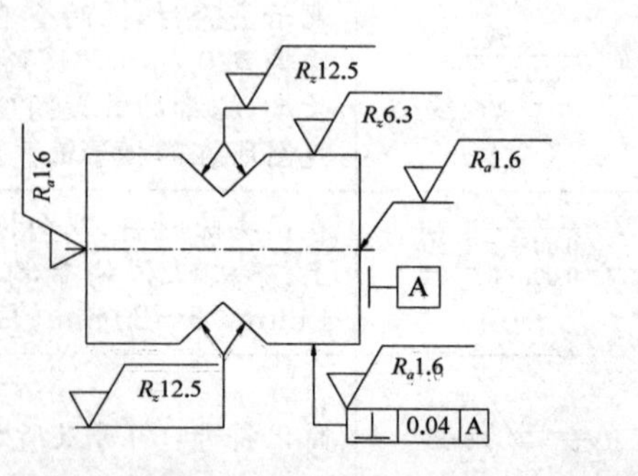

续　表

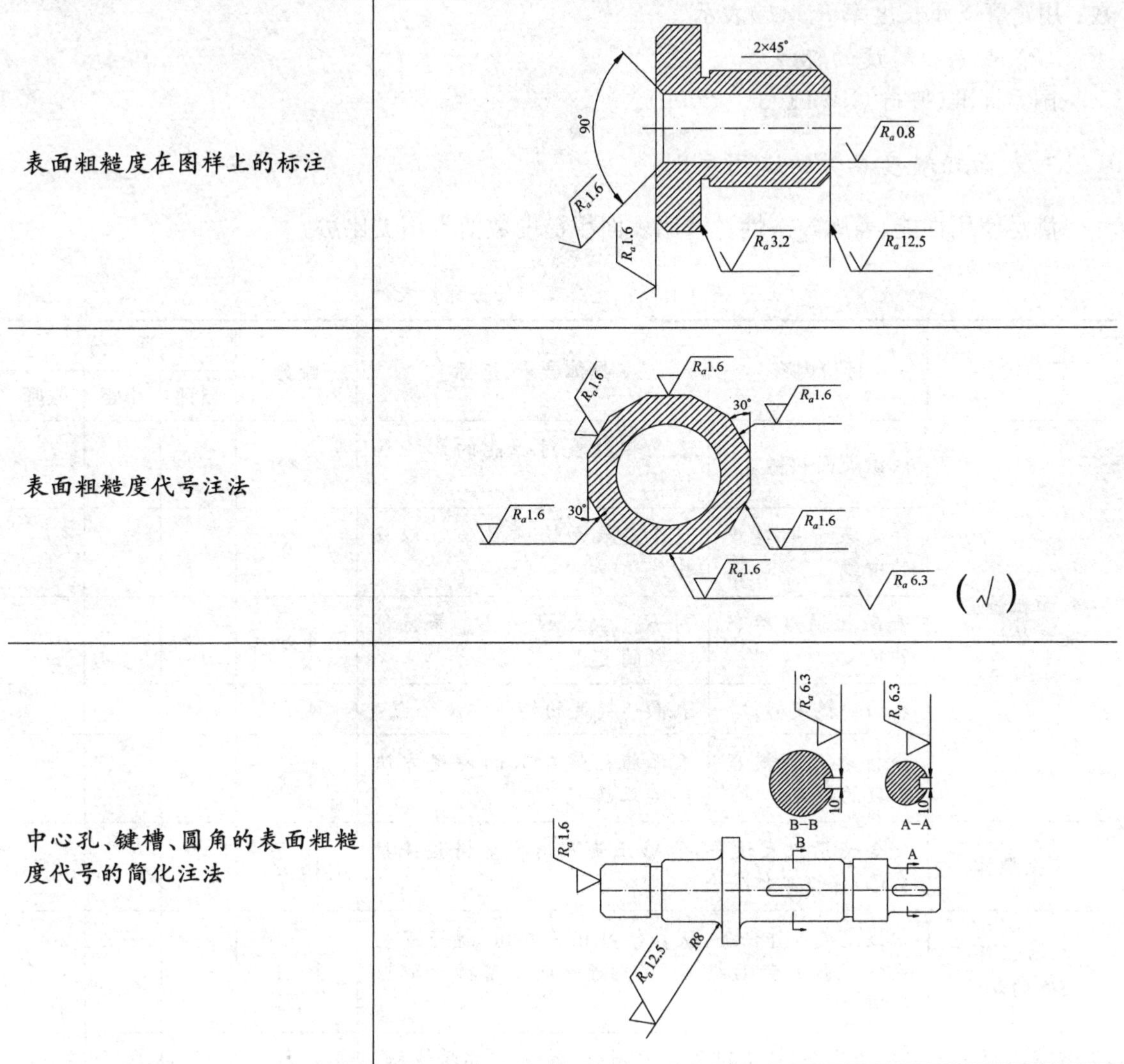

表面粗糙度在图样上的标注	
表面粗糙度代号注法	
中心孔、键槽、圆角的表面粗糙度代号的简化注法	

五、总结与评价

主要介绍了表面粗糙度的概念，表面粗糙度的国家标准、参数选择等。

1. 表面粗糙度的概念

表面粗糙度是零件被加工表面上的微观几何形状误差，有别于形状误差和表面波纹度。

2. 表面粗糙度的国家标准

(1) 基本术语

实际轮廓、取样长度、评定长度、基准线等。

(2) 评定参数

① 高度特性参数：评定轮廓的算术平均偏差 R_a；轮廓的最大高度 R_z。表面粗糙度评定

参数的值已经标准化。② 间距特性参数：用轮廓单元的平均宽度 R_{sm} 表示。③ 形状特性参数：用轮廓支承长度率 $R_{mr}(c)$ 表示。

（3）表面粗糙度的标注

国家标准(摘自 GB/T1031－2009)。

3. 表面粗糙度参数的选用原则

满足使用性能，兼顾经济性。选用表面粗糙度数值常用类比法。

表 4.1.15　完成工作任务评价表

评价项目	评价内容	具体要求、指标	配分	评分		
				自评	小组	教师
表面粗糙度及参数评定	认识表面粗糙度	表面粗糙度对性能的影响和选择	5 分			
	评定表面粗糙度的中线	什么是表面轮廓、l_r、l_n 以及中线	3 分			
	表面粗糙度参数的定义	对 R_a、R_z、R_{sm}、R_{mr} 等特征参数的定义	4 分			
	表面粗糙度标注	表面粗糙度的标注方法合理	4 分			
	分析表面粗糙度参数的评定	表面粗糙度参数的评定方法判定正确	4 分			
安全操作	安全使用仪表设备，能够正确采用安全措施保护自己，保证工作安全		10 分			
完成工作任务的表现	积极完成工作任务，认真学习相关知识，遵守安全操作规程和劳动纪律，有良好的职业道德和职业习惯		10 分			
你完成本次工作任务的体会：（学到了哪些知识、掌握了哪些技能，有哪些收获）			20 分			
小组同学对你在完成本次工作任务过程中，工作和学习方面的总体评价：			20 分			
老师对你在完成本次工作任务过程中，工作和学习方面的总体评价：			20 分			
成绩评定			合计得分			
备　注						

六、拓展与提高

在切削加工过程中，刀具和被加工表面产生摩擦、表层分离金属材料产生塑性变形、机床系统运动产生高频震动，这会使零件表面出现许多间距较小、凹凸不平的微小峰谷。那么这些微小峰谷会对配合零件产生什么影响？如何来评定这些微观峰谷？如何检测这些微观

峰谷？如何控制这些在加工过程中必然产生的微观峰谷？

习　题

1. 思考题

① 评定表面粗糙度时，为什么要规定取样长度？有了取样长度，为什么还要规定评定长度？

② 什么叫轮廓中线？确定轮廓中线的位置有哪些方法？

③ 测量和评定表面粗糙度的基本原则是什么？

2. 将表面粗糙度符号标注在图 4.1.12 上，要求：

① 用去除材料的方法加工圆柱面 ϕd_3，要求 R_a 最大允许值为 3.2 μm。

② 用去除材料的方法获得孔 ϕd_1，要求 R_a 最大允许值为 3.2 μm。

③ 用去除材料的方法获得表面 a，要求 R_z 最大允许值为 3.2 μm。

④ 其余用去除材料的方法获得表面，要求 R_a 允许值均为 25 μm。

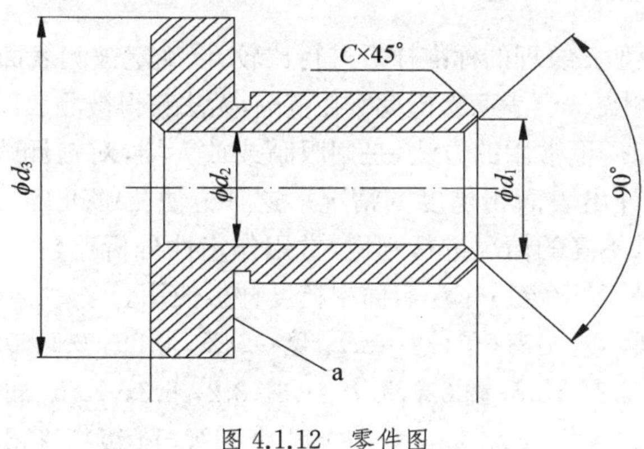

图 4.1.12　零件图

任务二　表面粗糙度检测

一、任务目标

1. 掌握样板比较法测量粗糙度；
2. 了解光切法测量粗糙度；
3. 了解干涉法测量粗糙度；
4. 了解针描法测量粗糙度。

二、任务描述

与标准样板进行比较，应用光切原理进行检测，应用干涉原理进行检测，应用传感技术进行检测。

三、任务实施流程

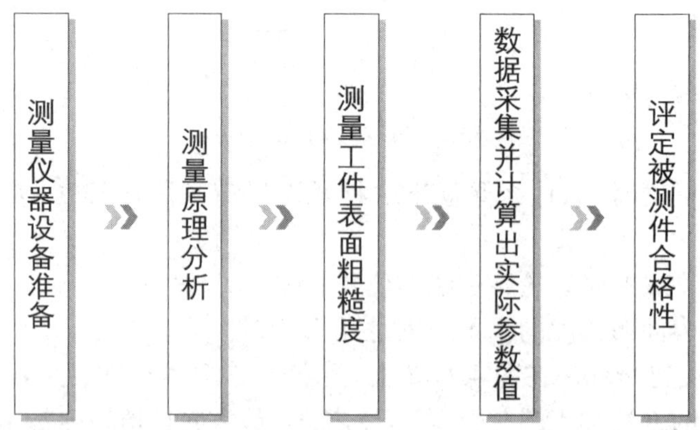

四、任务知识仓库及任务实施过程

1. 样板比较法测量

将被测表面与相应加工纹理的标准样板进行比较，以确定被测表面的精度等级(粗糙度所在的范围)。此法只能测得被测表面粗糙度所在范围，无法获得被测表面粗糙度的具体数值。

样板比较法是在工厂里常用的方法，是用眼睛或放大器，对被测表面与粗糙度样板进行比较，或通过触觉来估计出表面粗糙度的情况。这种方法不够准确，主要依靠经验来判断，只能对表面粗糙度要求不高的情况进行判定，常用作定性分析比较。当零件批量较大时，可以从成品中挑选出样品，经检定后作为表面粗糙度样板使用。

表面粗糙度样板所示规格有(单位：μm)：磨 0.025，0.05，0.1，0.2，0.4，0.8，1.6，3.2；镗 0.4，0.8，1.6，3.2，6.3，12.5；铣 0.4，0.8，1.6，3.2，6.3，12.5；插刨 0.4，0.8，1.6，3.2，6.3，12.5，25 等等。(过去代号为$\bigtriangledown_1 \sim \bigtriangledown_{14}$的 14 个等级，14 级精度最高，1 级最低)

比较时，所用的表面粗糙度样板的材料、形状和加工方法应尽可能与被测零件表面相同。这样可以减少检测误差，提高判断准确性。当大批生产时，也可从加工零件中挑选出样品，经检定后作为表面粗糙度样板。这种方法具有简单易行的优点，适合在车间使用。但是评定的可靠性很大程度上取决于检验人员的经验，仅适用于评定表面粗糙度要求不高的零件。

比较法能对生产中等粗糙度的表面进行评定，是日常生产最常用的方法之一。目测判断表面粗糙度的经验需要日常积累。

2. 光切法测量

利用光切原理即光的反射原理测量表面粗糙度的方法。在实验室中用光切显微镜(双管显微镜)就可实现测量，其测量准确度较高，但它适合对高度参数以及较为规则的表面测量，如采用车、铣、刨或其他类似方法加工后的零件表面。不适合测量粗糙度较高的表面及不规则的表面，测量范围为 0.5～60 μm。

(1) 量仪说明与测量原理

光切显微镜又称双管显微镜。其外形和结构如图 4.2.1 所示。它利用光切原理来测量

零件表面粗糙度，可用于测量车、铣、刨及其他类似方法加工的金属外表面，还可用来观察木材、纸张、塑料、电镀层等表面的微观不平度。对大型工件和内表面，可采用印模法复制被测表面模型，然后再用光切显微镜进行测量。（被测表面必须能反射光才可进行测量）

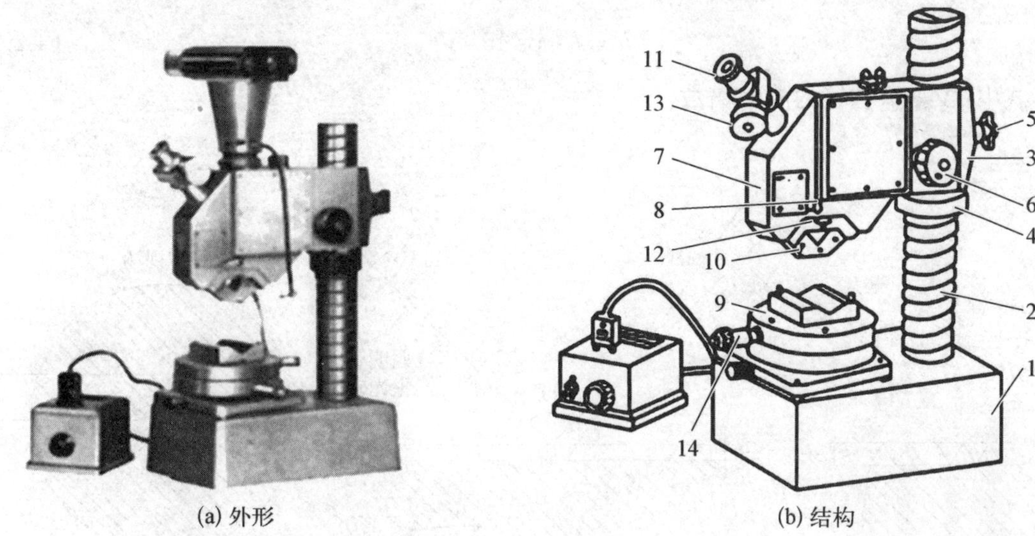

(a) 外形　　(b) 结构

1—底座；2—立柱；3—横臂；4—粗调螺母；5—锁紧旋手；6—微调手轮；7—壳体；8—手柄；9—工作台；10—可换物镜组；11—目镜；12—燕尾；13—目镜千分尺；14—横向移动千分尺

图 4.2.1　双管显微镜

光切显微镜主要用于测量轮廓最大高度 R_z。（已作废的 GB/T3505－1983 中，R_z 表示“不平度的 10 点高度”即指在取样长度内，被测实际轮廓上 5 个最大轮廓峰高的平均值与 5 个最大轮廓谷深的平均值之和。现行标准 GB/T3505－2009 中，R_z 表示“轮廓最大高度”，与旧国标中 R_y 含义一致，是指在一个取样长度内，最大轮廓峰高与最大轮廓谷深之和当使用现行的技术文件和图样时，一定要谨慎，不要混淆。）测量 R_z 的范围一般为 0.8～80 μm。必要时也可通过测出轮廓图形上的各点，用坐标点绘图法作出轮廓图形；或使用仪器上的拍照装置，拍摄出被测轮廓，近似评定 R_a 或轮廓单元的平均宽度 R_{sm} 仪器可换物镜组有 4 组，如表 4.2.1 所示。

表 4.2.1　光切显微镜参数

物镜放大倍数	7	14	30	60
视场直径/mm	2.5	1.3	0.6	0.3
R_z 测量范围/μm	10～80	4.2～20	1.6～6.3	0.8～4.2
目镜套筒分度值/μm	1.26	0.63	0.294	0.145

测量原理如图 4.2.2 所示，双管显微镜由两个镜管组成，右为照明管，左为观察管。两个镜管轴线成 90°。从照明管光源发出的光，穿过聚光镜、狭缝（光阑）和物镜后，变成扁平的光束，以 45°倾角投射到被测表面上。光带在波峰 s 和波谷 s' 处产生反射。波峰 s 与波谷 s' 通过观察管的物镜分别成像在分划板的 a 点和 a' 点。两点之间的距离 h' 即波峰、波谷影像的

高度差(已放大了)。测得 h'便可求出被测表面的波峰、波谷高度差 h,即:

$$h = ss'\cos 45° \tag{4.2.1}$$

$$ss' = h'/V \tag{4.2.2}$$

$$h = h'\cos 45°/V \tag{4.2.3}$$

式中:V——物镜的放大倍数。

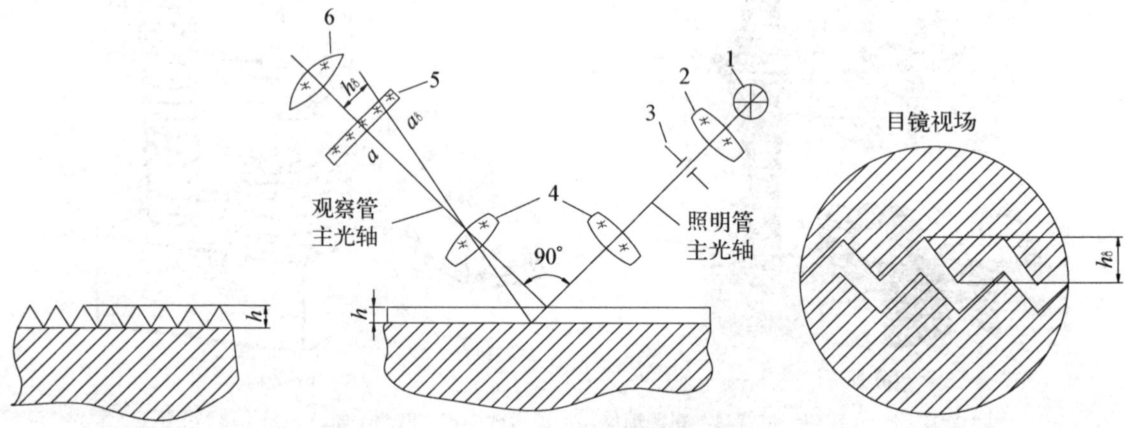

1—光源;2—聚光镜;3—狭缝;4—物镜;5—分划板;6—目镜

图 4.2.2 双管显微镜的测量原理

(2) 测量步骤

① 可按被测表面粗糙度参数值的大小选择一对物镜,安装在两镜管的下端。

② 将光源插头插接变压器并接通电源。

③ 将被测件擦净,置于工作台 9 上,在垂直于加工纹理的方向上测量,即使加工纹理方向与工作台纵向移动方向垂直。

④ 粗调焦:松开横臂 3 的锁紧旋手 5,转动粗调螺母 4,使横臂 3 连同壳体 7 沿着立柱 2 上下缓慢移动,进行显微镜的粗调焦。同时,从目镜 11 观察,直至观察到工件表面上出现一绿色光带后锁紧横臂锁紧旋手 5。转动工作台 9,使加工纹理方向与光带垂直。

⑤ 细调焦:转动微调手轮 6 配合调整目镜 11,进行显微镜的细调焦。直到在目镜视场中可看到清晰的狭亮波状光带,如图 4.2.3 所示。

⑥ 测量:转动目镜千分尺 13 使分划板上的十字线移动,将十字线的水平线与波峰对准,记录下第一个读数,然后移动十字线,使十字线的水平线与峰谷对准,记录下第二个读数,如图 4.2.4 所示。两次读数差为图中的 a。由于读数是在目镜千分尺轴线(与十字线的水平线成 45°)方向测得的,因此两次读数差与目镜中影像高度 h'的关系为:

$$h' = a\cos 45° \tag{4.2.4}$$

将(4.2.3)带入(4.2.4)中得:

$$h = a/2V \tag{4.2.5}$$

上式的计算结果即轮廓最大高度 R_z 值。测 3 次取平均值。

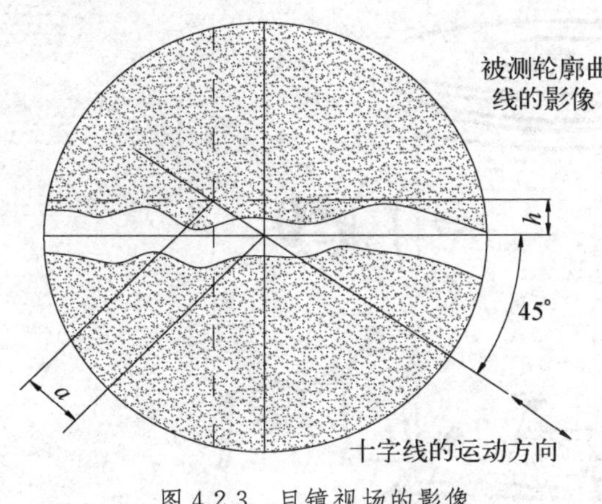

图 4.2.3　目镜视场的影像

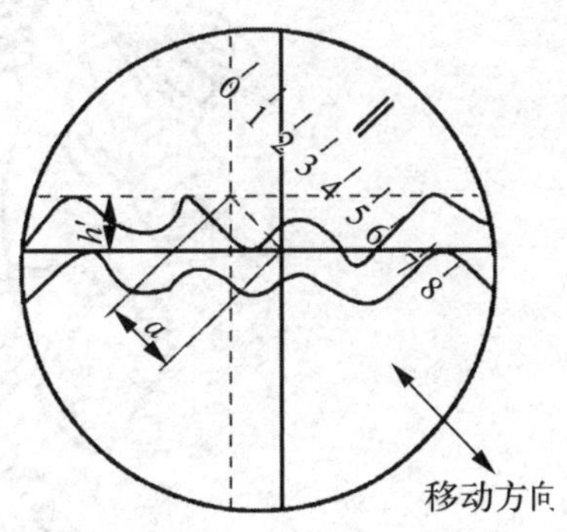

图 4.2.4　目镜读数示意图

例 4.2.1　某工件被测表面在光切显微镜上等精度测量三次，在取样长度内，最高峰读数(格)30，29，31，最低谷读数(格)81，79，80，读数手轮分度值是 0.01 mm，满刻度 100 格，物镜放大倍数 $V=8$，计算轮廓最大高度 R_z。

解： 平均读数：峰 $a_1=\dfrac{1}{3}(30+29+31)=30$ 格

$$谷\ a_2=\frac{1}{3}(-19-21-20)=-20\ 格$$

$$\begin{aligned}R_z&=\frac{a_1-a_2}{2V}\times 0.01\\&=\frac{30-(-20)}{2\times 8}\times 0.01\\&=0.031\ \text{mm}\\&=31\ \mu\text{m}\end{aligned}$$

3. 干涉法测量

干涉显微镜利用光波干涉原理测量表面粗糙度。被测表面直接参与光路，同一标准反射镜比较，以光波波长来度量干涉条纹弯曲程度，从而测得该表面的粗糙度。

干涉法测量表面粗糙度的仪器是干涉显微镜。目前国内生产的干涉显微镜有 6J 型、6JA 型等。干涉法通常用于测量表面粗糙度参数 R_c 和 R_z 值。

(1) 量仪说明与测量原理

干涉显微镜利用光波干涉原理测量表面粗糙度。通常用于测量极光滑表面的轮廓最大高度 R_z 测量范围通常为 0.025～0.8 μm。6JA 型干涉显微镜的结构如图 4.2.5 所示。干涉显微镜的光学系统原理如图 4.2.6 所示。光源 1 发出的光，经过聚光镜 2、反射镜 3、光阑 4 和 5、聚光镜 6，到分光镜 7，通过分光镜 7 分为两束光。一束光经过补偿镜 8、物镜 3、射向工件被测表面，再由工件表面反射经原光路返回到分光镜 7，由分光镜 7 反射，经反射镜 11、折射镜 12，到目镜，13、14。另一束光由分光镜 7 反射，经过滤光片 17 物镜 10 到标准镜，再由标

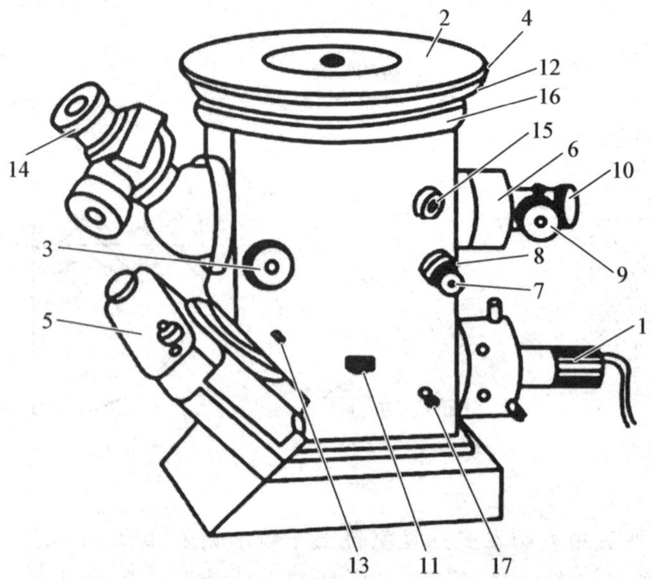

1—光源；2—工作台；3—目视或照相的转换手轮；4—移动工作台的滚花环；5—照相机；6—参考镜部件；7，8，9，10—干涉带调节手轮；11—光阑调节手轮；12—转动工作台的滚花环；13—紧固照相机的螺钉；14—目镜；15—遮光板调节手轮；16—升降工作台的滚花环；17—滤光片手柄

图 4.2.5　干涉显微镜结构

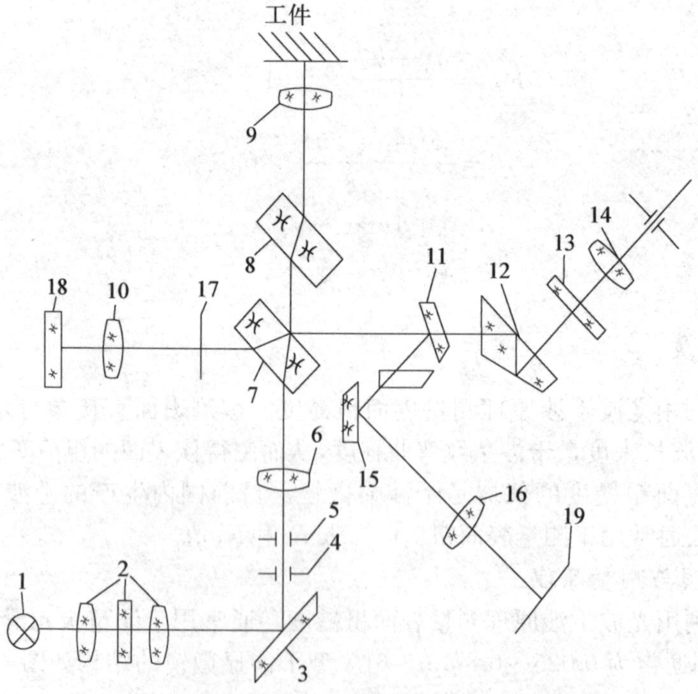

1—光源；2—聚光镜；3、11、15—反射镜；4、5—光阑；6—聚光镜；7—分光镜；8—补偿镜；9、10—物镜；12—折射镜；13、14—目镜；16—照相物镜；17—滤光片；18—标准镜；19—照相底片

图 4.2.6　干涉显微镜的光学系统原理

准镜反射经原光路返回，透过分光镜 7 射向目镜 14。两路光束有光程差，产生光波干涉形成干涉条纹。

该仪器还附有照相装置。通过反射镜 15、照相物镜 16，干涉条纹成像于照相底片 19 上，可将其拍下，然后进行测量计算。

如果被测表面为理想平面，则在视场中出现一组等距平直的干涉条纹；若被测表面存在微观不平度，则会出现一组弯曲的干涉条纹，如图 4.2.7 所示。光程差每增加半个波长，就形成一条干涉带。故被测表面的波峰、波谷高度差为：

$$h=\frac{a}{b}\times\frac{\lambda}{2} \tag{4.2.6}$$

式中：a——干涉条纹的弯曲量；

b——相邻干涉条纹的间距；

λ——光波波长(绿色光 $\lambda=0.53\ \mu m$)。

图 4.2.7　干涉条纹

(2) 测量步骤

① 将被测零件擦干净，置于工作台上，被测面朝下，接通电源。

② 松开目镜紧固螺钉，拔出目镜，从目镜管中观察。若看到两个灯丝像，则调节光源，使两个光源重合；然后插上目镜，锁紧螺钉。

③ 旋转遮光板调节手轮，遮住一束光线，用手轮转动工作台的滚花环，调焦，直至看清楚被测表面的纹路；再旋转遮光板调节手轮，视场中出现干涉条纹。

④ 缓慢调节干涉带调节手轮，直至看到清晰的干涉条纹。

⑤ 用式(4.2.6)计算。

4. 针描法测量

针描法是利用仪器的触针在被测表面上轻轻划过，使触针作垂直方向的移动，在通过传感器将位移量转换成电信号，将信号放大后送入计算机，在显示器上直接显示出被测表面粗糙度 R_a 值及其他多参数的一种测量方法，也可由记录器绘制出被测表面轮廓的误差图形。

(1) 量仪说明与测量原理

电动轮廓仪又称表面粗糙度检查仪，它是用针描法来测量表面粗糙度的。针描法又称触针法，是一种接触测量。电动轮廓仪适用于测量 0.025～5 μm 的 R_a 值。有些型号的电动轮廓仪还配有各种附件，除了可测量一般零件外，还可测圆锥面、球面、曲面、小孔孔径大于 3 mm 的小孔表面，孔径大于 7.5 mm、长达 280 mm 的深孔表面、沟槽等表面。该仪器由传感器、驱动器、指示表、记录器和工作台等主要部件组成，传感器的端部装有金刚石触针。

电动轮廓仪的测量基本原理如图 4.2.8 所示。

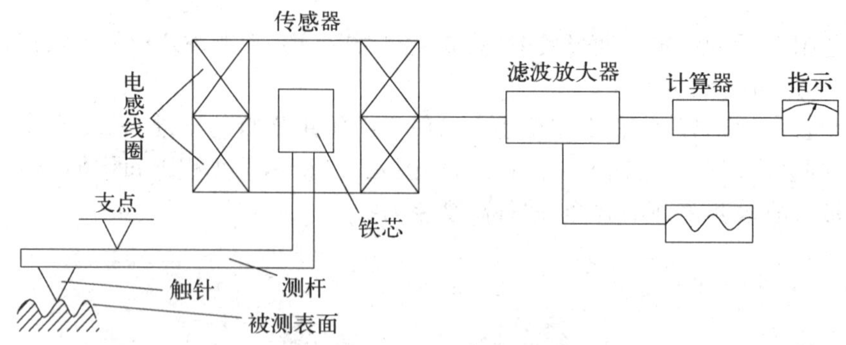

图 4.2.8　触针法测量原理

将触针搭在工件上，使触针与被测表面垂直接触，利用驱动器以一定的速度拖动传感器。由于被测表面粗糙不平，因此迫使触针在垂直于被测表面的方向上产生上下移动。这种机械的上下移动通过传感器转换成电信号，再经信号放大、相敏检波和功率放大后，推动自动记录装置，直接描绘出被测轮廓的放大图形，按此图形进行数据处理，即可得到 R_a 值。或者使信号通过滤波器，经检波后的信号由积分电路进行积分计算后，由指示表指出表面轮廓的算术平均偏差 R_a。

电动轮廓仪的特点是体积小、重量轻、搬运方便、使用灵巧、操作简单、测量迅速方便、读数直观准确，而且对使用环境无严格要求故应用广泛。

(2) 测量步骤

① 接上电源后，根据被测零件表面粗糙度的要求，选择合适的传感器，用连接线将其与驱动器连接；

② 将被测件擦干净，放在工作台的 V 型架上；

③ 装好被测零件后，将传感器的测头轻轻搭在被测件上，要特别小心，以免损坏金刚石触针，使触针与被测表面垂直，并使其运动方向与工件加工纹理方向垂直；

④ 打开电动轮廓仪电源开关进行预热时间不少于 30 min；

⑤ 根据被测零件选择测量范围。例如：测量活塞销，活塞销的表面粗糙度 R_a 值要求为 0.2～0.4 μm，按钮应选择第三挡，切除长度在 0.25 挡；用手轻轻按动驱动器按钮，表针即指示数据，此时按复零钮，表针立即回复零位；

⑥ 换不同测量位置连续测 4 次，将测量结果取平均值作为测得的值。

注意事项：

① 根据被测工件表面粗糙度的大小，随时变换量程挡，以满足测量要求；

② 触针与被测工件表面接触时会留下划痕，这对一些重要的表面是不允许的；

③ 因受触针圆弧半径大小的限制，不能测量粗糙度值要求很高的表面，否则会产生大的测量误差。

五、总结与评价

表面粗糙度测量一般有样板比较法、光切法、干涉法和针描法。其中最常用的是针描法，针描法测量器具是电动轮廓仪，测量参数主要是 R_a、R_c、R_z，适用内、外表面测量。

表 4.2.2 完成工作任务评价表

评价项目	评价内容	具体要求、指标	配分	评分		
				自评	小组	教师
用所学测量方法测量表面粗糙度	测量仪器使用	安装、调试、检测等操作正确	5分			
	测量原理及测量方法的判别	正确采用测量方法	3分			
	测量过程	仪器操作正确,测量步骤操作正确,读数正确,小组分工明确,团结互助,配合良好	4分			
	误差分析	明确产生测量不准确的原因	4分			
	表面粗糙度 R_a、R_z 的评定	表面粗糙度 R_a、R_z 的评定方法正确	4分			
安全操作	安全使用仪表设备,正确使用电动轮廓仪,能够正确采用安全措施保护自己,保证工作安全		10分			
完成工作任务的表现	积极完成工作任务,认真学习相关知识,遵守安全操作规程和劳动纪律,有良好的职业道德和职业习惯		10分			
你完成本次工作任务的体会:(学到了哪些知识、掌握了哪些技能,有哪些收获)			20分			
小组同学对你在完成本次工作任务过程中,工作和学习方面的总体评价:			20分			
老师对你在完成本次工作任务过程中,工作和学习方面的总体评价:			20分			
成绩评定			合计得分			
备　注						

六、拓展与提高

用所学测量方法测量如图 4.2.9 所示蜗杆轴零件图中要求的表面粗糙度。

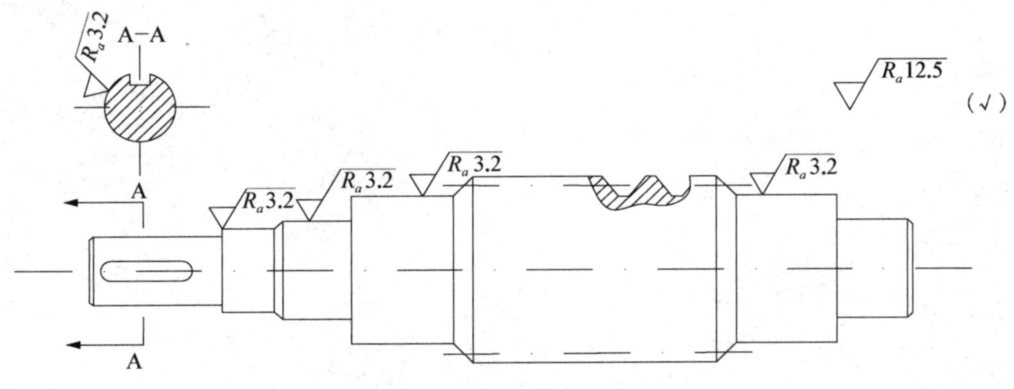

图 4.2.9 蜗杆轴零件图

习　题

1. 什么是样板法以及测量原理是什么?
2. 样板比较法的使用场合是什么?
3. 什么是光切法以及测量原理是什么?
4. 光切法的使用场合是什么?
5. 为什么光带的上、下边缘不能同时达到清晰?
6. 什么是针描法以及测量原理是什么?
7. 针描法的使用场合是什么?
8. 用电动轮廓仪测量表面粗糙度时,根据什么选定切除长度?

学习情境五

滚动轴承的精度与检测

情境导入

滚动轴承主要是应用在机械设备的运动部件上，其应用广泛，在日常生活中随处可见，本情境主要是了解滚动轴承的基本参数和使用范围，掌握滚动轴承的结构特点和滚动轴承与外壳孔及轴颈的配合。

情境目标

知识目标

1. 认识滚动轴承的公差与配合标准，为合理选用滚动轴承的配合打下基础；
2. 学习滚动轴承的公差等级以及轴承的尺寸公差和旋转精度；
3. 理解滚动轴承内圈与轴颈采用基孔制配合、外圈与外壳孔采用基轴制配合的依据。

技能目标

1. 掌握滚动轴承轴颈与外壳孔的配合，以及内圈内径、外圈外径的参数与概念；
2. 熟练掌握滚动轴承内圈内径、外圈外径的检测方法及其应用。

任务一　滚动轴承的精度

一、任务目标

1. 了解滚动轴承内外径公差、公差带、负载类型等基本概念；
2. 掌握滚动轴承的精度设计的基本方法；
3. 掌握滚动轴承内、外圈公差带及特点；
4. 掌握公差带的选用；
5. 掌握套圈与负荷方向的关系，以确定轴承的配合。

二、任务描述

本项目的任务是掌握滚动轴承的结构并且掌握滚动轴承的精度以及公差带，熟悉掌握滚动轴承的工作状态以及负荷类型。

三、任务实施流程

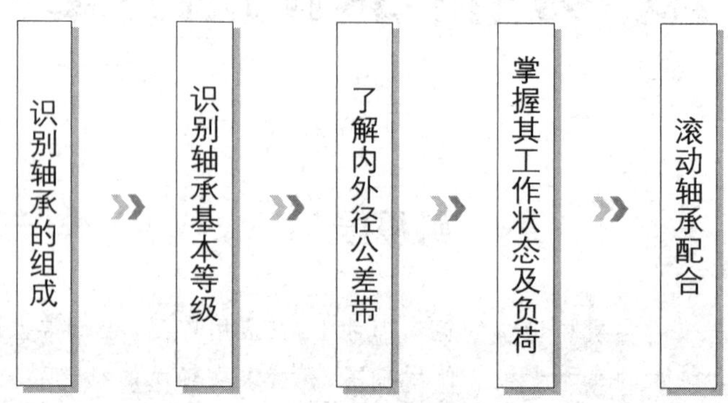

四、任务知识仓库及任务实施过程

通过对本情境的学习要求学生掌握滚动轴承种类以及分类方法，熟悉滚动轴承的检测方法、公差带的标注、以及内、外圈的检测方法。学习所需工具设备有标准量规以及通用计量器具，用来检测滚动轴承的内圈内径和外圈外径。

1. 滚动轴承的精度等级

(1) 滚动轴承的组成

滚动轴承是机器上广泛应用的一种作为传动支撑的标准部件。一般由内圈、外圈、滚动体（钢球或滚柱）和保持架（又称隔离圈）组成（见图 5.1.1）。

作用：支撑轴及轴上零件传动并保持其旋转精度，同时将作旋转运动的轴与固定不动的

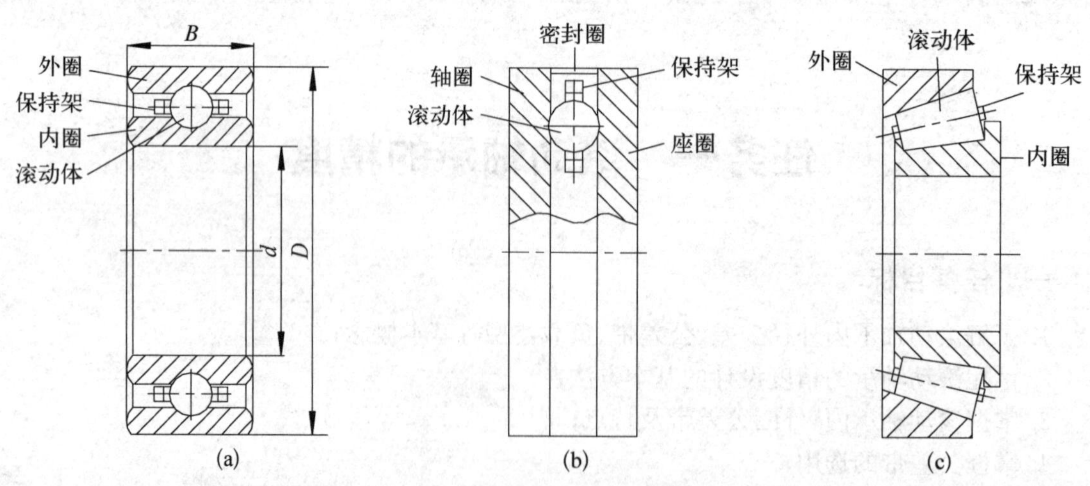

图 5.1.1 滚动轴承的组成

机架分隔开。

按承受负荷的方向分为：

向心轴承——仅承受径向力，图 5.1.1(a)。

推力轴承——仅承受轴向力，图 5.1.1(b)。

向心推力轴承——同时承受径向力和轴向力，图 5.1.1(c)。

按滚动体形状分为：球轴承、滚子轴承、圆锥滚子轴承、滚针轴承等。

以滑动轴承为基础发展起来的滚动轴承，其工作原理是以滚动摩擦代替滑动摩擦，一般由两个套圈，一组滚动体和一个保持架所组成的通用性很强、标准化、系列化程度很高的机械基础件。由于各种机械有着不同的工作条件，对滚动轴承在负荷能力、结构和使用性能等方面都提出了各种不同要求。为此，滚动轴承需有各式各样的结构。但是，最基本的结构是由内圈、外圈、滚动体和保持架所组成。

(2) 各种零件在轴承中的作用

对于向心轴承，内圈通常与轴配合，并与轴一起运转，外圈通常与轴承座或机械壳体孔成过渡配合，起支承作用。但是，在某些场合下，也有外圈运转、内圈固定起支承作用。对于推力轴承，与轴紧配合并一起运动的称轴圈，与轴承座或机械壳体孔成过渡配合并起支承作用的称座圈。滚动体(钢球、滚子或滚针)在轴承内通常借助保持架均匀地排列在两个套圈之间作滚动运动，它的形状、大小和数量直接影响轴承的负荷能力和使用性能。保持架除能将滚动体均匀地分隔开以外，还能起引导滚动体旋转及改善轴承内部润滑性能等作用。轴承的功用：支承轴及轴上回转零件，保持轴的旋转精度，减少转轴与支承之间的摩擦和磨损。

(3) 精度等级

GB307.1－84 规定：滚动轴承按基本尺寸精度和旋转精度分为五个精度等级，用字母 G、E、D、C、B 表示，B 级精度最高，G 级精度最低。

国家标准与部分国家轴承精度等级对照参阅表 5.1.1，GB/T3073－1996《滚动轴承通用技术规则》中，按尺寸精度和旋转精度划分滚动轴承的公差等级。其中，向心轴承由低到高分为 0、6、5、4、2 五级。

0 级为普通级，用在中等精度、中等转速和旋转精度要求不高的一般机构中，它在机械产品中应用十分广泛。

6、5 级轴承多应用于比较精密的机床和机器中。

4 级轴承多应用于转速很高或旋转精度要求很高的机床和精密仪器的旋转机构中，高精度磨床和车床多采用 4 级轴承。

2 级轴承只应用在高转速、高精度、特别精密仪器的主要部件上。坐标镗床、高精度仪器多采用 2 级轴承。

滚动轴承的结构特点包括以下几种：

① 滚动轴承是一种标准件；

② 有内外两种互换性；滚动轴承配合尺寸的互换性，称为完全互换性(外互换性)；滚动轴承组成零件之间的互换性，称为不完全互换性(内互换性)；

③ 滚动轴承的精度要求很高。

部分国家轴承精度等级对照参阅表 5.1.1。

表 5.1.1 部分国家轴承精度等级对照表

国 别	标准号	精 度 等 级				
中国 CHINA	GB307	0(G)	6(E)	5(D)	4(C)	2(B)
德国 GERMANY	DIN 620/2	P0	P6	P5	P4	P2
美国 USA	ANSI B4.14	ABEC1	ABEC3	ABEC5	ABEC7	ABEC9

为了实现滚动轴承互换性的要求，定制了滚动轴承公差及其测量方法的国家标准(GB307.1－307.2－84)，规定了滚动轴承的尺寸精度、旋转精度和测量方法。另外，还制定了滚动轴承配合国家标准(GB275－84)，规定了与滚动轴承内、外圈相配的轴和壳体孔的公差带。上述国家标准已颁布实施。

滚动轴承的工作性能取决于滚动轴承本身的制造精度、滚动轴承与轴和壳体孔的配合性质以及轴和壳体孔的尺寸精度、形位公差和表面粗糙度等因素。设计时，应根据上述因素合理的选用滚动轴承。机床主轴选用轴承可参阅表 5.1.2。

表 5.1.2 机床主轴轴承精度等级

轴承类型	精度等级	应 用 情 况
深沟球轴承	4	高精度磨床、丝锥磨床、螺纹磨床、磨齿机、插齿刀磨床
角接触球轴承	5	精密镗床、内圆磨床、齿轮加工机床
	6	卧式车床、铣床
单列圆柱滚子轴承	4	精密丝杠车床、高精度车床、高精度外圆磨床
	5	精密车床、精密铣床、转塔车床、普通外圆磨床、多轴车床、镗床
	6	卧式车床、自动车床、铣床、立式车床
向心短圆柱滚子轴承、调心滚子轴承	6	精密车床及铣床的后轴承
圆锥滚子轴承	4	坐标镗床、磨齿机
	5	精密车床、精密铣床、镗床、精密转塔车床、滚齿机
	6x	铣床、车床
推力球轴承	6	一般精度车床

2. 滚动轴承公差带

滚动轴承内、外径公差带布置如图 5.1.2 所示，采用单项制所有公差带都单向偏置在零线下方，即上偏差为 0，下偏差为负值。

轴承装配形式见图 5.1.3(a)、(b)、(c)。

通常，内圈与轴颈一起旋转、外圈与外壳孔固定，但也有外圈与外壳孔一起旋转、内圈与轴颈固定的。

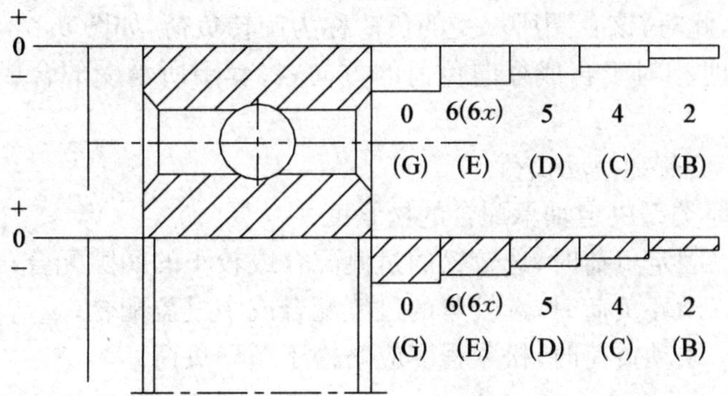

图 5.1.2　轴承内径、外径公差带的分布

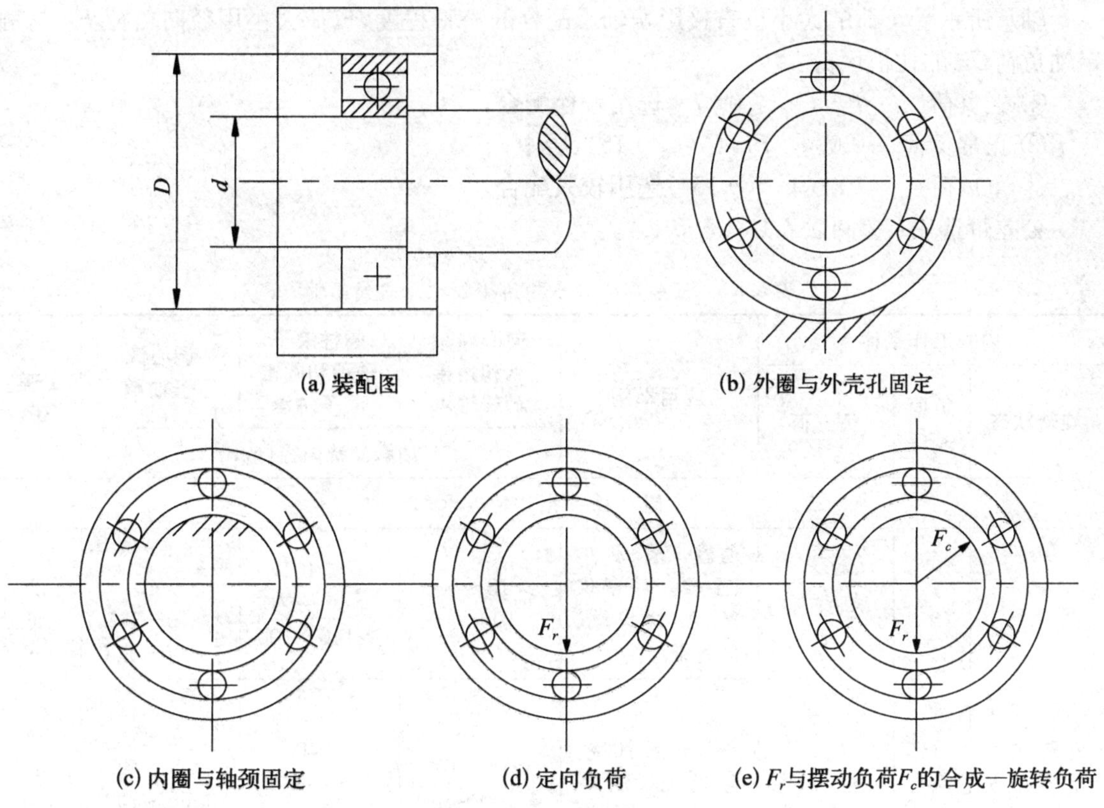

图 5.1.3　轴承内外圈装配图

(1) 滚动轴承的负荷

1) 负荷类型

作用在轴承上的径向负荷主要有两种情况：

① 定向负荷(如齿轮作用力、皮带拉力等)。

轴承运转时，作用于轴承上的合成径向负荷若与某套圈相对静止，该负荷始终方向不变地作用在该套圈的局部滚道上，此时，该套圈所承受的负荷称为定向负荷，如图 5.1.3(d)所示。

② 旋转负荷(如机件偏心力)合成为合成径向负荷，由内、外圈和滚动体来承受。

轴承运转时，作用于轴承上的合成径向负荷若与某套圈相对旋转，并顺次作用在该套圈的整个圆周滚道上，此时，该套圈所承受的负荷称为旋转负荷，如图 5.1.3(e)所示。

根据套圈工作时相对于合成径向负荷的方向，将套圈所承受的合成径向负荷分为 3 种类型：

固定负荷、循环负荷和摆动负荷。

套圈承受的负荷类型决定轴承配合的松紧度：

轴承套圈承受：固定负荷时，选较松的过渡配合或较小的间隙配合；

循环负荷时，选较紧的过渡配合或小过盈配合；

摆动负荷时，松紧程度应略松于循环负荷。

2）配合的选用

1＞负荷

轴承所承受负荷的大小也直接影响轴承配合的松紧程度，负荷大小用径向负荷 Fr 与额定动负荷 Cr 的比值区分：

① 轻负荷　$Fr/Cr \leqslant 0.07$　选用较松配合；

② 正常负荷　$0.07 < Fr/Cr \leqslant 0.15$　居中；

③ 重负荷　$Fr/Cr > 0.15$　选用较紧配合。

公差带选用：参阅表 5.1.3、表 5.1.4。

表 5.1.3　安装向心轴承和角接触轴承的公差带

内圈工作条件			应用举例	向心球轴承和角接触球轴承	圆柱滚子轴承和圆锥滚子轴承	调心滚子轴承	公差带
旋转状态	负荷类型	负　荷		轴承公称内径(mm)			
圆　柱　孔　轴　承							
内圈相对于负荷方向旋转或负荷方向摆动	循环负荷或摆动负荷	轻负荷	电器仪表、机床(主轴)、精密仪器、泵、通风机、传送带	≤18 ＞18～100 ＞100～200 —	≤40 ＞40～140 ＞140～200	— ≤40 ＞40～100 ＞100～200	h5 j6 k6 m6
		正常负荷	一般通用机械、电动机、涡轮机、泵、内燃机变速箱、木工机械	≤18 ＞18～100 ＞100～140 ＞140～200 ＞200～400 —	— ≤40 ＞40～100 ＞100～140 ＞140～200 ＞200～400 —	— ≤40 ＞40～65 ＞65～100 ＞100～140 ＞140～280 ＞280～500 ＞500	j5 k5 m5 m6 n6 p6 r6 r7
		重负荷	铁路车辆和电车轴箱、牵引电动机、机钢机、破碎机等重型机械	— — — —	＞50～140 ＞140～200 ＞200 —	＞50～100 ＞100～140 ＞140～200 ＞200	n6 p6 r6 r7
内圈相对于负荷方向静止	局部负荷	内圈必须在轴向容易移动	静止轴上的各种轮子	—	所有尺寸		g6

续 表

内圈工作条件			应用举例	向心球轴承和角接触球轴承	圆柱滚子轴承和圆锥滚子轴承	调心滚子轴承	公差带
旋转状态	负荷类型	负 荷		轴承公称内径(mm)			
内圈相对于负荷方向静止	局部负荷	内圈不必要在轴向移动	张紧滑轮、绳索轮	—	所有尺寸		h6
纯轴向负荷			所有应用场合		所有尺寸		j6或js6
圆锥孔轴承(带锥形套)							
所有负荷			火车和电车的轴箱	装在退卸套上的所有尺寸			h8(IT5)
			一般机械或传动轴	装在紧定套上的所有尺寸			h9(IT5)

注：① 凡对精度有较高要求的场合，应用j5、k5…代替j6、k6…等；

② 单列圆锥滚子轴承和单列角接触球轴承，因内部游隙的影响不是很重要，可选用k6和m6代替k5和m5；

③ 应选用径向游隙大于基本组的滚子轴承；

④ 凡有较高精度和转速要求的场合，应选用h7；IT5为轴颈形状公差；

⑤ 尺寸>500 mm，其形状公差为IT7。

表 5.1.4 安装向心轴承和角接触轴承的壳体孔公差带

外圈工作条件					应用情况	公差带
旋转状态	负荷类型	负荷	轴向位移限度	其他情况		
外圈相对于负荷方向静止	局部负荷	轻、正常和重负荷	轴向容易移动	轴处于高温场合	烘干筒、有调心滚子轴承的大电机	G7
				刨分式壳体	一般机械、铁路车辆轴箱	H7
		轻和正常负荷	轴向能移动	整体式	铁路车辆轴箱轴承	J6、h6
		冲击负荷		整体式和刨分式壳体	电动机、泵、曲轴主轴承	J7
外圈相对于负荷方向摆动	摆动负荷	轻和正常负荷				
		正常和重负荷	轴向不能移动	整体式壳体	电动机、泵、曲轴主轴承	K7
		重冲击负荷			牵引电动机	M7
外圈相对于负荷方向旋转	循环负荷	轻负荷			张紧滑轮	N7
		正常和重负荷			装用球轴承的轮毂	P7
		重冲击负荷		薄壁、整体式壳体	装用滚子轴承的轮毂	

注：精度有较高要求的场合，应选用IT6代替IT7，同时用整体式壳体。对于轻合金壳体应选择比钢或铸铁较紧的配合。

2>旋转精度与旋转速度

机器对旋转精度与旋转速度的要求，影响着轴承精度的确定，也影响着与其配合的轴颈、外壳孔的公差选择。

例如：0 级轴承，一般与之配合的轴颈用 IT6、外壳孔用 IT7，但对旋转精度要求较高场合，轴颈应 IT5、外壳孔应 IT6 另外轴承旋转速度越高，配合应越紧。

因此对旋转精度要求高的轴承，应避免采用间隙配合，以防止因间隙而导致的变形与振动。

3>工作温度

选择配合时应考虑轴承的发热因素，可将内圈与轴颈的配合适当地选紧些，外圈与外壳孔的配合适当地选松些。

4>轴颈与外壳孔的结构

选择配合时应考虑轴颈和外壳孔的结构因素：

不能导致内、外圈产生不正常变形，如对于剖分式外壳孔与轴承外圈应采用较松的配合，当轴承装于空心轴或刚性较差的薄壁外壳时，应采用较紧的配合(为保证轴承有足够的支承刚性)。

5>安装与拆卸

对于安装在经常需拆卸、维修的零部件上的轴承，或装于不便拆装部位的轴承，常采用较松的配合(以便于拆装)。

(2) 滚动轴承的基本尺寸及公差要求

基本尺寸：滚动轴承的基本尺寸是指滚动轴承的内径 d、外径 D 和轴承宽度 B。

轴承的配合尺寸：由于轴承内、外圈均为薄壁结构，制造和存放时易变形，但在装配后能够得到矫正。为了便于制造，允许有一定的变形。为保证轴承与结合件的配合性质，所限制的仅是内、外圈在其单一平面内的平均直径，即轴承的配合尺寸。

外径：

$$D_{mp}=(D_{smax}+D_{smin})/2 \tag{5.1.1}$$

内径：

$$d_{mp}=(d_{smax}+d_{smin})/2 \tag{5.1.2}$$

D_{smax}、D_{smin} 为加工后测得的最大、最小单一外径。

d_{smax}、d_{smin} 为加工后测得的最大、最小单一内径。

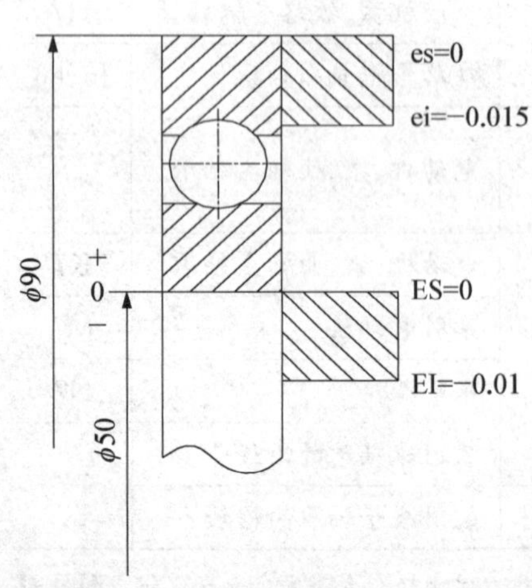

图 5.1.4　轴承内外圈径向跳动公差

国家标准对轴承内径和外径尺寸公差作了两种规定：一是规定了内、外径尺寸的最大值和最小值所允许的偏差，即单一内、外径偏差，其目的是为了限制变形量；二是规定了内、外径实际尺寸的平均内径(d_{mp})和平均外径(D_{mp})的偏差，目的是用于控制轴承与轴和壳体孔配合的尺寸精度。

对轴承内外圈的径向跳动，端面对内孔轴线的端面跳动等均有相应公差要求。

轴承公差带标注示例 1：已知轴承的基本尺寸如图 5.1.4 所示。根据实际工况采用 E 级(相当于 6)向心轴承，轴承孔轴公差带并标注有关尺寸如图 5.1.4。滚动轴

承自身的尺寸误差、几何误差、粗糙度以及滚动体与内、外圈的配合误差等，可在滚动轴承的制造过程中由轴承厂根据滚动轴承公差与配合标准加以控制。因此对于滚动轴承使用者来说，在实际生产中面临最多的问题是选用与滚动轴承相配合的轴径外壳孔的公差。

3. 滚动轴承与轴和壳体孔的配合

(1) 配合公差带

为了方便选用国标，规定与滚动轴承相配合的轴颈、外壳孔直接引用光滑圆柱体的公差标准：对与轴承相配的轴颈、外壳孔规定了一定数量的常用公差带，其公差带图如图 5.1.5 所示。对与 G、E、D、C 级滚动轴承相配的轴颈、外壳孔国标推荐的公差带列表如表 5.1.5 所示。

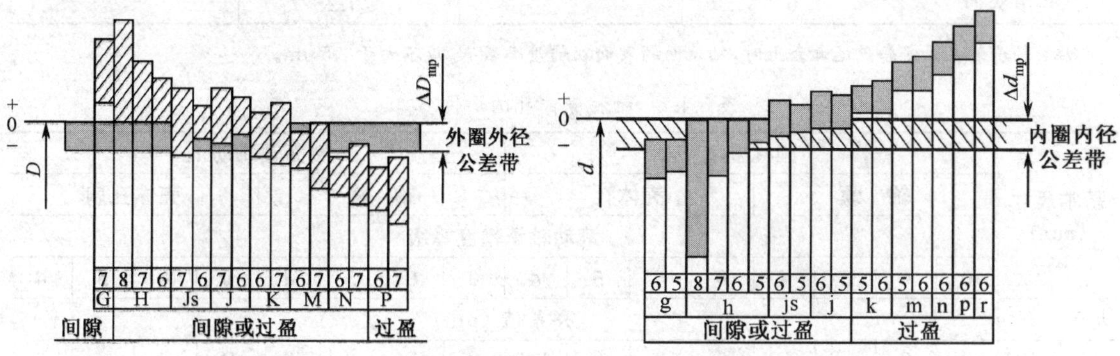

图 5.1.5　轴颈和外壳孔的公差带

表 5.1.5　与滚动轴承各级精度相配合的轴和壳体孔公差带

轴承精度	轴公差带		壳体孔公差带		
	过渡配合	过盈配合	间隙配合	过渡配合	过盈配合
G	h9 h8 g6、h6、j6、js6 g5、h5、j5	r7 k6、m6、n6、p6、r6 k5、m5	H8 G7、H7 H6	J7、Js7、K7、M7、N7 J6、Js6、K6、M6、N6	P7 P6
E	g6、h6、j6、js6 g5、h5、j5	r7 k6、m6、n6、p6、r6 k5、m5	H8 G7、H7 H6	J7、Js7、K7、M7、N7 J6、Js6、K6、M6、N6	P7 P6
D	h5、j5、js5	k6、m6 k5、m5	G6、H6	Js6、K6、M6 Js5、K5、M5	
C	h5、js5 h4、js4	k5、m5 k4	H5	K6 Js5、K5、M5	

注：① 孔 N6 与 G 级精度轴承(外径 $D<150$ mm)和 E 级精度轴承(外径 $D<315$ mm)的配合为过盈配合；
② 轴 r6 用于内径 $d>120\sim500$ mm；轴 r7 用于内径 $d>180\sim500$ mm。

滚动轴承是标准件，其外圈与箱体孔配合一般采用基轴制，内圈与轴的配合一般采用基孔制。

轴颈、外壳孔的几何公差及表面粗糙度要求见表 5.1.6。

为了避免轴承在安装后套圈出现变形，国标规定了与轴承配合的轴颈和外壳孔的表面圆柱度公差、轴肩及外壳孔的端面圆跳动公差见表 5.1.7。

表 5.1.6　轴颈和外壳孔的表面粗糙度

配合表面	轴承精度等级	配合面的尺寸公差等级	轴承公称内、外径(mm)	
			≤80	>80～500
			表面粗糙度参数 R_a 值/μm	
轴颈	0	IT6	≤1	≤1.6
外壳孔		IT7	≤1.6	≤2.5
轴颈	6	IT5	≤0.63	≤1
壳体孔	—	IT6	≤1	≤1.6
轴的外壳孔肩端面	0	—	≤2	≤2.5
	6		≤1.25	≤2

注：轴承装在紧定套或退卸套上时，轴表面的表面粗糙度参数 R_a 应不大于 2.5 μm。

表 5.1.7　轴和壳体孔的形位公差

基本尺寸(mm)		圆柱度 t								端面圆跳动 t_1							
		轴　颈				壳体孔				轴　肩				壳体孔肩			
		滚动轴承精度等级															
		0	6	5	4	0	6	5	4	0	6	5	4	0	6	5	4
大于	到	公差值 (μm)															
10	18	3	2	1.2	0.8	5	3	2	1.2	8	5	3	2	12	8	5	3
18	30	4	2.5	1.5	1	6	4	2.5	1.5	10	6	4	2.5	15	10	6	4
30	50	4	2.5	1.5	1	7	4	2.5	1.5	12	8	5	3	20	12	8	5
50	80	5	3	2	1.2	8	5	3	2	15	10	6	4	25	15	10	6
80	120	6	4	2.5	1.5	10	6	4	2.5	15	10	6	4	25	15	10	6

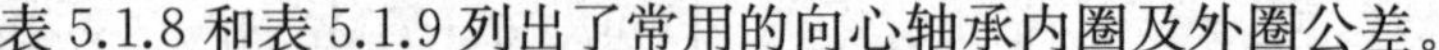

(2) 配合公差标注

在装配图上只标注配合尺寸和与轴承配合的轴颈或外壳孔的公差带代号，参见图 5.1.6(a)；在外壳孔和轴颈的零件图上，不仅要标注相应的配合尺寸与公差带代号或上、下偏差数值，还要标注形位公差及表面粗糙度等要求，参见图 5.1.6(b)。

表 5.1.8 和表 5.1.9 列出了常用的向心轴承内圈及外圈公差。

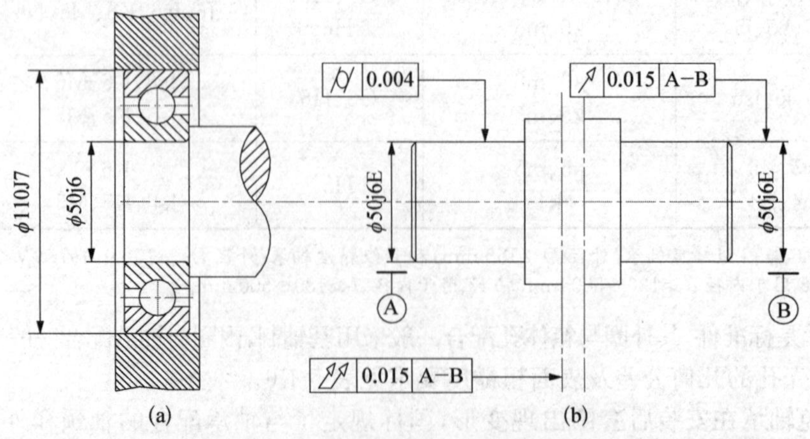

图 5.1.6　深沟球轴承径向跳动公差

表 5.1.8　向心轴承内圈公差(摘录)

(μm)

d (mm)	精度等级	Δd_{mp}		Δds①		Vd_p			Vd_{mp}	K_{ia}	S_d	S_{ia}②	ΔB_s			VB_s
						直径系列										
						7*、8、9	1、7	2、3、4					全部	正常	修正③	
		上差	下差	上差	下差	最　大			最大	最大	最大	最大	上差	下差		最大
>18～30	G	0	−10	—	—	13	10	8	8	13	—	—	0	−120	−250	20
	E	0	−8	—	—	10	8	6	6	8	—	—	0	−120	−250	20
	D	0	−6	—	—	6	5	5	3	4	8	8	0	−120	−250	5
	C	0	−5	0	−5	5	4	4	2.5	3	4	4	0	−120	−250	2.5
	B	0	−2.5	0	−2.5	2.5			1.5	2.5	1.5	2.5	0	−120	—	1.5
>30～50	G	0	−12	—	—				9	15	—	—	0	−120	−250	20
	E	0	−10	—	—				8	10	—	—	0	−120	−250	20
	D	0	−8	—	—				4	5	8	8	0	−120	−250	5
	C	0	−6	0	−6				3	4	4	4	0	−120	−250	3
	B	0	−2.5	0	−2.5				1.5	2.5	1.5	2.5	0	−120	—	1.5

注：① 仅适用于C、B级轴承直径系列1、7、2、3及4；
② 仅适用于向心球轴承；
③ 系指用于成对或成组安装时单个轴承的内圈宽带公差。
* 用于微型轴承的超特轻系列。

表 5.1.9 向心轴承外圈公差(摘录) (μm)

D (mm)	精度等级	ΔD_{mp}		ΔD_s ①		VD_p ②				VD_{mp} ②	K_{ea}	S_D	S_{ea}	ΔC_s		VC_s
						开放轴承			封闭③轴承							
						直径系列			1、7 2、3、4							
						7*、8、9	1、7	2、3、4								
		上差	下差	上差	下差	最大				最大	最大	最大	最大	上差	下差	最大
>50～80	G	0	−13	—	—	16	13	10	20	10	25	—	—	与同一轴承内圈的 ΔB_s 相同		与同一轴承内圈的 VB_s 相同
	E	0	−11	—	—	14	11	8	16	8	13	—	—			
	D	0	−9	—	—	9	7	7	—	5	8	8	10			6
	C	0	−7	0	−7	7	5	5	—	3.5	5	4	5			3
	B	0	−4	0	−4	4			—	2	4	1.5	4			1.5
>80～120	G	0	−15	—	—	19	19	11	26	11	35	—	—			与同一轴承内圈的 VB_s 相同
	E	0	−13	—	—	16	16	10	20	10	18	—	—			
	D	0	−10	—	—	10	8	8	—	5	10	9	11			8
	C	0	−8	0	−8	8	6	6	—	4	6	5	6			4
	B	0	−5	0	−5	5			—	2.5	5	2.5	5			2.5

注：① 仅适用于C、B级轴承直径系列1、7、2、3及4；
② 对G、E级轴承，用于内、外止动环安装前或拆卸后；
③ G级的7*、8、9、1及7直径系列、E级的7*、8及9直径系列以及D、C、B级各直径系列的封闭轴承，均未规定 V_D 值。
* 此表仅适用于向心球轴承。

滚动轴承和负荷大小一般根据径向负荷 P 和额定负荷 C 的比值分为轻负荷（$P \leqslant 0.07C$）、正常负荷（$0.07C < P \leqslant 0.15C$）和重负荷（$P > 0.15C$）。根据负荷类型及大小可按类比法进行配合的选择。表 5.1.10、表 5.1.11 列出了国家标准推荐的安装向心轴承和角接触轴承的轴和壳体孔的公差带以供参考。

表 5.1.10　安装向心轴承和角接触轴承的轴公差带

内圈工作条件			应用举例	向心球轴承和角接触轴承	圆柱滚子轴承和圆锥滚子轴承	调心滚子轴承	公差带
旋转状态	负荷类型	负　荷		轴承公称内径(mm)			
圆　柱　孔　轴　承							
内圈相对于负荷方向旋转或负荷方向摆动	循环负荷或摆动负荷	轻负荷	电器仪表、机床(主轴)、精密仪器、泵、通风机、传送带	≤18 >18～100 >100～200 —	≤40 >40～140 >140～200	— ≤40 >40～100 >100～200	h5 J6① K6① M6①
		正常负荷	一般通用机械、电动机、涡轮机、泵、内燃机变速箱、木工机械	≤18 >18～100 >100～140 >140～200 >200～280 — — —	— ≤40 >40～100 >100～140 >140～200 >200～400 — —	— ≤40 >40～65 >65～100 >100～140 >140～280 >280～500 >500	j5 k5② m5② m6 n6 p6 r6 r7
		重负荷	铁路车辆和电车轴箱、牵引电动机、机钢机、破碎机等重型机械	— — — —	>50～140 >140～200 >200 —	>50～100 >100～140 >140～200 >200	n6③ p6③ r6③ r7③
内圈相对于负荷方向静止	局部负荷	所有负荷：内圈必须在轴向容易移动	静止轴上的各种轮子		所有尺寸		g6①
		所有负荷：内圈不必要在轴向移动	张紧滑轮、绳索轮		所有尺寸		h6①
纯轴向负荷			所有应用场合		所有尺寸		j6 或 js6
圆锥孔轴承(带锥形套)							
所有负荷			火车和电车的轴箱	装在退卸套上的所有尺寸			h8 (IT5)④
			一般机械或传动轴	装在紧定套上的所有尺寸			h9 (IT5)⑤

注：① 凡对精度有较高要求的场合，应用 j5、k5…代替 j6、k6…等；
② 单列圆锥滚子轴承和单列角接触球轴承，因内部游隙的影响不很重要，可选用 k6 和 m6 代替 k5 和 m5；
③ 应选用径向游隙大于基本组的滚子轴承；
④ 凡有较高精度和转速要求的场合，应选用 h7；IT5 为轴颈形状公差；
⑤ 尺寸>500 mm，其形状公差为 IT7。

表 5.1.11　安装向心轴承和角接触轴承的壳体孔公差带

<table>
<tr><th colspan="5">外圈工作条件</th><th rowspan="2">应用情况</th><th rowspan="2">公差带</th></tr>
<tr><th>旋转状态</th><th>负荷类型</th><th>负　荷</th><th>轴向位移限度</th><th>其他情况</th></tr>
<tr><td rowspan="4">外圈相对于负荷方向静止</td><td rowspan="4">局部负荷</td><td rowspan="2">轻、正常和重负荷</td><td rowspan="2">轴向容易移动</td><td>轴处于高温场合</td><td>烘干筒、有调心滚子轴承的大电机</td><td>G7</td></tr>
<tr><td>剖分式壳体</td><td>一般机械、铁路车辆轴箱</td><td>H7*</td></tr>
<tr><td>轻和正常负荷</td><td rowspan="3">轴向能移动</td><td>整体式</td><td>磨床主轴用球轴承，小型电动机</td><td>J6、H6</td></tr>
<tr><td>冲击负荷</td><td rowspan="2">整体式或剖分式壳体</td><td>铁路车辆轴箱轴承</td><td rowspan="2">J7*</td></tr>
<tr><td rowspan="3">外圈相对于负荷方向摆动</td><td rowspan="3">摆动负荷</td><td>轻和正常负荷</td><td>电动机、泵、曲轴主轴承</td></tr>
<tr><td>正常和重负荷</td><td rowspan="5">轴向不能移动</td><td rowspan="4">整体式壳体</td><td>电动机、泵、曲轴主轴承</td><td>K7*</td></tr>
<tr><td>重冲击负荷</td><td>牵引电动机</td><td>M7*</td></tr>
<tr><td rowspan="3">外圈相对于负荷方向旋转</td><td rowspan="3">循环负荷</td><td>轻负荷</td><td>张紧滑轮</td><td>N7*</td></tr>
<tr><td>正常和重负荷</td><td>装用球轴承的轮毂</td><td rowspan="2">P7*</td></tr>
<tr><td>重冲击负荷</td><td>薄壁、整体式壳体</td><td>装用滚子轴承的轮毂</td></tr>
</table>

注：* 精度有较高要求的场合，应选用 IT6 代替 IT7，同时用整体式壳体；
　　* 对于轻合金壳体应选择比钢或铸铁较紧的配合。

例 5.1.1　某减速器的齿轮轴选用的轴承是 E 级 6008 的深沟向心球轴承，所承受的额定动负荷为 13 kN，径向负荷为 1.5 kN，确定该轴承与轴颈和壳体孔的配合。

解：(1) 按已知条件：$P=1.5$ kN，$C=13$ kN，其 $P/C=1.5/13=0.12$，属于正常负荷。

(2) 机械零件手册 6008 的几何尺寸是 $d\times D\times B=40\times 68\times 15$。

(3) 查表 5.1.3 和表 5.1.4 轴颈的公差带是 m5，外壳孔的公差带是 k7，考虑该轴旋转精度要求高其外壳孔可相应提高一个公差等级选定为 k6。

(4) 查表 5.1.6 轴颈的 $R_a\leqslant 0.63\ \mu$m，外壳孔的 $R_a\leqslant 1\ \mu$m，外壳孔肩端面的 $R_a\leqslant 1.25\ \mu$m。

(5) 参考表 5.1.1E 级便是 6 级。查表 5.1.7 轴颈的圆柱度为 2.5 μm，轴肩的端面圆跳动为 8 μm，外壳孔的圆柱度为 5 μm，孔肩的端面圆跳动为 15 μm。

五、总结与评价

滚动轴承是常用的一种轴承类型，主要是它的优点较多，使用方便。但是，它也有缺点，下面就滚动轴承的优缺点做个小结。

1. **滚动轴承的优点**

① 滚动轴承已实现标准化、系列化、通用化，适于大批量生产和供应，使用和维修十分方便。

② 滚动轴承内部间隙很小，各零件的加工精度较高，因此，运转精度较高。同时，可以通过预加负荷的方法使轴承的刚性增加。这对于精密机械是非常重要的。

③ 某些滚动轴承可同时承受径向负荷和轴向负荷。

④ 由于滚动轴承传动效率高，发热量少，因此，可以减少润滑油的消耗，润滑维护较为省事。

⑤ 滚动轴承的摩擦系数比滑动轴承小，传动效率高。

⑥ 滚动轴承用轴承钢制造，并经过热处理，因此，滚动轴承不仅具有较高的机械性能和较长的使用寿命，而且可以节省制造滑动轴承所用的价格较为昂贵的有色金属。

2. **滚动轴承的缺点**

① 滚动轴承振动和噪声较大，特别是在使用后期尤为显著，因此，对精密度要求很高、又不许有振动的场合，滚动轴承难以胜任，一般选用滑动轴承的效果更佳。

② 滚动轴承对金属屑等异物特别敏感，轴承内一旦进入异物，就会产生断续地较大振动和噪声，亦会引起早期损坏。此外，滚动轴承因金属夹杂质等也易发生早期损坏。即使不发生早期损坏，滚动轴承的寿命也有一定的限度。总之，滚动轴承的寿命较滑动轴承短些。

③ 滚动轴承承受负荷的能力比同样体积的滑动轴承小得多，因此，滚动轴承的径向尺寸大。所以，在承受大负荷的场合和要求径向尺寸小、结构要求紧凑的场合，多采用滑动轴承。

表 5.1.12　完成工作任务评价表

评价项目	评价内容	具体要求、指标	配分	评　分		
				自评	小组	教师
滚动轴承的精度	认识滚动轴承的组成	安装、调试、检测等操作正确	5 分			
	掌握滚动轴承的基本知识	精度，公差带的认知与测量	3 分			
	滚动轴承工作状态和负荷类型	影响公差带的温度，负荷大小的因素	4 分			
	内、外圈径向跳动	测量内外圈的圆跳动和径向跳动	4 分			
	滚动轴承与轴和壳体孔的配合	与壳体孔、外壳孔的配合	4 分			

续　表

评价项目	评价内容	具体要求、指标	配分	评分		
				自评	小组	教师
安全操作	安全使用仪表设备，能够正确采用安全措施保护自己，保证工作安全		10 分			
完成工作任务的表现	积极完成工作任务，认真学习相关知识，遵守安全操作规程和劳动纪律，有良好的职业道德和职业习惯		10 分			
你完成本次工作任务的体会：（学到了哪些知识、掌握了哪些技能，有哪些收获）			20 分			
小组同学对你在完成本次工作任务过程中，工作和学习方面的总体评价：			20 分			
老师对你在完成本次工作任务过程中，工作和学习方面的总体评价：			20 分			
成绩评定			合计得分			
备　注						

六、拓展与提高

选一个滚动轴承进行实际测量，判别其合格性。

习　题

1. 滚动轴承精度主要包含哪几方面的内容？
2. 滚动轴承的公差等级分为哪几级？大致应用在哪些场合？
3. 滚动轴承的公差带为什么要单向偏置在零线下侧？
4. 工作温度对轴承配合有何影响？
5. 用实例分析说明什么是局部负荷、循环负荷及摆动负荷？

任务二　滚动轴承的检测

一、任务目标

了解滚动轴承基本测量方法。

二、任务描述

用通用计量器具测量滚动轴承的几何尺寸。

三、任务实施流程

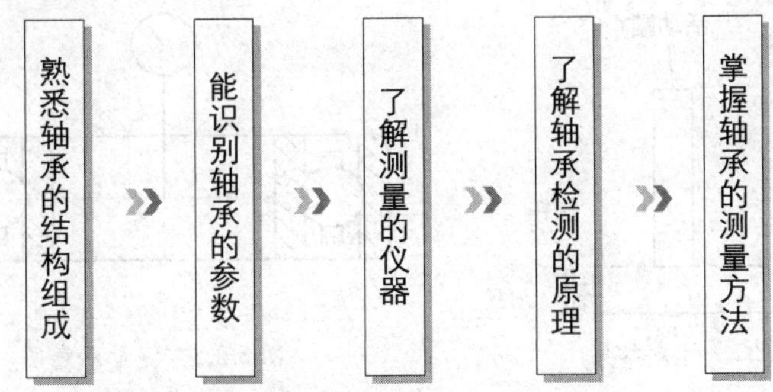

四、任务知识仓库及任务实施过程

通过对本情境的学习要求学生掌握滚动轴承种类以及分类方法，熟悉滚动轴承内、外圈的检测方法及检测所需工具设备。

1. 测量滚动轴承内圈内径

GB/T307 的这部分内容确立了滚动轴承尺寸和旋转精度的测量准则，旨在概述所使用的各种测量和检验原则的基本原理，以阐明符合于 GB/T4199－2003 和 GB/T6930－2002 中的定义。

本部分所规定的测量和检验方法不尽相同，解释也不唯一。鉴于还有其他适用的测量和检验方法，且随着技术的进步，会有更方便的方法出现。

(1) 测量设备

滚动轴承内圈各种尺寸和跳动的测量可在不同种类的测量设备上以不同的精度完成。轴承制造厂和用户常采用本部分所规定的原则，并且其精度通常均能满足实际需求。原则上测量总误差不应超过实际公差带的 10%。轴承制造厂经常采用专用测量设备来检测单个零件和组件，以提高测量速度和精度。

(2) 单一内径的测量

内尺寸的测量方法有很多种，下面介绍两种常用测量方法。

① 内径量表测量。用内径量表采用比较法测量单一内径。图 5.2.1 所示为具有平行端面的计量器具。先将按轴承内圈公称直径组合的量块放入平行端面内，调动旋钮移动活动端使两平行端面与代表公称内径的量块接触，然后取出量块。将内径量表测量端放入调整好的平行端面内，在水平和铅垂面内摆动找极小点调零(极值调整法)。

将调零过的内径量表测量端放入内圈如图 5.2.2 所示，在铅垂面内摆动找极小点进行读数，其读数值便是单一实际内径相对公称内径的偏差。

② 双钩法测量。如图 5.2.3 所示，将双钩测量端用极值法调整两测量端连线在标准环规直径线上，与环规接触，读取环规读数 a_1。将环规移开，放入被测轴承内圈如图 5.2.4 所示，用极值法调整量端连线在轴承内圈直径线上与内圈接触，读取内圈读数 a_2。

其单一实际内径：$d_s=d_0+A$。

式中：d_0——标准环规内径；

A——读数差：$A=a_2-a_1$。

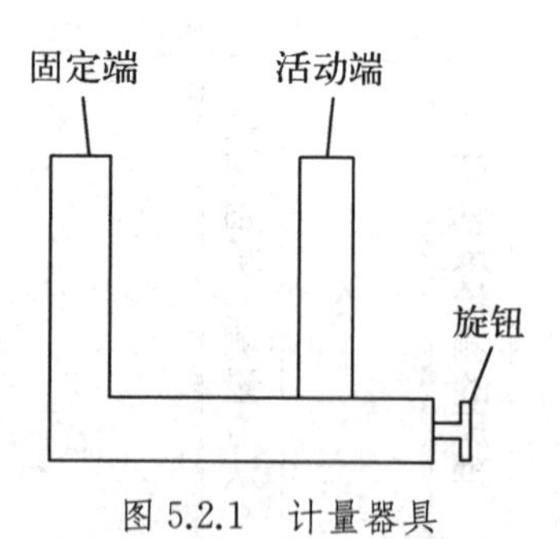

图 5.2.1 计量器具

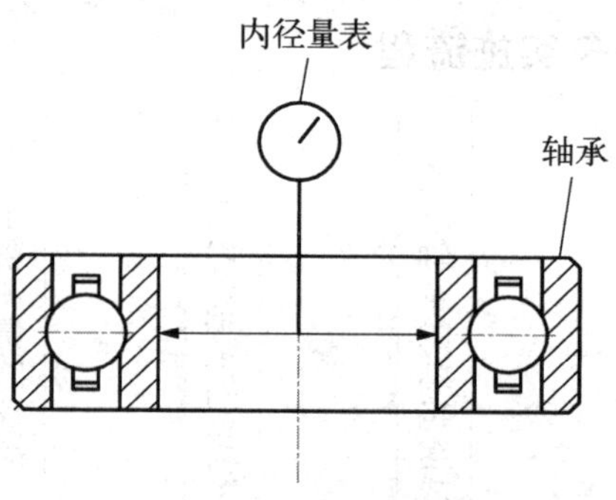

图 5.2.2 测量示意图

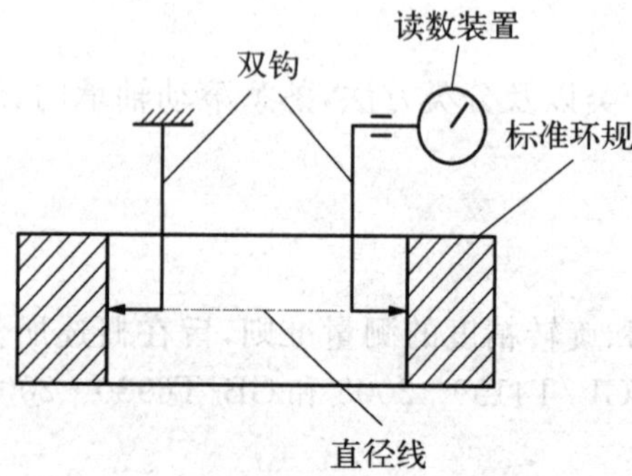

图 5.2.3 双钩法测量法示图 1

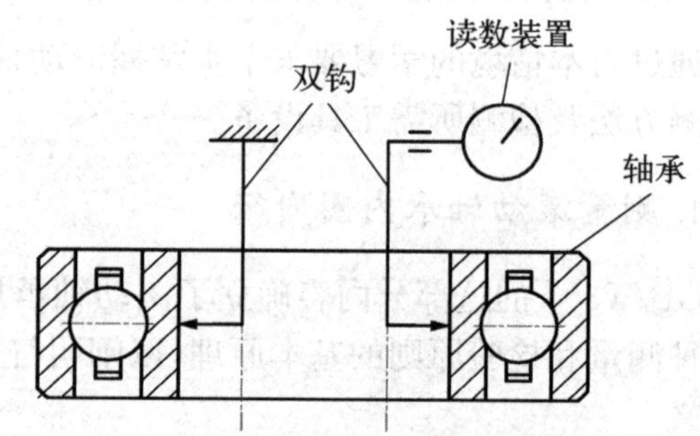

图 5.2.4 双钩法测量法示图 2

没有标准环规时，可采用平行端面计量器具与组合量块来实现标准尺寸 d_0。

2. 测量滚动轴承外圈外径

单一外径的测量其方法较多，下面介绍比较法的测量。

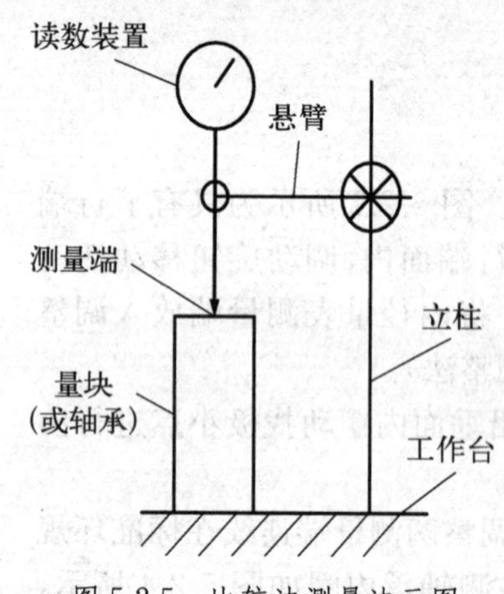

图 5.2.5 比较法测量法示图

比较法测量是在比较仪上进行。如图 5.2.5 所示，按被测轴承外圈外径标称值组合量块 i，将组合量块放入比较仪中进行读数 a_1。取出量块，仪器调整位不变，将被测轴承放入比较仪，按极值法在直径线上进行读数 a_2。被测单一外径相对其标称直径的偏差为：

$$\Delta D_s = a_2 - a_1$$

单一实际外径：$D_s = \Delta D_s + H$

式中：H——量块组合尺寸。

滚动轴承内圈内径和外圈外径的测量均在不同截面和不同方向上进行，对单一平面内测得 $d_{sp\max}$、$d_{sp\min}$ 和 $D_{sp\max}$、$D_{sp\min}$ 的值来求得 d_{mp}、Δ_{dmp}、V_{dsp}、V_{dmp}、D_{mp}、Δ_{Dmp}、V_{Dsp}、V_{Dmp} 对所有径向平面内测得 d_s、$d_{s\max}$、$d_{s\min}$ 和 D_s、$D_{s\max}$、$D_{s\min}$ 的值来求得 Δ_{ds}、Δ_{dm}、V_{ds}、Δ_{Ds}、Δ_{Dm}、V_{Ds}。

d_{mp}——单一平面平均内径；

Δ_{dmp}——单一平面平均内径偏差；

V_{dsp}——单一平面内径变动量；

V_{dmp}——平均内径变动量。

以下可根据 d_s、d_{smax} 和 d_{smin} 的测值求得：

d_m——平均内径；

Δ_{dm}——平均内径偏差；

Δ_{ds}——单一内径偏差；

V_{ds}——内径变动量；

D_{mp}——单一平面平均外径；

Δ_{Dmp}——单一平面平均外径偏差；

V_{Dsp}——单一平面外径变动量；

V_{Dmp}——平均外径变动量。

以下可根据 D_s、D_{smax} 和 D_{smin} 的测值求得：

D_m——平均外径；

Δ_{Dm}——平均外径偏差；

Δ_{Ds}——单一外径偏差；

V_{Ds}——外径变动量。

例 5.2.1　对一个 C 级 6010 中系列的向心轴承进行内圈检测，采用双钩法在两个径向平面内多个方向上测得数据如下：

第Ⅰ平面内：测得数据最大值为 $d_{smax\,\mathrm{I}}=49.999$ mm；

测得数据最小值为 $d_{smin\,\mathrm{I}}=49.997$ mm。

第Ⅱ平面内：测得数据最大值为 $d_{smax\,\mathrm{II}}=50.000$ mm；

测得数据最小值为 $d_{smin\,\mathrm{II}}=49.994$ mm。

判别该被测轴承的合格性。

解：合格性判别：

(1) 查表(机械零件手册)6010 的几何尺寸是：$d\times D\times B=50\times 80\times 16$。

(2) 查表 5.1.8：$d_{max}=50$ mm，$d_{min}=50-0.006=49.994$ mm；

$d_{mpmax}=50$ mm，$d_{mpmin}=50-0.006=49.994$ mm；

$V_{dp}=0.005$ mm，$V_{dmp}=0.003$ mm。

(3) 计算：$d_{mp\,\mathrm{I}}=(49.999+49.997)/2=49.998$ mm；

$d_{mp\,\mathrm{II}}=(50.000+49.994)/2=49.997$ mm；

$V_{dp\,\mathrm{I}}=49.999-49.997=0.002$ mm；

$V_{dp\,\mathrm{II}}=50.000-49.994=0.006$ mm；

$V_{dmp}=d_{mp\,\mathrm{I}}-d_{mp\,\mathrm{II}}=49.998-49.997=0.001$ mm。

(4) 判断合格性：

由于 $V_{dp\,\mathrm{II}}=0.006$ mm，而 V_{dp} 的允许值是 0.005 mm，因此该轴承的内径尺寸不合格。

五、总结与评价

内圈与轴颈的配合采用基孔制，轴承内圈通常与轴一起旋转。为防止内圈和轴颈的配合相对滑动而产生磨损，影响轴承的工作性能，要求配合面间具有一定的过盈量，但过盈量不能太大。因此国标 GB/T307.1－2005 规定：内圈基准孔公差带位于以公称内径 d 为零线的下方，即上偏差为零，下偏差为负值。

表 5.2.1　完成工作任务评价表

评价项目	评价内容	具体要求、指标	配分	评分		
				自评	小组	教师
滚动轴承内、外圈测量	内圈内径的概念	内圈的公差、尺寸测量	5 分			
	测量内圈方法的判别	知道单一内径测量方法选用	3 分			
	测量过程	仪器操作正确，测量步骤操作正确，读数正确，小组分工明确，团结互助，配合良好	4 分			
	误差分析	几何误差的评定方法合理	4 分			
	分析内圈内径公差的评定	内圈内径的评定方法判定正确	4 分			
安全操作	安全使用仪表设备，正确使用内径千分尺，能够正确采用安全措施保护自己，保证工作安全		10 分			
完成工作任务的表现	积极完成工作任务，认真学习相关知识，遵守安全操作规程和劳动纪律，有良好的职业道德和职业习惯		10 分			
你完成本次工作任务的体会：（学到了哪些知识、掌握了哪些技能，有哪些收获）			20 分			
小组同学对你在完成本次工作任务过程中，工作和学习方面的总体评价：			20 分			
老师对你在完成本次工作任务过程中，工作和学习方面的总体评价：			20 分			
成绩评定			合计得分			
备　注						

六、拓展与提高

选一个滚动轴承进行实际测量，判别其合格性。

习　题

1. 滚动轴承内外径公差带有何特点？
2. 滚动轴承内圈内径的配合选择要考虑哪些主要因素？

3. G209 滚动轴承，内径为 45 mm，外径为 85 mm，额定载荷为 18 200 N，应用于闭式传动的减速器中。其工作情况为：轴上承受一个 2 000 N 的固定径向载荷，工作转速为 980 r/min，而轴承座固定。试确定轴承内圈与轴颈的配合。

4. 滚动轴承外圈外径的配合选择要考虑哪些主要因素？

学习情景六

角度与锥度精度及检测

情境导入

圆锥在机械制造业中应用广泛。圆锥配合具有同轴度高、间隙和过盈可方便地调整，密封性好，能以较小的过盈量传递较大的转矩等优点。具有过盈的圆锥利用其摩擦力自锁来传递扭矩，对中性好又易于装卸。圆锥各参数公差已标准化，为保证圆锥产品的互换性，应严格遵守标准化生产。

情境目标

知识目标

1. 了解圆锥的主要几何参数、圆锥配合的特点、形成方法和基本要求；
2. 掌握圆锥公差项目和给定方法；
3. 初步掌握圆锥公差的选用和标注；
4. 了解圆锥的主要检测方法。

技能目标

1. 掌握圆锥结合的特点及锥度与锥角、圆锥公差中的术语定义；
2. 掌握角度与锥度测量的器具与测量方法。

任务一　圆锥公差

一、任务目标

1. 了解角度与锥角公差的特点；
2. 熟悉角度与锥角术语及定义；
3. 掌握角度公差的项目及符号；

4. 掌握角度公差的图样表示方法；

5. 掌握角度公差带的特点和功能并能正确选择及标注。

二、任务描述

在本任务中建立角度、锥度的基本概念，介绍锥角、锥度和圆锥直径之间的关系，给出国标规定的一般用途和特殊用途的圆锥锥度与锥角系列，讲述圆锥公差及标注。

三、任务实施流程

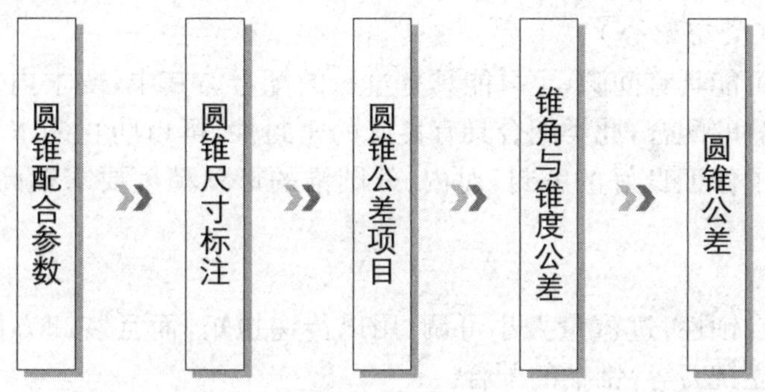

四、任务知识仓库及任务实施过程

1. 圆锥配合的特点

圆锥配合在机械产品中应用较广，与圆柱配合相比较，圆锥配合具有如下特点。

(1) 对中性好

圆柱间隙配合中，孔和轴的轴线不重合，如图 6.1.1(a)所示，而圆锥配合中，内、外圆锥在轴向力的作用下能自动对中，如图 6.1.1(b)所示。

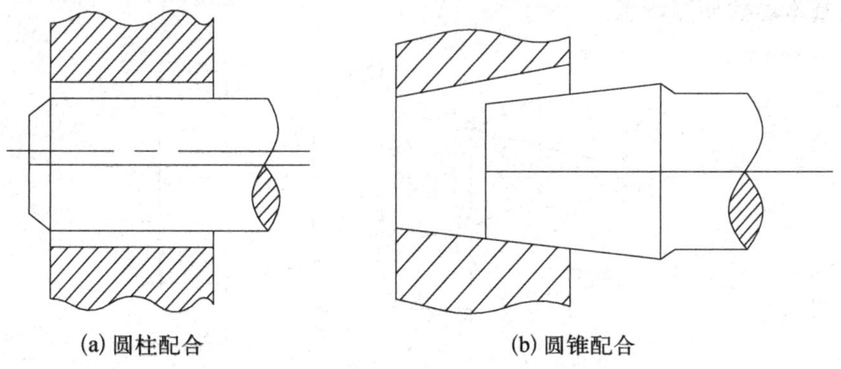

图 6.1.1　圆柱配合与圆锥配合的比较

(2) 配合间隙或过盈可以调整

圆柱配合中，间隙或过盈的大小不能调整，而在圆锥配合中，间隙或过盈的大小可以通过内、外圆锥的轴向相对移动来调整，且装拆方便。

(3) 密封性好

内、外圆锥的表面经过配对研磨后，配合起来具有良好的密封性。

圆锥配合虽然有以上优点，但与圆柱配合相比，它结构比较复杂，影响互换性参数比较多，加工和检测也比较困难，故其应用不如圆柱配合广泛。

2. 圆锥配合的种类

圆锥配合可分为三类：间隙配合、紧密配合和过盈配合。

（1）间隙配合

间隙配合具有间隙，间隙大小可以调整，零件易拆开，相互配合的内、外圆锥能相对运动。例如机床顶尖、车床主轴的圆锥轴颈与滑动轴承配合等。

（2）过渡配合（紧密配合）

过渡配合是指可能具有间隙，也可能具有过盈的配合。其中，要求内、外圆锥紧密接触，间隙为零或稍有过盈的配合，此类配合具有良好的密封性，可以防止漏水和漏气。它用于对中定心或密封。为了保证良好的密封，对内、外圆锥的形状精度要求很高，通常将它们配对研磨。

（3）过盈配合

过盈配合具有自锁性，过盈量大小可调，用以传递扭矩，而且装卸方便。例如机床主轴锥孔与刀具（钻头、立铣刀等）锥柄的配合。

圆锥结合具有圆柱结合不能代替的特点，使得它在机械结构中得到广泛应用。因此圆锥结合结构的标准化，是提高产品质量，保证零件的互换性所不可缺少的环节。我国制定有GB/T157－2001《产品几何量技术规范—锥度与锥角系列》、GB/T11334－2005《产品几何量技术规范—圆锥公差》、GB/T12360－2005《产品几何量技术规范—圆锥配合》等一系列国家标准。圆锥公差的选取均应按国标进行。

3. 圆锥体配合的参数

（1）圆锥的基本参数

圆锥的基本参数如图所示。

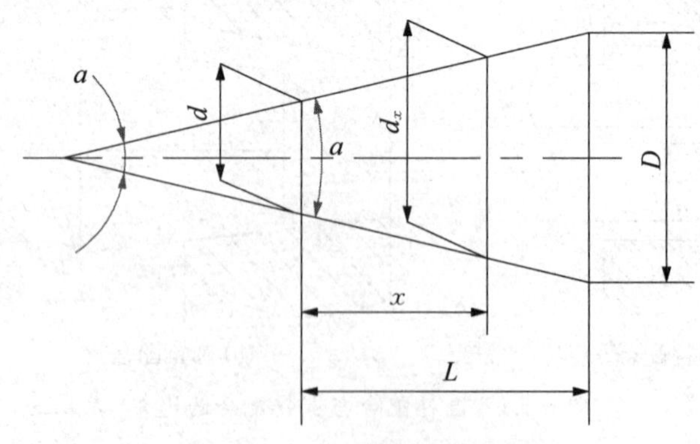

图 6.1.2　圆锥的基本参数

1）圆锥角

圆锥角是指在通过圆锥轴线的截面内，两条素线之间的夹角，用 α 表示。

2）圆锥素线角

圆锥素线角是指圆锥素线与其轴线的夹角，它等于圆锥角的一半，即 $\alpha/2$。

3）圆锥直径

圆锥直径是指与圆锥轴线垂直的截面内的直径。圆锥直径有内、外圆锥的最大直径 D_i、D_e，内、外圆锥的最小直径 d_i、d_e，任意给定截面圆锥直径 d_x（距端面有一定距离）。设计时，一般选用内圆锥最大直径 D_i或外圆锥最小直径 d_e作为基本直径。

4）圆锥长度

圆锥长度是指圆锥最大直径与最小直径所在截面之间的轴向距离。内、外圆锥的长度分别用 L_i、L_e表示。

5）锥度

锥度是指圆锥的最大直径与最小直径之差对圆锥长度之比，用 C 表示，锥度常用比例或分数表示，如 $C=1:20$ 或 $C=1/20$ 等，即 $C=(D-d)/L=2\tan(\alpha/2)$。

（2）圆锥配合的基本参数

圆锥配合的基本参数如图 6.1.3 所示。

1）圆锥配合长度

圆锥配合长度是指内、外圆锥配合面间的轴向距离 H。

2）基面距

基面距是指相互结合的内、外圆锥基面间的距离，用 a 表示。基面距用来确定内、外圆锥的轴向相对位置。基面距的位置取决于所指定的基本直径。若以内锥最大直径 D_i为基本直径，则基面距在大端图(a)所示；若以外圆锥最小直径 d_e为基本直径，则基面距在小端图(b)所示。

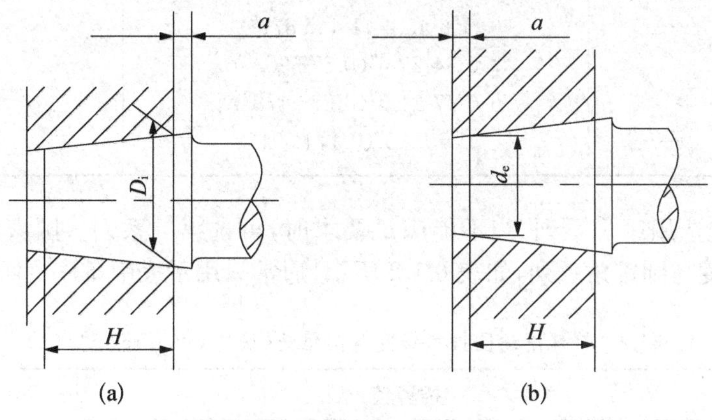

图 6.1.3　圆锥配合的基本参数

（3）锥度与锥角系列

为了减少加工圆锥工件所用的专用刀具、量具种类和规格，满足生产需要，国家标准 GB/157－2001 规定了一般用途圆锥的锥度与圆锥角系列，如表 6.1.1 所示。

表 6.1.1　一般用途圆锥的锥度与圆锥角(摘自 GB/T157－2001)

系列 1	系列 2	圆锥角 α	锥　度
基本值		推算值	
120°	—	—	1∶0.288 675
90°	—	—	1∶0.500 000

续　表

系列 1	系列 2	圆锥角 α	锥　度
基本值		推算值	
—	75°	—	1∶0.651 613
60°	—	—	1∶0.866 025
45°	—	—	1∶1.207 107
30°	—	—	1∶1.866 025
1∶3	—	18°55′28.7″(18.924 644°)	—
—	1∶4	14°15′0.1″(15.256 033°)	—
1∶5	—	11°25′16.3″(11.421 186°)	—
—	1∶6	9°31′38.2″(9.527 283°)	—
—	1∶7	8°10′16.4″(8.171 234°)	—
—	1∶8	7°9′9.6″(7.152 669°)	—
1∶10	—	5°43′29.3″(5.724 810°)	—
—	1∶12	4°46′18.8″(4.771 888°)	—
—	1∶15	3°49′5.9″(3.818 305°)	—
1∶20	—	2°51′51.1″(2.861 192°)	—
1∶30	—	1°54′34.9″(1.909 682°)	—
—	1∶40	1°25′56.8″(1.432 22°)	—
1∶50	—	1°8′45.2″(1.445 877°)	—
1∶100	—	0°34′22.6″(0.572 953°)	—
1∶200	—	0°17′11.3″(0.286 478°)	—
1∶500	—	0°6′52.5″(0.114 591°)	—

选用时，优先选用第一系列，当不能满足要求时，可选第二系列。国家标准还规定了特殊用途圆锥的锥度与圆锥角系列，如表 6.1.2 所示，通常只用于表中备注栏所指的范围。

表 6.1.2　特殊用途圆锥的锥度与圆锥角(摘自 GB/T157－2001)

基本值	推算值		备　注
	圆锥角 α	锥度 C	
18°30′	—	1∶3.070 115	纺织工业
11°54′	—	1∶4.797 451	纺织工业
8°40′	—	1∶6.598 442	纺织工业
7°40′	—	1∶7.462 208	纺织工业
7∶24	16°35′39.4″(16.594 290°)	1∶3.428 571	机床主轴，工具配合
1∶9	6°31′34.8″(6.359 660°)	—	电池接头
1∶16.666	3°26′13.2″(3.436 716°)	—	医疗设备
1∶13.262	4°40′41.6″(4.669 884°)	—	贾各锥度 NO.2
1∶12.972	4°24′58.1″(4.414 746°)	—	NO.1
1∶15.748	3°38′13.4″(3.673 060°)	—	NO.33

续　表

基本值	推算值		备　注
	圆锥角 α	锥度 C	
1 : 18.779	3°3′1.0″(3.050 200°)	—	NO.3
1 : 79.264	2°58′24.8″(2.973 556°)	—	NO.6
1 : 20.288	2°49′24.7″(2.823 537°)	—	NO.0
1 : 19.002	3°0′52.4″(3.014 543°)	—	莫氏锥度 NO.5
1 : 19.180	2°59′11.7″(2.986 582°)	—	NO.6
1 : 19.212	2°58′53.8″(2.981 618°)	—	NO.0
1 : 19.254	2°58′30.6″(2.975 179°)	—	NO.4
1 : 19.922	2°52′31.5″(2.875 406°)	—	NO.3
1 : 20.020	2°51′41.0″(2.861 377°)	—	NO.2
1 : 20.047	2°51′26.7″(2.857 417°)	—	NO.1

4. 圆锥尺寸的标注

(1) 公称圆锥

圆锥是由圆锥表面与一定尺寸所限定的几何体，而公称圆锥则是指由设计给定的理想形状圆锥。公称圆锥规定用两种形式确定。

① 用一个公称圆锥直径（以给出最大圆锥直径 D、最小圆锥直径 d、给定截面圆锥直径 d_x三者中的任何一个）、公称圆锥长度 L、公称圆锥角 α（或公称圆锥 C）确定。

② 用两个公称圆锥直径和一个公称圆锥长度确定。

(2) 圆锥尺寸在图上的标注

① 标注圆锥公称直径（只用一端，一般选用为大端）、公称圆锥角与公称圆锥长度，如图 6.1.4 所示。标注的圆锥角 α 与圆锥公称直径 D 可以加长方框（如 30° 与 D ），分别表示理论正确角度与理论正确直径。

② 标注公称直径（只注一端，一般选用为大端）、公称锥度与公称圆锥长度，如图 6.1.5 所示。图中“—▷—”表明大、小端方向。

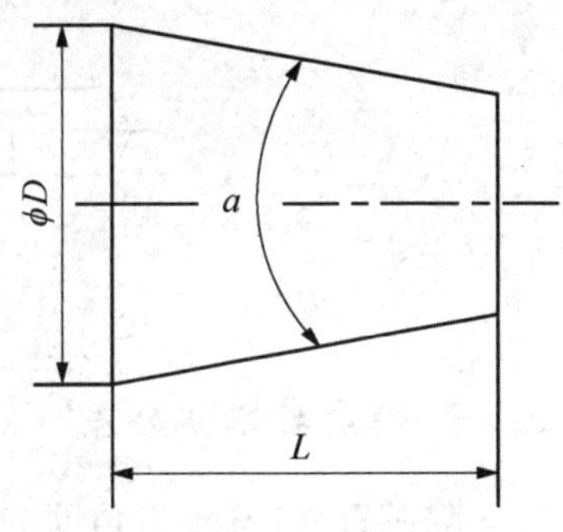

图 6.1.4　圆锥尺寸标注形式之一

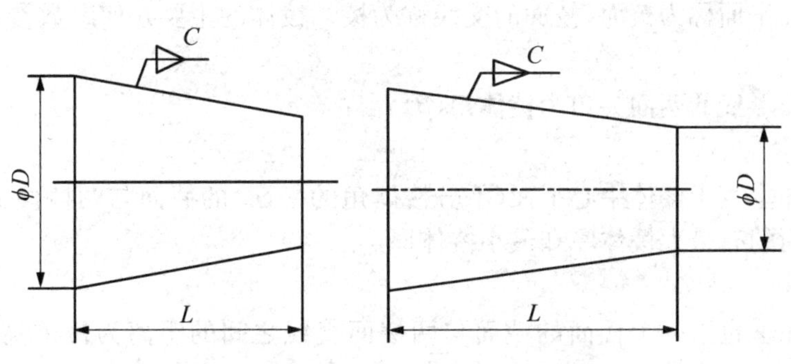

图 6.1.5　圆锥尺寸标注形式之二

同理，标注的锥度与圆锥公称直径，也可以加长方框，此时表示的为理论正确锥度与理论正确直径。锥度的值可用百分数表示，如 20%，即 1/5＝1∶5。

③ 标注给定截面公称圆锥直径 d_x、公称锥度 C 与轴向位置给定截面公称圆锥长度 L_x，如图 6.1.6 所示。

轴向位置给定截面公称圆锥长度与给定截面圆锥直径可加长方框分别表示理论正确长度与理论正确直径。

④ 标注两端公称圆锥直径 D、d 与公称圆锥长度 L，如图 6.1.7 所示。

一般考虑检测方便，生产中常采用的是前三种尺寸标注型式。

⑤ 对生产中常用的特殊用途的锥度（如工具与机床常用的莫氏锥度），可以不按以上形式标注，而按图 6.1.8 所示的形式。

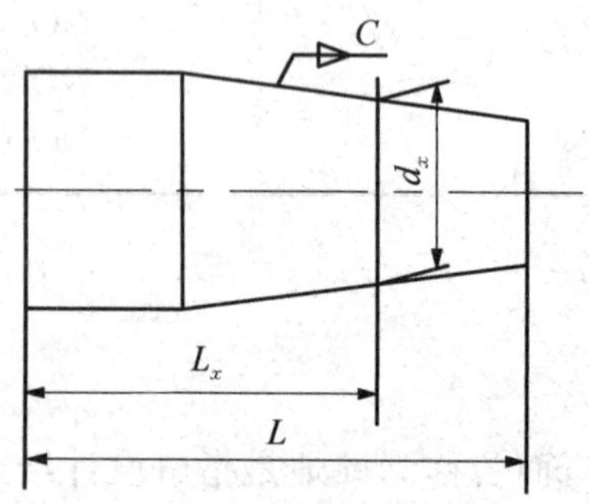

图 6.1.6　圆锥尺寸标注形式之三

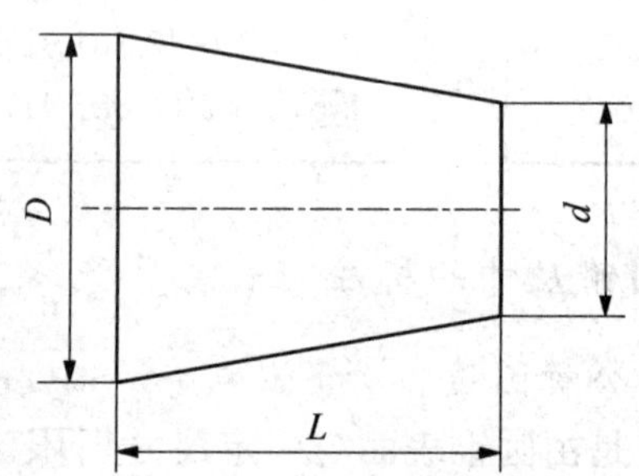

图 6.1.7　圆锥尺寸标注形式之四

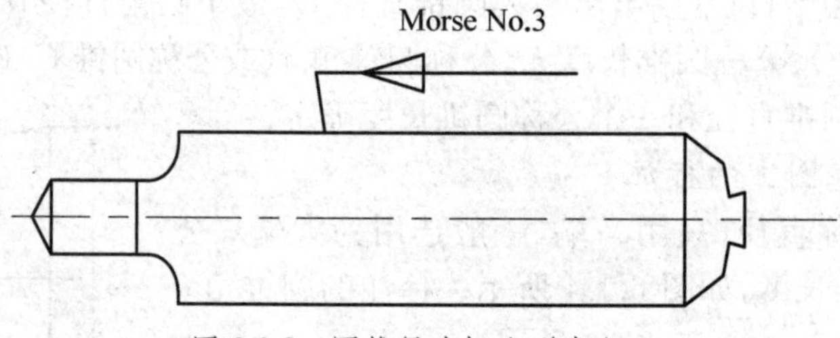

图 6.1.8　圆锥尺寸标注形式之五

5. 锥角与锥体公差

除圆锥外，其他带角度的几何体可统称为棱体。棱体是指由两个相交平面与一定尺寸所限定的几何体。具有较小角度的棱体可称为楔；具有较大角度的棱体可称为 V 形体、榫或燕尾槽。相交的平面称为棱面，棱面的交线称为棱。棱体的主要几何参数参看图 6.1.9。

（1）棱体角

两相交棱面形成的两面夹角为棱体角（β）。

（2）棱体厚

平行于棱并垂直于棱体中心平面（平分棱体角的平面）的截面与两棱面交线之间的距离为棱体厚。常用的有最大棱体厚和最小棱体厚。

（3）棱体高

平行于棱并垂直于一个棱面的截面与两棱面交线之间的距离为棱体高，常用的有最大棱体高 H 和最小棱体高 h。

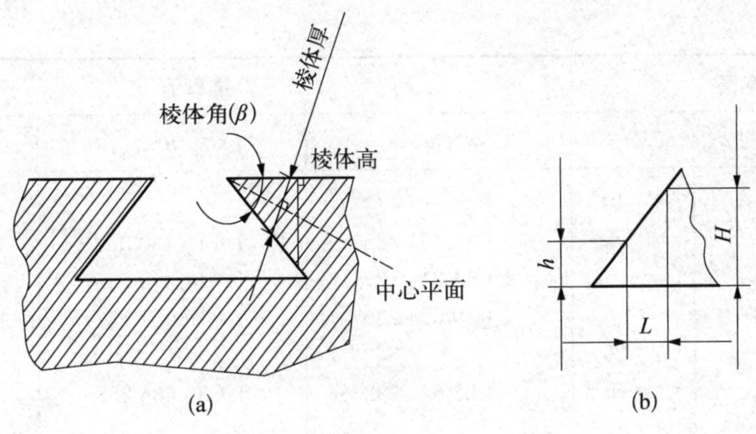

图 6.1.9　棱体的主要几何参数

（4）斜度

两棱体高之差与两棱体高所在垂直棱面的间距(L)之比为斜度(s)，即 $s=(H-h)/L$，如图 6.1.9(b)所示。

（5）比率

棱体厚之差与平行于棱并垂直于棱体中心平面的两个截面之间的距离之比为比率(C_p)。

（6）棱体的角度与斜度系列

GB/T4096－2001《产品几何量技术规范(GPS)棱体的角度与斜度系列》中规定了 25 种一般用途的棱体角度、斜度(见表 6.1.3)和 4 种特殊的棱体角度与比率(见表 6.1.4)。一般用途的棱体角度与斜度，优先选用第一系列，当不能满足需要时，选用第二系列。特殊用途棱体的棱体角与斜度，通常只适用于表中用途栏所指的适用范围。GB/T11334－2005 中规定的圆锥角的公差数值同样适用于棱体角，此时以角度短边长度作为基本圆锥长度。

表 6.1.3　一般用途棱体的角度与斜度(摘自 GB/T4096－2001)

基本值			推算值		
系列 1	**系列 2**	***S***	***Cp***	***S***	***β***
120°	—	—	1∶0.288 675	—	—
90°	—	—	1∶0.500 000	—	—
—	75°	—	1∶0.651 613	1∶0.267 949	—
60°	—	—	1∶0.866 025	1∶0.577 350	—
45°	—	—	1∶1.207 107	1∶1.000 000	—
—	40°	—	1∶1.373 739	1∶1.191 754	—
30°	—	—	1∶1.866 025	1∶1.732 051	—
20°	—	—	1∶2.835 641	1∶2.747 477	
15°	—	—	1∶3.797 877	1∶3.732 051	—
—	10°	—	1∶5.715 026	1∶5.671 282	—
—	8°	—	1∶7.150 333	1∶7.117 370	—
—	7°	—	1∶8.174 928	1∶8.144 346	—
—	6°	—	1∶9.540 568	1∶9.514 364	—

续 表

基本值			推算值		
系列 1	系列 2	*S*	*Cp*	*S*	*β*
—	—	1∶10	—	—	5°42′38″
5°	—	—	1∶11.451 883	1∶11.430 052	—
—	4°	—	1∶14.318 127	1∶14.300 666	—
—	3°	—	1∶19.094 230	1∶19.081 137	—
—	—	1∶20	—	—	2°51′44.7″
—	2°	—	1∶28.644 982	1∶28.636 253	—
—	—	1∶50	—	—	1°8′44.7″
—	1°	—	1∶57.294 327	1∶57.289 962	—
—	—	1∶100	—	—	0°34′25.5″
—	0°30′	—	1∶114.590 832	1∶114.588 650	—
—	—	1∶200	—	—	0°17′11.3″
—	—	1∶500	—	—	0°6′52.5″

表 6.1.4 特殊用途棱体的棱体角与比率(摘自 GB/T4096－2001)

基本值	推算值	用 途
棱体角 *β*	比率 *Cp*	
108°	1∶0.363 271 3	V 形体
72°	1∶0.688 191 0	V 形体
55°	1∶0.960 491 1	导轨
50°	1∶1.072 253 5	榫

GB/T1804－2000 对金属切削加工的圆锥角和棱体角,包括在图样上注出的角度和通常不需要标注的角度(如 90°等)规定了未注公差角度的极限偏差(见表 6.1.5)。该极限偏差应为一般工艺方法可以保证达到的精度。应用中可根据不同产品的需要,从校准中所规定的三个未注公差角度的公差等级中选取合适的等级。

表 6.1.5 未注公差角度的极限偏差(摘自 GB/T1801－2000)

公差等级	长度/mm				
	≤10	>10～50	>50～120	>120～400	>400
M(中等级)	±1°	±30′	±20′	±10′	±5′
C(粗糙级)	±1°30′	±1°	±30′	±15′	±10′
V(最粗级)	±3°	±2°	±1°	±30′	±20′

注:对角度,指短边长度;对圆锥角,指圆锥素线长度。

未注公差角度的公差等级在图样或技术文件上用标准号和公差等级表示,例如选用中等级时,则表示为 GB/T1804－M。

6. **圆锥公差**

(1) **圆锥直径公差 T_D(含给定截面圆锥直径公差 T_{DS})的选取**

① 圆锥直径公差 T_D(以大端最大圆锥直径为公称尺寸)与给定截面圆锥直径公差 T_{DS}(以给定截面圆锥直径 d_x 为公称尺寸)可按光滑圆柱体 GB/T1800.1－2009 规定的标准公差选取。其公差带如图 6.1.10 所示。

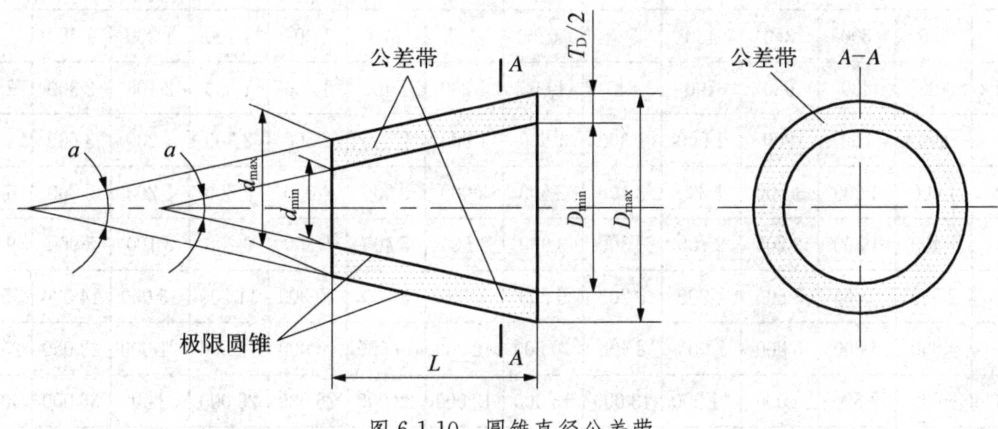

图 6.1.10　圆锥直径公差带

② T_D所能限制的最大圆锥角误差。当按包容法给定圆锥公差时，圆锥直径公差 T_D所能限制的最大圆锥角误差 $\Delta\alpha_{max}$见表 6.1.6(当圆锥长度 $L=100$ mm 时)。

③ 按包容法标注的推荐符号。在圆锥直径的极限偏差后标注Ⓔ符号，如 $\phi 80_{0}^{+0.039}$ Ⓔ。

表 6.1.6　圆锥直径公差 T_D所能控制的最大圆锥角误差 $\Delta\alpha_{max}$(摘自 GB/T11334－2005)

圆锥直径公差等级	圆锥直径/mm												
	≤3	>3~6	>6~10	>10~18	>18~30	>30~50	>50~80	>80~120	>120~180	>180~250	>250~315	>315~400	>400~500
	$\Delta\alpha_{max}$/μrad												
IT01	3	4	4	5	6	6	8	10	12	20	25	30	40
IT0	5	6	6	8	10	10	12	15	20	30	40	50	60
IT1	8	10	10	12	15	15	20	25	35	45	60	70	80
IT2	12	15	15	20	25	25	30	40	50	70	80	90	100
IT3	20	25	25	30	40	40	50	60	80	100	120	130	150
IT4	30	40	40	50	60	70	80	100	120	140	160	180	200
IT5	40	50	60	80	90	110	130	150	180	200	230	250	270
IT6	60	80	90	110	130	160	190	220	250	290	320	360	400
IT7	100	120	150	180	210	250	300	350	400	460	520	570	630

续　表

圆锥直径公差等级	圆锥直径/mm												
	≤3	>3~6	>6~10	>10~18	>18~30	>30~50	>50~80	>80~120	>120~180	>180~250	>250~315	>315~400	>400~500
	$\Delta\alpha_{max}$/μrad												
IT8	140	180	220	270	330	390	460	540	630	720	810	890	970
IT9	250	300	360	430	520	620	740	870	1 000	1 150	1 300	1 400	1 550
IT10	400	480	580	700	840	1 000	1 200	1 400	1 600	1 850	2 100	2 300	2 500
IT11	600	750	900	1 000	1 300	1 600	1 900	2 200	2 500	2 900	3 200	3 600	4 000
IT12	1 000	1 200	1 500	1 800	2 100	2 500	3 000	3 500	4 000	4 600	5 200	5 700	6 300
IT13	1 400	1 800	2 200	2 700	3 300	3 900	4 600	5 400	6 300	7 200	8 100	8 900	9 700
IT14	2 500	3 000	3 600	4 300	5 200	6 200	7 400	8 700	10 000	11 500	13 000	14 000	15 500
IT15	4 000	4 800	5 800	7 000	8 400	10 000	12 000	14 000	16 000	18 500	21 000	23 000	25 000
IT16	6 000	7 500	9 000	11 000	13 000	16 000	19 000	22 000	25 000	29 000	32 000	36 000	40 000
IT17	10 000	12 000	15 000	18 000	21 000	25 000	30 000	35 000	40 000	46 000	52 000	57 000	63 000
IT18	14 000	18 000	22 000	27 000	33 000	39 000	46 000	54 000	63 000	72 000	81 000	89 000	97 000

注：① 圆锥长度不等于 100 mm 时，需将表中的数值乘以 100/L，L 的单位为 mm。

② 1 微弧度(μard)等于半径为 1 米弧长为 1 微米时所产生的角度，即 5 μard≈1″，300 μard≈1′。

(2) 圆锥角公差 AT 的选取

1) 分级

圆锥角公差等级分 12 级，分别以 $AT1$、$AT2$…$AT12$ 表示。$AT1$ 级精度最高，$AT12$ 级精度最低。

$AT1$～$AT6$ 用于角度量块、高精度的角度量规及角度样板。

$AT7$～$AT8$ 用于工具锥体、锥销、传递大扭矩的摩擦锥体。

$AT9$～$AT10$ 用于中等精度的圆锥零件。

$AT11$～$AT12$ 用于低精度圆锥零件。

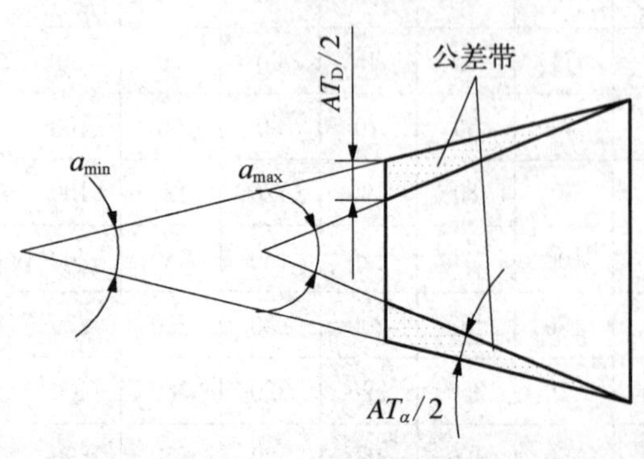

图 6.1.11　圆锥角公差带

2) 表示形式

圆锥角公差可用两种形式表示：一种是角度值 AT_α，另一种是线性值 AT_D。

两者的关系为 $AT_D = AT_\alpha \times L \times 10^{-3}$。

式中：AT_D——圆锥角公差值(μm)；

AT_α——圆锥角公差角度值(μrad)；

L——圆锥长度(mm)。

不同公差等级的 AT_D 与 AT_α 见表 6.1.7 圆锥角公差数值。其公差带如图 6.1.11 所示。

表 6.1.7　圆锥角公差数值(摘自 GB/T11334－2005)

公称圆锥长度 L/mm	圆锥角公差等级								
	*AT*1			*AT*2			*AT*3		
	AT_α		AT_D	AT_α		AT_D	AT_α		AT_D
	/μrad	(′)	/μm	/μrad	(′)	/μm	/μrad	(′)	/μm
自 6～10	50	10	＞0.3～0.5	80	16	＞0.5～0.8	125	26	＞0.8～1.3
＞10～16	40	8	＞0.4～0.6	63	13	＞0.6～1.0	100	21	＞1.0～1.6
＞16～25	31.5	6	＞0.5～0.8	50	10	＞0.8～1.3	80	16	＞1.3～2.0
＞25～40	25	5	＞0.6～1.0	40	8	＞1.0～1.6	63	13	＞1.6～2.5
＞40～63	20	4	＞0.8～1.3	31.5	6	＞1.3～2.0	50	10	＞2.0～4.2
＞63～100	16	3	＞1.0～1.6	25	5	＞1.6～2.5	40	8	＞2.5～4.0
＞100～160	12.5	2.5	＞1.3～2.0	20	4	＞2.0～4.2	31.5	6	＞4.2～5.0
＞160～250	10	2	＞1.6～2.5	16	3	＞2.5～4.0	25	5	＞4.0～6.3
＞250～400	8	1.5	＞2.0～4.2	12.5	2.5	＞4.2～5.0	20	4	＞5.0～8.0
＞400～630	6.3	1	＞2.5～4.0	10	2	＞4.0～6.3	16	3	＞6.3～10.0

公称圆锥长度 L/mm	圆锥角公差等级								
	*AT*4			*AT*5			*AT*6		
	AT_α		AT_D	AT_α		AT_D	AT_α		AT_D
	/μrad	(″)	/μm	/μrad	(′)(″)	/μm	/μrad	(′)(″)	/μm
自 6～10	200	41	＞1.3～2.0	315	1′05″	＞2.0～4.2	500	1′43″	＞4.2～5.0
＞10～16	160	33	＞1.6～2.5	250	52″	＞2.5～4.0	400	1′22″	＞4.0～6.3
＞16～25	125	26	＞2.0～4.2	200	41″	＞4.2～5.0	315	1′05″	＞5.0～8.0
＞25～40	100	21	＞2.5～4.0	160	33″	＞4.0～6.3	250	52″	＞6.3～10.0
＞40～63	80	16	＞4.2～5.0	125	26″	＞5.0～8.0	200	41″	＞8.0～12.5
＞63～100	63	13	＞4.0～6.3	100	21″	＞6.3～10.0	160	33″	＞10.0～16.0
＞100～160	50	10	＞5.0～8.0	80	16″	＞8.0～12.5	125	26″	＞12.5～20.0
＞160～250	40	8	＞6.3～10.0	63	13″	＞10.0～16.0	100	21″	＞16.0～25.0
＞250～400	31.5	6	＞8.0～12.5	50	10″	＞12.5～20.0	80	16″	＞20.0～32.0
＞400～630	25	5	＞10.0～16.0	40	8″	＞16.0～25.0	63	13″	＞25.0～40.0

续 表

公称圆锥长度 L/mm	圆锥角公差等级								
	AT7			AT8			AT9		
	AT_α		AT_D	AT_α		AT_D	AT_α		AT_D
	/μrad	(′)(″)	/μm	/μrad	(′)(″)	/μm	/μrad	(′)(″)	/μm
自 6~10	800	2′45″	>5.0~8.0	1 250	4′18″	>8.0~12.5	2 000	6′52″	>12.5~20
>10~16	630	2′10″	>6.3~10.0	1 000	3′26″	>10.0~16.0	1 600	5′30″	>16~25
>16~25	500	1′43″	>8.0~12.5	800	2′45″	>12.5~20.0	1 250	4′18″	>20~32
>25~40	400	1′22″	>10.0~16.0	630	2′10″	>16.0~20.5	1 000	3′26″	>25~40
>40~63	315	1′05″	>12.5~20.0	500	1′43″	>20.0~32.0	800	2′45″	>32~50
>63~100	250	52″	>16.0~25.0	400	1′22″	25.0~40.0	630	2′10″	>40~63
>100~160	200	41″	>20.0~32.0	315	1′05″	>32.0~50.0	500	1′43″	>50~80
>160~250	160	33″	>25.0~40.0	250	52″	>40.0~63.0	400	1′22″	>63~100
>250~400	125	26″	>32.0~50.0	200	41″	>50.0~80.0	315	1′05″	>80~125
>400~630	100	21″	>40.0~63.0	160	33″	>63.0~100.0	250	52″	>100~600

公称圆锥长度 L/mm	圆锥角公差等级								
	AT10			AT11			AT12		
	AT_α		AT_D	AT_α		AT_D	AT_α		AT_D
	/μrad	(′)(″)	/μm	/μrad	(′)(″)	/μm	/μrad	(′)(″)	/μm
自 6~10	3 150	10′49″	>20~32	5 000	17′10″	>32~50	8 000	27′28″	>50~80
>10~16	2 500	8′35″	>25~40	4 000	13′44″	>40~63	6 300	21′38″	>63~100
>16~25	2 000	6′52″	>32~50	3 150	10′49″	>50~80	5 000	17′10″	>80~125
>25~40	1 600	5′30″	>40~63	2 500	8′35″	>63~100	4 000	13′44″	>100~600
>40~63	1 250	4′18″	>50~80	2 000	6′52″	>80~125	3 150	10′49″	>125~200
>63~100	1 000	3′26″	>63~100	1 600	5′30″	>100~160	2 500	8′35″	>160~250
>100~160	800	2′45″	>80~125	1 250	4′18″	>125~200	2 000	6′52″	>200~320
>160~250	630	2′10″	>100~160	1 000	3′26″	>160~250	1 600	5′30″	>250~400
>250~400	500	1′43″	>125~200	800	2′45″	>200~320	1 250	4′18″	>320~500
>400~630	400	1′22″	>160~250	630	2′10″	>250~400	1 000	3′26″	>400~630

五、总结与评价

本任务介绍了圆锥配合的特点，说明了锥角与锥体公差、圆锥公差均已标准化，在实际应用中根据技术要求严格按标准规定的数值选取，实现互换性生产。

表 6.1.8　完成工作任务评价表

评价项目	评价内容	具体要求、指标	配分	评　分		
				自评	小组	教师
圆锥体配合的参数	圆锥体配合的参数	锥度与锥角系列、圆锥配合的误差分析	5 分			
	圆锥的基本参数	圆锥角、圆锥素线角、圆锥直径、圆锥长度、锥度	3 分			
	圆锥配合的基本参数	圆锥配合长度、基面距、锥度与锥角系列、圆锥配合的误差分析	4 分			
	锥度与锥角系列	正确查表	4 分			
	圆锥配合的误差分析	圆锥配合的误差判定正确	4 分			
安全操作	熟练掌握各项知识点和标注的方法					
完成工作任务的表现	积极完成工作任务，认真学习相关知识，遵守安全操作规程和劳动纪律，有良好的职业道德和职业习惯		10 分			
你完成本次工作任务的体会：（学到了哪些知识、掌握了哪些技能，有哪些收获）			20 分			
小组同学对你在完成本次工作任务过程中，工作和学习方面的总体评价：			20 分			
老师对你在完成本次工作任务过程中，工作和学习方面的总体评价：			20 分			
成绩评定			合计得分			
备　　注						

六、拓展与提高

已知内圆锥的最大直径 $D_i = \phi 23.825$ mm，最小直径 $d_i = \phi 20.2$ mm，锥度 $C = 1:19.922$，基本圆锥长度 $L = 120$ mm，其直径公差带为 H8，查表确定内圆锥直径公差 T_D 所限制的最大圆锥角度误差 $\Delta\alpha_{max}$。

习　　题

1. 圆锥公差包括（　　）。

   A. 圆锥直径公差　　B. 锥角公差　　C. 圆锥形状公差

   D. 圆锥截面直径公差　　E. 圆锥结合长度公差

2. 圆锥配合的种类有（　　）。

   A. 间隙配合　　B. 过渡配合　　C. 过盈配合

   D. 大尺寸配合　　E. 紧密配合

3. 圆锥配合与光滑圆柱配合比较，有何特点？

4. 国家标准规定了哪几项圆锥公差？对于某一圆锥工件，是否需要将几个公差项目全都给出？

5. 确定圆锥公差的方法有哪几种？各适用于什么场合？

6. 某外圆锥最大圆锥直径 100 mm，最小圆锥直径 80 mm，大小直径间距 200 mm。计算圆锥角、圆锥素线角和锥度。

任务二 角 度 检 测

一、任务目标

1. 熟悉角度量的标准量“角度量块”；
2. 掌握对工件角度的测量；
3. 了解对角度量块的测量。

二、任务描述

角度的测量是机械制造中技术测量的重要组成部分，角度的计量器具和测量方法很多，如用角度量块、万能测角器等进行测量。角度的测量在多数情况下，可以采用简单的计量器具来进行。本任务介绍对工件角度的常用测量及对角度块的常用测量。

三、任务实施流程

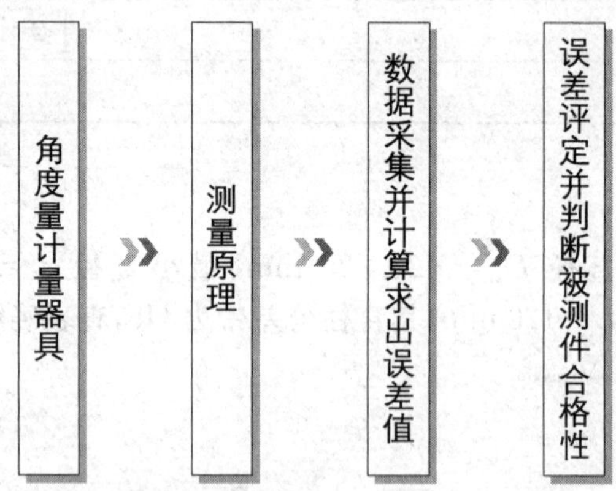

四、任务知识仓库及任务实施过程

角度计量的国际单位是弧度，用符号 rad 表示，整个圆周规定为 2πrad。对于任意一个圆心角，其弧度值等于其所对弧长与圆半径之比值。当角度很小时，可近似地用该角的正弦或正切值来代替该角的弧度值。

$$\alpha \approx \sin\alpha \approx \tan\alpha$$

角度单位还可用度(°)、分(′)、秒(″)来表示角的大小，将圆周 360 等分，每一等分即

为 1°,度以下按六十进位细分。1 度等于 60 分,1 分等于 60 秒,秒为最小单位,不再细分。小于 1″的角度值按十进位制,例如 0.1″、0.05″等。弧度单位与角度制单位有下列换算关系:

$$1\ \mathrm{rad}=360°/2\pi=57°17'45''=206\ 265''$$

$$1°=17.453\ 3\times10^{-3}\ \mathrm{rad};\ 1'=2.908\ 9\times10^{-4}\ \mathrm{rad}$$

$$1''=4.848\times10^{-6}\ \mathrm{rad}$$

1. 工件角度的相对测量

将被测角(工件)与标准角(如角度量块)进行比较的测量。角度的相对测量所用量具有角度块和多面棱体、角尺及样板等。

(1) 用角度量块测量角度

角度量块有三角形和四边形两种,以相邻理想测量面的夹角为工作角。角度量块采用滚动轴承钢:GCr15,合金工具钢:CrWMn 或 Cr 制造,其硬度不低于 795HV。

角度量块的型式如图 6.2.1 所示。Ⅰ型角度量块的基本参数见表 6.2.1;Ⅱ型角度量块的基本参数见表 6.2.2。

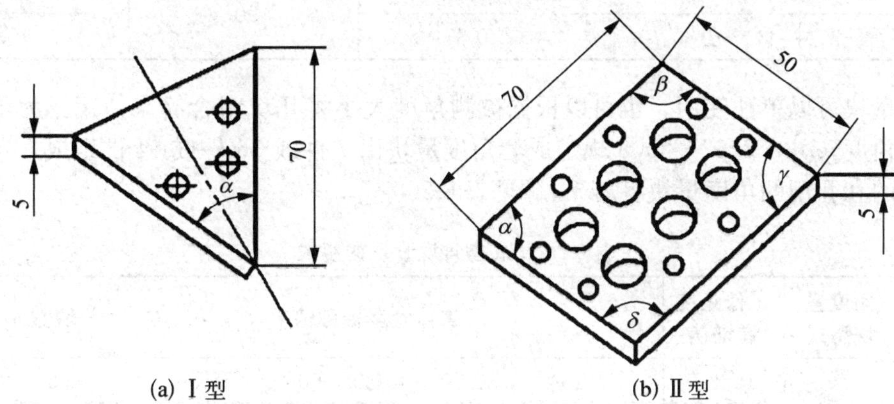

(a) Ⅰ型　　(b) Ⅱ型

图 6.2.1　角度量块

表 6.2.1　Ⅰ型角度量块的基本参数(三角形)

工作角度递增值	工作角度标称值(α)	块　数
1°	10°, 11°, …, 78°, 79°	70
—	10°0′30″	1
15″	15°0′15″, 15°0′30″, 15°0′45″	3
1′	15°1′, 15°2′, …, 15°8′, 15°9′	9
10′	15°10′, 15°20′, 15°30′, 15°40′, 15°50′	5
15°10′	30°20′, 45°30′, 60°40′, 75°50′	4

表 6.2.2 Ⅱ型角度量块的基本参数(四边形)

工作角度标称值(α - β - γ - δ)	块 数
80°- 99°- 81°- 100°, 82°- 97°- 83°- 98°, 84°- 98°- 85°- 96° 86°- 93°- 87°- 94°, 88°- 91°- 89°- 92°, 90°- 90°- 90°- 90°。	6
89°10′- 90°40′- 89°20′- 95°50′ 89°30′- 90°20′- 89°40′- 90°30′	2
89°50′- 90°0′30″- 89°59′30″- 90°10′ 89°59′30″- 90°0′15″- 89°59′45″- 90°0′30″	2

GB/T22521 - 2008《角度量块》规定角度量块分为 0、1、2 三种准确度级别,其工作角度的偏差、测量面的平面度公差、测量面对基准面的垂直度公差见表 6.2.3 的规定。角度量块测量面的表面粗糙度 R_a 的最大值不应超过 0.02 μm。

表 6.2.3 角度量块主要技术要求

准确度级别	工作角的偏差	测量面的平面度公差/μm	测量面对基准面的垂直度公差	工作角测量不确定度
0	±3″	0.1	30″	1″
1	±10″	0.2	90″	3″
2	±30″	0.3		10″

角度量块可以单独使用。也可以根据被测角度大小将几块组合起来使用。为了便于组成不同的角度,GB/T2252 - 2008 规定成套角度量块由 7 件或 36 件或 94 件组成。每套分别包括Ⅰ型的和Ⅱ型的角度量块各若干,详见表 6.2.4。

表 6.2.4 成套角度量块的组成

组 别	角度量块型式	工作角度递增值	工作角度标称值	块数	准确度级别
第一组(7 块)	Ⅰ型	15°10′	15°10′, 30°20′, 45°30′, 60°40′, 75°30′	5	1, 2
		—	50°	1	
	Ⅱ型	—	90°- 90°- 90°- 90°	1	
第二组(36 块)	Ⅰ型	1°	10°, 11°, …, 19°, 20°	11	0, 1
		1′	15°1′, 15°2′, …, 15°8′, 15°9′	9	
		10′	15°10′, 15°20′, 15°30′, 15°40′, 15°50′	5	
		10°	30°, 45°, 50°, 60°, 75°	5	
		—	45°	1	
		—	75°50′	1	
	Ⅱ型	—	80°- 99°- 81°- 100° 90°- 90°- 90°- 90° 89°10′- 90°40′- 89°20′- 90°50′ 89°30′- 90°20′- 89°40′- 90°30′	4	

续　表

组 别	角度量块型式	工作角度递增值	工作角度标称值	块数	准确度级别
第三组(94 块)	Ⅰ型	1°	10°, 11°, …, 78°, 79°	70	0.1
		—	10°0′30″	1	
		1′	15°1′, 15°2′, …, 15°8′, 15°9′	9	
		10′	15°10′, 15°20′, 15°30′, 15°40′, 15°50′	5	
	Ⅱ型	—	80°- 99°- 81°- 100°, 82°- 97°- 83°- 98° 84°- 95°- 85°- 96°, 86°- 93°- 87°- 94° 88°- 91°- 89°- 92°, 90°- 90°- 90°- 90° 89°10′- 90°40′- 89°20′- 90°50′ 89°30′- 90°20′- 89°40′- 90°30′ 89°50′- 90°0′30″- 89°59′30″- 90°10′	9	
第四组(7 块)	Ⅰ型	15″	15°, 15°0′15″, 15°0′30″, 15°0′45″, 15°1′	5	0
	Ⅱ型	—	89°59′30″- 90°0′15″- 89°59′45″- 90°0′30″ 90°- 90°- 90°- 90°	2	

为了组合方便,成套角度量块附有夹持件(支架)、楔块、螺钉等附件,如图 6.2.2。

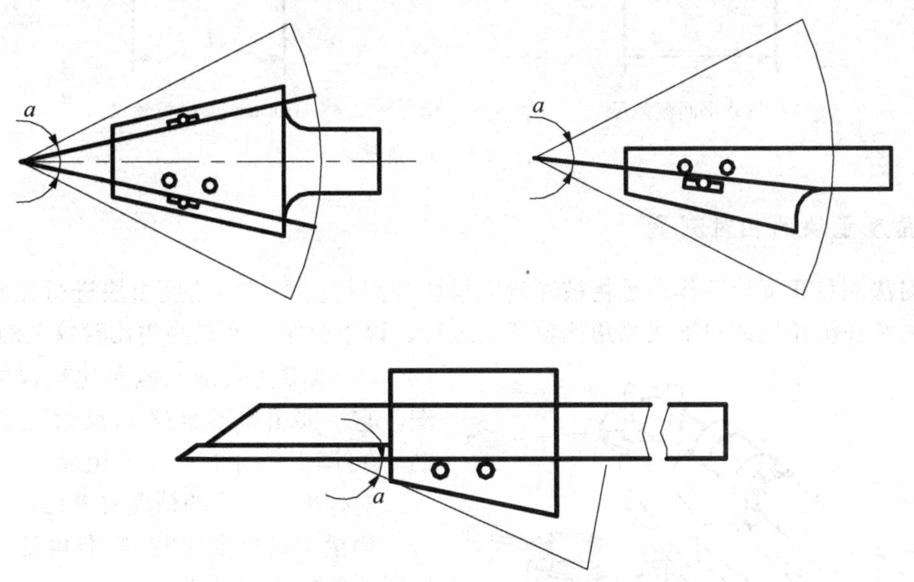

图 6.2.2　成套角度量块测量示意图

用角度量块测量角度是将被测角度与按其公称角度组合的角度量块进行比较,以获得被测角度相对角度量块的偏差。

(2) 角度样板测量

角度样板(见图 6.2.3)是根据被测角度的两个极限角值制成的,因此有通端和止端之分。检验工件角度时,若用通端角度样板时,光线从角顶到角底逐渐增多;用止端角度样板时,光线从角顶到角底逐渐减少,这就表明,被测角度的实际值在规定的两个极限范围内,被测角度合格，反之，则不合格。90°角尺（见图 6.2.4）的公称角度 90°。用于检验工件直角偏差时，是借目测光隙或用塞尺来确定偏差大小的。

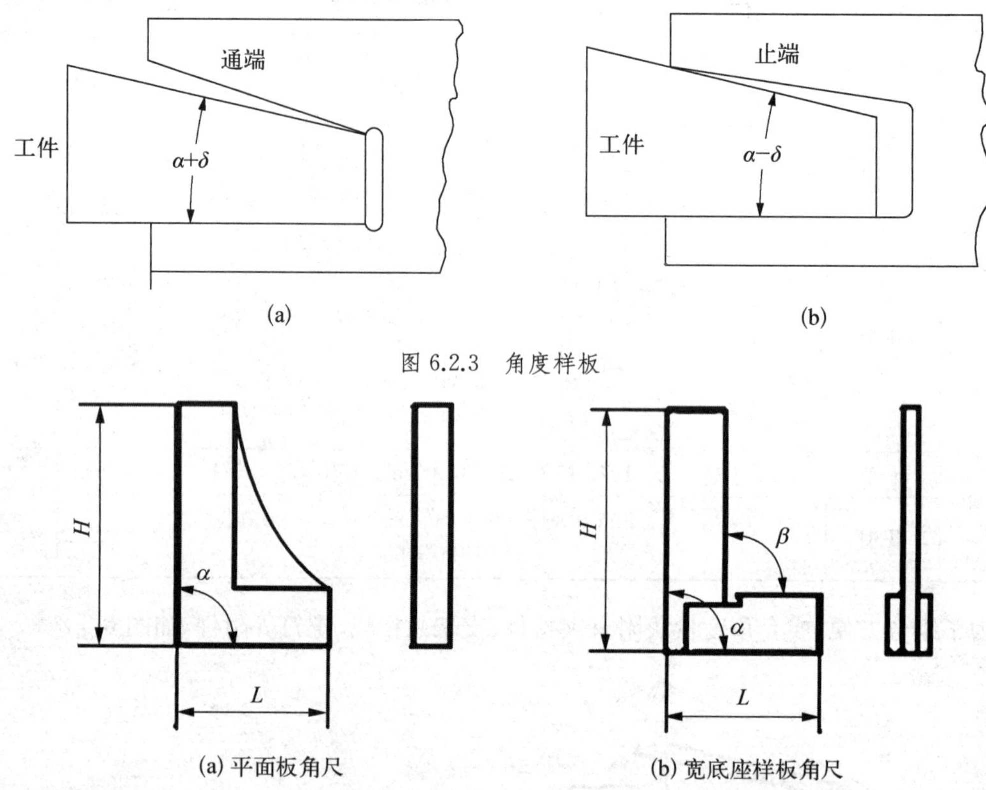

图 6.2.3 角度样板

图 6.2.4 90°角尺

2. 角度量块的相对测量

相对法测量角度块工作角是将被测角度量块与高精度等级的角度量块进行比较的测量方法。通常在测角仪或自准式测角比较仪上进行。以下介绍自准式测角比较仪上的测量。

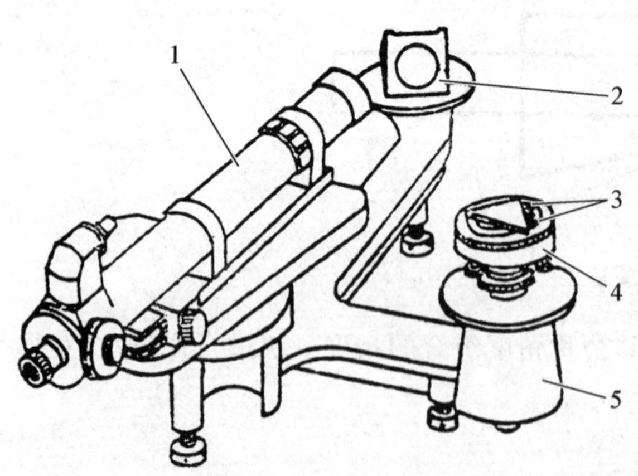

1—自准直仪；2—反射镜；3—定位销；4—可调工作台；5—基座

图 6.2.5 自准式测角比较仪结构简图

图 6.2.5 为自准式测角比较仪的结构简图。它主要由自准直仪 1、反射镜 2、两定位销 3、可调工作台 4、基座 5 组成。

对标准角度块的精度要求是：

测量 1 级角度块时，标准角度块的检定极限误差在 ±3″范围内。

测量 2 级角度块时，标准角度块的检定极限误差在 ±5″范围内。

为了使定位可靠，要求工作台的平面度误差不大于 2 μm，只允许工作台中间表面凹下，不允许凸起。两鼓形定位销相距 50 mm，定位销的最大直径处离工作台面 2.5 mm。使之正好与角度块工作面中间相接触。

测量时，先将标准角度块放在工作台上，使其一个工作面紧靠两定位销，转动工作台，使另一工作面与反射镜2的反射光束垂直，在自准直仪的视场中可观察到反射回来的十字像，由自准直仪读取读数 α_1；然后保持比较仪的各部分位置不变，将名义值相同的被测角度块替换标准角度块，同样使被测角度块一个工作面紧靠两定位销，并由自准直仪读取第二个读数 α_2。两次读数之差 $\Delta\alpha$ 即为被测角度块与标准角度块的工作角偏差值，即

$$\Delta\alpha = \alpha_2 - \alpha_1 \tag{6.2.1}$$

若标准角度块的实际角度值 $\alpha_{标}$，则被测角度块的实际角度值 α 为：

$$\alpha = \alpha_{标} + \Delta\alpha \tag{6.2.2}$$

上述公式适用于角度块的工作角增减方向与自准直仪读数增减方向一致时的情况。否则应将计算结果变号。

相对法测量角度块工作角时，影响测量精度的因素，除了绝对法测量中的各因素外，还有标准角度块的精度，定位销和角度块工作面的接触精度。

五、总结与评价

在机械制造业中，角度是重要的参数，因而角度测量与锥度测量在机械制造领域中也同样占有重要的地位。

进行角度相对测量，首先要确立角度标准量。相对测量就是将被测角与标准角进行比较获得偏差的过程。

表6.2.5　完成工作任务评价表

评价项目	评价内容	具体要求、指标	配分	评分		
				自评	小组	教师
角度测量	角度测量仪器的使用	安装、调试、检测等操作正确	5分			
	测量原理及测量方法的判别	知道自准原理测量方法	3分			
	测量过程	仪器操作正确，测量步骤操作正确，读数正确，小组分工明确，团结互助，配合良好	4分			
	误差分析	产生误差的因素	4分			
	角度的评定	角度的评定方法判定正确	4分			
安全操作	安全使用仪表设备，正确使用角度测量设备，能够正确采用安全措施保护自己，保证工作安全					
完成工作任务的表现	积极完成工作任务，认真学习相关知识，遵守安全操作规程和劳动纪律，有良好的职业道德和职业习惯		10分			

续 表

评价项目	评价内容	具体要求、指标	配分	评分		
				自评	小组	教师
你完成本次工作任务的体会：（学到了哪些知识、掌握了哪些技能，有哪些收获）			20 分			
小组同学对你在完成本次工作任务过程中，工作和学习方面的总体评价：			20 分			
老师对你在完成本次工作任务过程中，工作和学习方面的总体评价：			20 分			
成绩评定			合计得分			
备　注						

六、拓展与提高

根据本任务的学习检测齿轮的角度，如图 6.2.6 所示，要求掌握的内容如下：

① 角度量块的选用的类型。

② 检测的方法和精度。

③ 记录出检验的数据。

④ 比较组合量块的方法。

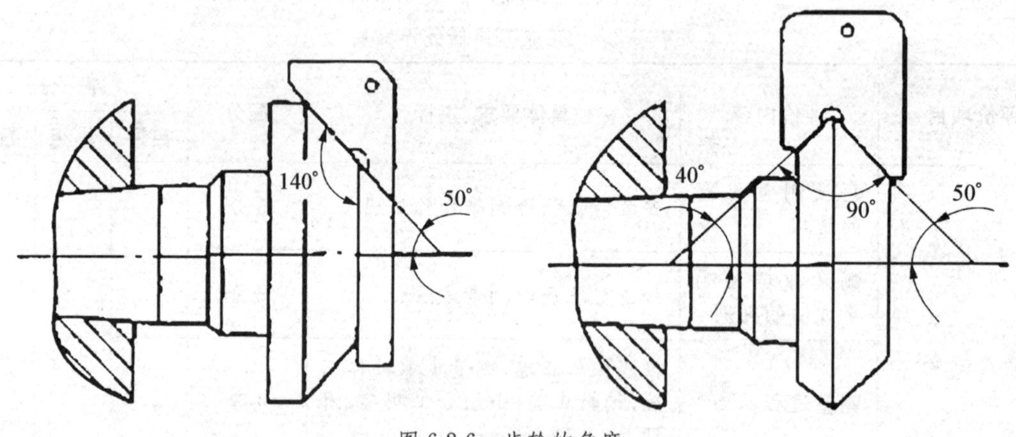

图 6.2.6　齿轮的角度

习　题

1. α″对应的弧度值是多少？
2. 什么是角度的相对测量？
3. 查表确定 45°5′30″的组合角度量块。

任务三　锥度检测

一、任务目标

1. 熟悉常用检测仪器；
2. 熟悉间接测量的特点，并会判断角度的合格性。

二、任务描述

圆锥的测量是机械制造中的重要组成部分，圆锥测量的计量器具和方法很多，如用圆锥量规、正弦尺等。圆锥的测量在多数情况下，可以采用简单的计量器具来进行。本任务着重介绍圆锥的间接测量。

三、任务实施流程

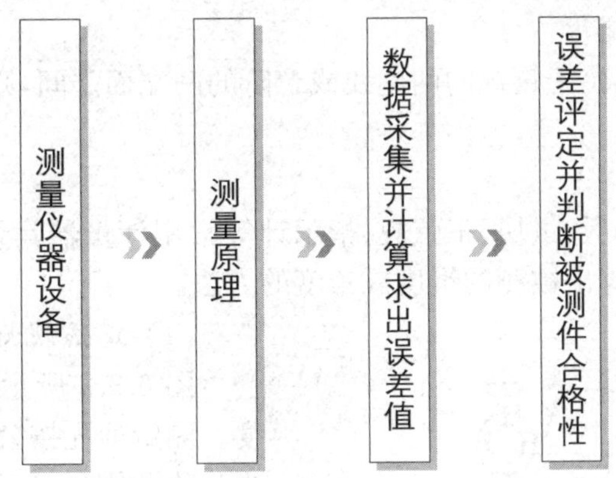

四、任务知识仓库及任务实施过程

测量圆锥的计量器具和测量方法很多，一般常用的有圆锥量规检测，以平台建立测量基面的平台法测量，应用仪器坐标进行测量的坐标法。在实际测量中应以达到测量精度要求，满足测量成本最低为目的选择适当的计量器具和测量方法。

1. 量规检验法

在大批生产条件下，圆锥的检验多用圆锥量规。

圆锥量规用来检验实际内、外圆锥工件的锥度和直径偏差的合格性。检验内圆锥用圆锥塞规，检验外圆锥用圆锥环规，如图 6.3.1 所示。圆锥量规的规格尺寸和量规公差，在 GB/T11852－2003《圆锥量规公差与技术条件》中有详细规定，可供选用，这里不做介绍。

圆锥配合中，一般对锥度要求比对直径要求严，所以用圆锥量规检测工件时，首先应采用涂色研合法检验工件锥度。用涂色研合法检验锥度时，先在量规圆锥面的素线全长上涂 3～4 条极薄的显示剂，然后把量规与被测圆锥对研（来回转角应小于 180°）。根据被测圆锥上的着色或量规上擦掉的痕迹，来判断被测锥度或圆锥角是否合格。

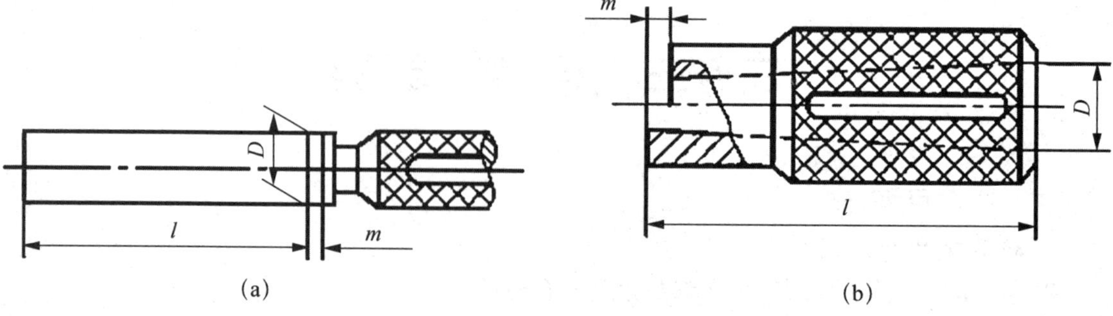

图 6.3.1 圆锥量规

圆锥量规还可用来检验被测圆锥直径偏差。在量规的基面端刻有距离为 M 的两条刻线(塞规)或小台阶(环规),M 是根据工件圆锥直径公差按其锥度计算出的允许的轴向偏移量(mm),即:

$$M = T_D / C \times 10^{-3} \tag{6.3.1}$$

式中：T_D——圆锥直径公差(μm)；

C——工件的锥度。

若被测圆锥的基面端位于量规的两刻线或台阶的两端面之间,则表示直径合格。

2. 间接测量法

间接测量法是通过平板、量块、正弦规、指示计等常用计量器具组合,测量锥度或角度的有关尺寸,按几何关系换算出被测的锥度或角度的方法。

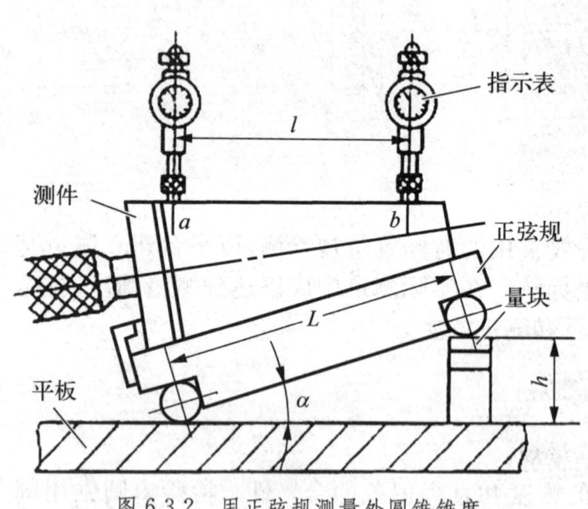

图 6.3.2 用正弦规测量外圆锥锥度

(1) 正弦规测量外圆锥(平台法)

图 6.3.2 所示是正弦规测量外圆锥锥度。测量前先按公式 $h = L\sin\alpha$(公式中 α 为公称圆锥角;L 为正弦规两圆柱中心距)计算组合量块组,然后按图 6.3.2 进行测量。

锥度偏差：

$$\Delta C = (h_a - h_b)/l$$

式中：h_a——指示表在 a 点的读数；

h_b——指示表在 b 点的读数；

l——a、b 两点间距。

锥角偏差：

$$\Delta\alpha = 2 \times 10^5 \Delta C(\mathrm{s})$$

具体测量时,须注意 a、b 两点测量值的大小,若 a 点值大于 b 点值,则实际锥角大于理论锥角 α,算出的 $\Delta\alpha$ 为正,反之,$\Delta\alpha$ 为负。

(2) 精密钢球测内圆锥

图 6.3.3 所示,选取两直径不同的精密钢球 D、d 分别放入被测内锥内,要求小球直径 d

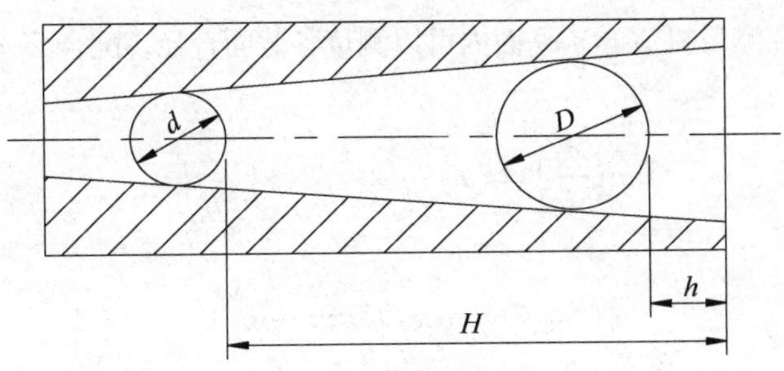

图 6.3.3　钢球测内圆锥

大于被测小端直径，大球直径 D 小于被测大端直径，用深度尺分别测出小球顶和大球顶到大端的端面距离 H、h。则锥角 α 按下式计算：

$$\sin(\alpha/2)=(D-d)/2L \tag{6.3.2}$$

$$L=H-h-(D-d)/2$$

式中：L——两钢球的中心距离。

(3) 坐标法测量

1）在工具显微镜上测量

在工具显微镜上用影像法或轴切法通过坐标计算间接测量锥角或锥度。图 6.3.4 为在工具显微镜上用轴切法测量锥角。此法一般适用于被测件长度较大、锥角较小的锥体。

锥度：

$$C=(D-d)/l \tag{6.3.3}$$

锥角 α：

$$\sin\left(\frac{\alpha}{2}\right)=(D-d)/2l$$

式中：D——在 D 的对径读数差-两个刀口距；

d——在 d 的对径读数差-两个刀口距；

刀口距——量刀读数线与刀口之间的距离。

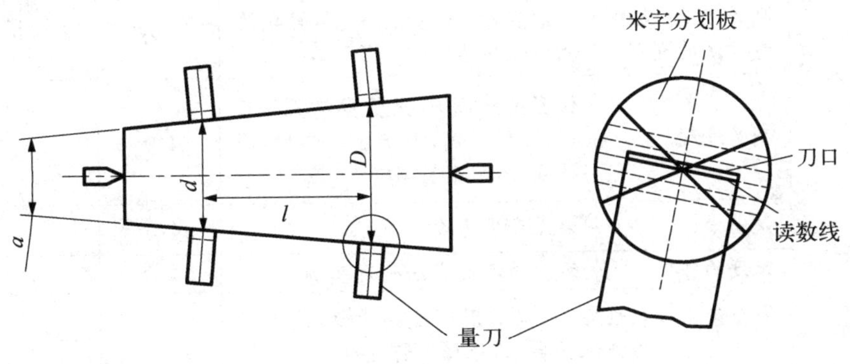

图 6.3.4　轴切法测量

2）在坐标测量机上测量

在坐标测量机上用接触法可以间接测量任意角度的内锥角和外锥角。图 6.3.5 为在三坐标测量机上测量内锥体。在测量机 $X-Y$ 平面内可以测量各截面直径。配合 Z 坐标可以测出锥角。

锥角：

$$\tan\left(\frac{\alpha}{2}\right)=(x_2-x_1)/2(z_2-z_1) \tag{6.3.4}$$

锥度：

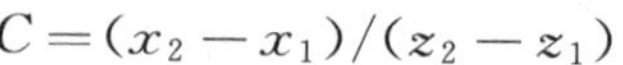

$$C=(x_2-x_1)/(z_2-z_1)$$

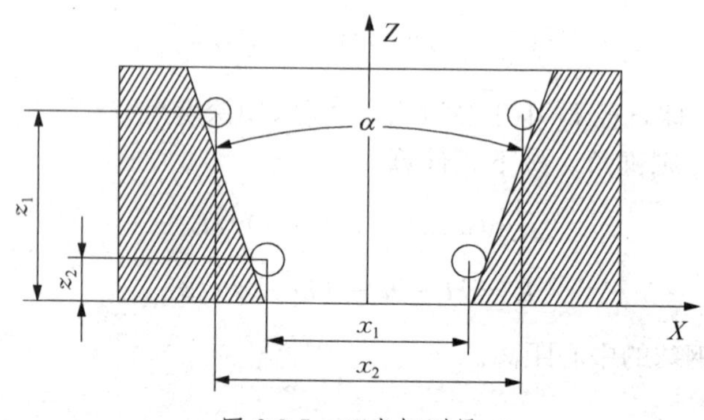

图 6.3.5　三坐标测量

五、总结与评价

在机械制造业中，锥度是重要的参数，锥度测量在机械制造业领域中也同样占有重要的地位。锥度检测是保证锥度制造精度不可缺少的环节。在实际检测中，对众多的计量器具和测量方法要根据测量精度要求选取，在满足测量精度要求的前提下尽可能降低测量成本。

表 6.3.1　完成工作任务评价表

评价项目	评价内容	具体要求、指标	配分	评　分		
				自评	小组	教师
锥度测量仪测量圆锥锥度	锥度测量仪器使用	安装、调试、检测等操作正确	5 分			
	测量原理及测量方法的判别	自准直原理、量规法、和间接法测量选用恰当	3 分			
	测量过程	仪器操作正确，测量步骤操作正确，读数正确，小组分工明确，团结互助，配合良好	4 分			
	误差分析	误差产生原因	4 分			
	锥度的评定	锥度的评定方法判定正确	4 分			
安全操作	安全使用仪表设备，正确使用锥度测量仪，能够正确采用安全措施保护自己，保证工作安全					
完成工作任务的表现	积极完成工作任务，认真学习相关知识，遵守安全操作规程和劳动纪律，有良好的职业道德和职业习惯		10 分			

续　表

<table>
<tr><th rowspan="2">评价项目</th><th rowspan="2">评价内容</th><th rowspan="2">具体要求、指标</th><th rowspan="2">配分</th><th colspan="3">评　分</th></tr>
<tr><th>自评</th><th>小组</th><th>教师</th></tr>
<tr><td colspan="3">你完成本次工作任务的体会：（学到了哪些知识、掌握了哪些技能，有哪些收获）</td><td>20 分</td><td></td><td></td><td></td></tr>
<tr><td colspan="3">小组同学对你在完成本次工作任务过程中，工作和学习方面的总体评价：</td><td>20 分</td><td></td><td></td><td></td></tr>
<tr><td colspan="3">老师对你在完成本次工作任务过程中，工作和学习方面的总体评价：</td><td>20 分</td><td></td><td></td><td></td></tr>
<tr><td>成绩评定</td><td colspan="2"></td><td>合计得分</td><td></td><td></td><td></td></tr>
<tr><td>备　　注</td><td colspan="6"></td></tr>
</table>

六、拓展与提高

根据本任务的学习用间接测量的方法检测减速箱齿轮的锥度（平板、量块、正弦规、指示计和滚珠（或钢球）等常用计量器具组合）。

图 6.3.6　减速箱齿轮

① 测量的数据。

② 测量可以组合的量具。

③ 比较出最简单的测量方法并得出数据。

④ 已知内圆锥锥度为 1∶10，圆锥长度为 100 mm，最大圆锥的直径为 30 mm，圆锥直径公差带代号为 H8，采用包容要求。确定该圆锥完工后圆锥角在什么范围内才能合格？

习　　题

1. 下列锥度和角度的检测器具中，属于相对测量法的有（　　）。

A. 角度量块　　B. 万能角度尺　　C. 圆锥量规

D. 正弦规　　E. 光学分度头

2. 用圆锥塞规检验圆锥时，若被擦去着色痕在大头端，说明（　　　）。圆锥小头端面超过了两根该线时，说明（　　　）。

学习情景七

螺纹精度与检测

情境导入

螺纹联接在日常生活中随处可见，小至螺钉、螺母，大到重型设备及仪器的零部件的联接密封与力的传递等。在此，我们要掌握螺纹的基本参数，以及它的公差，这样我们才能合理地应用螺纹。

情境目标

知识目标

1. 了解普通螺纹的几何误差对互换性的影响；
2. 通过对螺纹公差带分布的分析，掌握普通螺纹公差与配合的特点及螺纹精度的选择；
3. 掌握螺纹的标记和标注方法；
4. 了解梯形螺纹的公差与配合。

技能目标

1. 能用螺纹环规检测外螺纹；
2. 能用螺纹塞规检测内螺纹；
3. 能用三针量法测量中径。

任务一　螺 纹 公 差

一、任务目标

1. 了解普通螺纹互换性的特点及其公差标准的应用；
2. 了解普通螺纹主要几何误差对互换性的影响，建立螺纹作用中径的概念；
3. 通过对螺纹公差带分布的分析，掌握普通螺纹公差与配合的特点及螺纹精度选择；

4. 掌握螺纹的标记和标注方法；
5. 了解梯形螺纹的公差与配合。

二、任务描述

认识螺纹的种类和基本参数以及螺纹参数的误差对互换性的影响。了解标准推荐的公差带及其选用。

三、任务实施流程

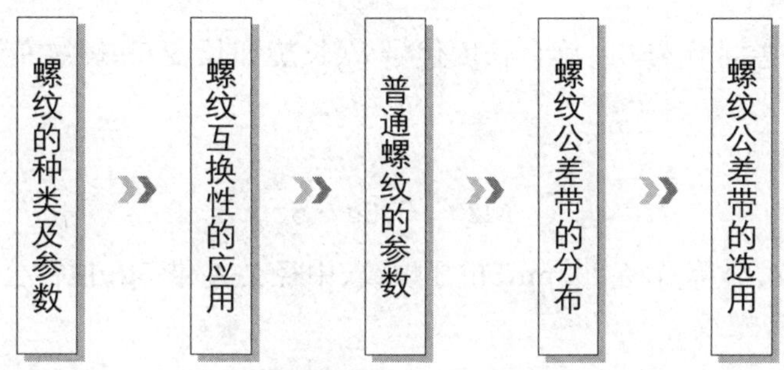

四、任务知识仓库及任务实施过程

通过本情境的学习，要求读者了解螺纹的概念及对机械零件使用功能的影响；了解螺纹的国家标准；能正确理解图样上螺纹代号的技术含义；熟悉螺纹的选用原则和选用方法。

1. 螺纹的种类和基本参数

(1) 螺纹分类及使用要求

螺纹结合是机械制造和仪器制造中应用很广泛的结合形式，螺纹按其用途可分为三类，普通螺纹、传动螺纹和紧密螺纹。其使用要求如下。

1) 普通螺纹

普通螺纹通常也称紧固螺纹，主要用于联接和紧固各种机械零件(例如用螺钉将轴承端盖固定在箱体上)。这类螺纹联接的使用要求是可旋合性(便于装配和拆换)和联接的可靠。

2) 传动螺纹

这类螺纹通常用于传递运动或动力(例如普通车床进给机构中的丝杠螺母副和滚动螺旋传动的滚珠丝杠副)。传动螺纹都采用圆柱螺纹结合。螺纹联接的使用要求是传递动力的可靠性或传递位移的准确性。

3) 紧密螺纹

这类螺纹用于密封联接。主要用于使两个零件紧密连接而无泄漏的结合，如管螺纹。对这类螺纹的使用要求是结合紧密，结合具有过盈，以保证密封性和一定的连接强度。达到不漏水、不漏气和不漏油的密封要求。紧密螺纹多为三角形牙型的圆锥螺纹。

螺纹按牙型可分为：三角形螺纹、梯形螺纹和锯齿形螺纹。

(2) 螺纹在图样上的标记

螺纹完整标记如图 7.1.1 所示，由螺纹代号 M(公制螺纹)、公称直径值 20、螺距值 2、中径公

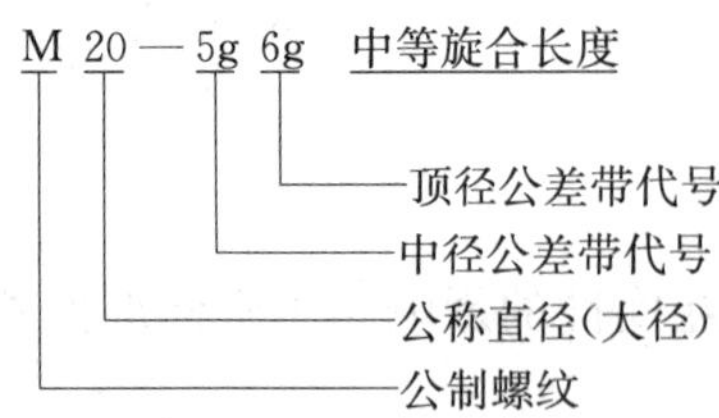

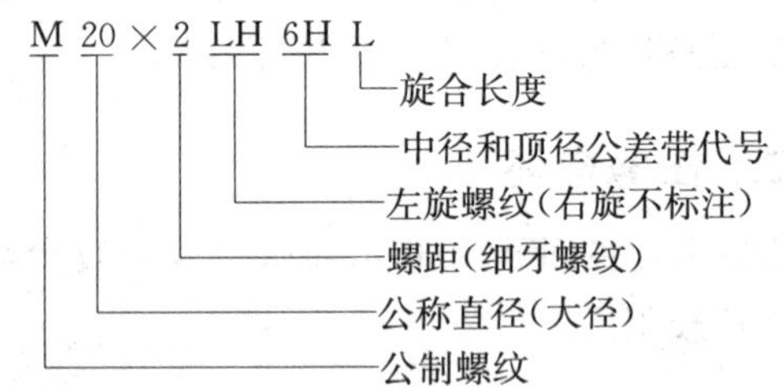

图 7.1.1 内、外螺纹的标注

差带代号 5g、顶径公差带代号 6g、旋合长度代号 L(长旋和长度)和螺纹左旋向代号 LH(右旋省略)所组成。

例如：

M20—5g6g—S

表示普通外螺纹、公称直径 20 mm、粗牙螺纹、中径公差带 5g、顶径公差带 6g、旋合长度为短旋合长度 S、右旋螺纹。

M10×1.5—6H—LH

表示普通内螺纹、公称直径 10 mm、细牙螺纹、螺纹螺距为 1.5 mm、中径和顶径公差带 6H、旋合长度为长旋合长度、左旋螺纹。

M20×2—6H/5g6g—S

表示公差带为 6H 的内螺纹与公差带为 5g6g 的外螺纹组成的配合。普通细牙螺纹，公称直径 20 mm、螺纹螺距 2 mm、旋合长度为短旋合长度 S、右旋螺纹。

(3) 普通螺纹的基本牙型和几何参数

普通螺纹牙型是三角形螺纹，其原始三角形如图 7.1.2(a)所示，基本牙型如图 7.1.2(b)所示。

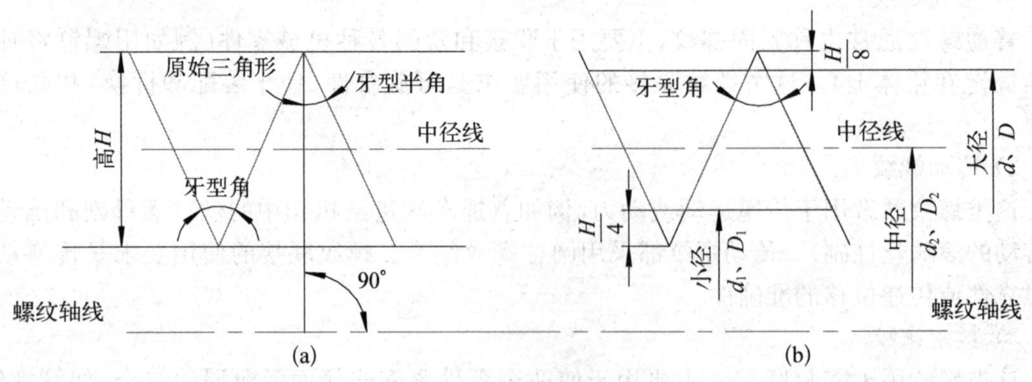

图 7.1.2 普通螺纹牙型

1) 基本牙型

螺纹的外观形状。有三角形、矩形、梯形等多种形式，对于三角形螺纹是在原始三角形中去掉顶部 $H/8$，去掉底部 $H/4$ 所形成的内、外螺纹共有的理论牙型，也是螺纹设计牙型的基础。

2）螺距 P

螺距是相邻牙同名牙侧在中径处沿轴向的距离。同一螺旋线上相邻两牙在中径线上对应两点间的轴向距离称为导程 P_h，对多头螺纹 $P_h = nP$（n—头数）。

单头：
$$P = P_h \tag{7.1.1}$$

3）原始三角形高度 H

原始三角形顶点到底边的垂直距离，对普通公制螺纹牙形角为 60°，则：

$$H = \sqrt{3}P/2 \tag{7.1.2}$$

牙型高度为 $5H/8$；

牙顶高 $3H/8$＋牙底高 $2H/8$。

4）大径 d 或 D

大径是指与外螺纹牙顶或内螺纹牙底相重合的假想圆柱面的直径。国家标准规定：公制普通螺纹大径的基本尺寸为螺纹公称直径。大径是外螺纹的顶径 d 或内螺纹底径 D。

5）小径 d_1 或 D_1

小径是指与外螺纹牙底或内螺纹牙顶相重合的假想圆柱面的直径。小径是外螺纹的底径 d_1 或内螺纹顶径 D_1。

6）中径 d_2 或 D_2

中径是指一个假想圆柱的直径，该圆柱的母线通过牙型上沟槽和凸起宽度相等的地方。若在基本牙型上该圆柱的母线正好通过牙型上沟槽和凸起宽度相等的地方，且等于 $P/2$ 时，此时的中径称基本中径。

7）单一中径

一个假想圆柱的直径，该圆柱的母线通过牙型上沟槽宽度等于螺距基本尺寸一半的地方。当螺距无误差时，螺纹中径就是螺纹单一中径。当螺距有误差时，单一中径与中径不相等。

8）牙型角 α 和牙型半角 $\alpha/2$

在螺纹牙型上，两相邻牙侧间的夹角称为牙型角。公制普通螺纹的牙型角 $\alpha = 60°$，牙型半角 $\alpha/2 = 30°$（牙侧与垂直于螺纹轴线的垂线间夹角）。

9）螺纹旋合长度

两相配合螺纹，沿螺纹轴线方向相互旋合部分的长度。有长旋和长度 L、短旋和长度 S 和中等旋和长度 N。中等旋和长度在标记中不写出。

10）螺纹最大实体牙型

由设计牙型和各直径的基本偏差和公差所决定的最大实体状态下的螺纹牙型（材料最多状态下）。对于普通外螺纹，它是基本牙型的三个基本直径分别减去基本偏差（上偏差 es）后所形成的牙型。对于普通内螺纹，它是基本牙型的三个基本直径分别加上基本偏差（下偏差 EI）后所形成的牙型。

11）螺纹最小实体牙型

由设计牙型和各直径的基本偏差和公差所决定的最小实体状态下的螺纹牙型（材料最少状态下）。对于普通外螺纹，它是在最大实体牙型的顶径和中径分别减去它们的下偏差后所形成的牙型。对于普通内螺纹，它是在最大实体牙型的顶径和中径分别加上它们的上偏差后所形成的牙型。

12）螺距误差中径当量

是指将螺距误差换算成中径的数值。在普通螺纹结合中，未单独规定螺距公差来限制螺距误差，而是将螺距误差换算成在中径上的影响量，即螺距误差中径当量，用规定中径公差来间接地限制螺距误差。对牙型角 $\alpha=60°$ 的普通螺纹，螺距累积误差的中径当量为：

$$f_{p\Sigma}=1.732\left|\Delta P_{\Sigma}\right| \tag{7.1.3}$$

式中：ΔP_{Σ}——螺距累积误差，单位为 μm。

13）牙形半角误差的中径当量

这是指将牙形半角误差换算成中径的数值。在普通螺纹中，未单独规定牙形半角公差来限制牙形半角的误差，而是将牙形半角误差换算成在中径上的影响量，即牙形半角误差中径当量，用规定中径公差来综合限制牙形半角误差。对牙型半角为 30°的普通螺纹牙形半角误差的中径当量计算如下：

$$f_{\frac{\alpha}{2}}=0.073P\left[K_1\left|\Delta\frac{\alpha}{2}(左)\right|+K_2\left|\Delta\frac{\alpha}{2}(右)\right|\right] \tag{7.1.4}$$

式中：P——螺距(mm)；

$\Delta\frac{\alpha}{2}$(左)——左半角误差(′)；

$\Delta\frac{\alpha}{2}$(右)——右半角误差(′)；

K_1、K_2——选取系数。

对于外螺纹，当牙形半角误差为正值时，K_1、K_2取值为 2；为负值时，K_1、K_2取值为 3；内螺纹左、右牙形半角误差系数的取值正好与外螺纹相反。

普通螺纹的基本尺寸如表 7.1.1。

2. 螺纹参数的误差对互换性的影响

螺纹联接要实现其互换性，必须保证良好的旋合性和一定的联接强度。普通螺纹精度不高，主要作用是连接与传动，影响互换性的主要因素有大径、小径、中径、螺距和牙型半角五个指标。

螺距误差主要影响可旋合性、可连接性、可靠性(紧固)、传动精度(传动螺纹)和螺牙侧面负荷均匀性等螺纹性能。

牙型半角误差主要影响可旋入性。

中径误差影响可旋入性、连接紧密性、可靠性。

螺纹旋合时主要表现在中径 d_2 的配合精度上，故常把螺距误差 Δp 和牙型半角误差 $\Delta(\alpha/2)$ 的影响折合在中径上。螺纹互换性和配合性质主要取决中径。

大径、小径、中径、螺距和牙型半角这几个参数在加工过程中不可避免地会产生一定的加工误差，不仅会影响螺纹的旋合性、接触高度、配合松紧、还会影响联接的可靠性，从而影响螺纹的互换性。

螺纹的大径和小径处均留有空隙，一般不会影响配合性质。

表 7.1.1　普通螺纹基本尺寸(GB/T196－2003、GB/T193－2003)

公称直径 D、d			螺距 P	中径 D_2 或 d_2	小径 D_1 或 d_1	公称直径 D、d			螺距 P	中径 D_2 或 d_2	小径 D_1 或 d_1
第一系列	第二系列	第三系列				第一系列	第二系列	第三系列			
10			1.5	9.026	8.376		18		2.5	16.376	16.294
			1.25	9.188	8.647				2	16.701	15.835
			1	9.350	8.917				1.5	17.026	16.375
			0.75	9.513	9.188				1	17.035	16.917
		11	1.5	10.026	9.376	20			2.5	18.376	17.294
			1	10.350	9.917				2	18.701	17.835
			0.75	10.513	10.188				1.5	19.026	18.376
12			1.75	10.863	10.106				1	19.350	18.917
			1.5	11.026	10.376		22		2.5	20.376	19.294
			1.25	11.188	10.647				2	20.701	19.835
			1	11.350	10.917				1.5	21.026	20.376
	14		2	12.701	11.835				1	21.350	20.917
			1.5	13.026	13.376	24			3	22.051	20.752
			1.25	14.188	12.647				2	22.701	21.835
			1	13.350	12.917				1.5	23.026	23.376
		15	1.5	14.026	13.376				1	23.350	22.917
			1	14.350	13.917			25	2	23.701	22.835
16			2	14.701	13.835				1.5	24.026	23.376
			1.5	15.026	14.376				1	24.350	23.917
			1	16.350	14.917			26	1.5	25.026	24.376
		17	1.5	16.026	16.375	…			…		
			1	16.350	15.917						

由于螺纹旋合后主要是依靠螺牙侧面工作，如果内、外螺纹的牙侧接触不均匀，就会造成负荷分布不均，势必降低螺纹的配合均匀性和联接强度。因此对螺纹互换性影响较大的参数是中径、螺距和牙型半角。

内、外螺纹加工后，外螺纹的大径和小径要分别小于内螺纹的大径和小径，才能保证旋合性。

(1) 螺纹中径偏差对互换性的影响

中径偏差是指中径实际尺寸(以单一中径体现)与基本中径尺寸之代数差。假设螺纹其他参数处于理想状态，若外螺纹的中径小于内螺纹的中径，就能保证内外螺纹的旋合性；反之，就会产生干涉而难以旋合。但是，若外螺纹的中径过小，内螺纹的中径过大，则会削弱其联结强度。所以要规定螺纹中径公差来保障螺纹的互换性。

(2) 螺距偏差对互换性的影响

螺距偏差分为单个螺距偏差和螺距累积偏差两种。

单个螺距偏差：是指单个螺距的实际值与其基本尺寸之代数差。

螺距累积偏差：是指在规定的螺纹长度内，任意两同名牙侧与中径线交点间的实际轴向距离与其基本值的最大差值，它与旋合长度有关。螺距累积偏差对互换性的影响更为明显。

如图 7.1.3 所示，由于螺距有误差，在旋合长度上产生了螺距累计误差 ΔP_Σ，使得内、外螺纹产生干涉而无法旋合。为了使其具有 ΔP_Σ 的外螺纹能够旋入理想的内螺纹，可将外螺纹的中径减少至图中 D_2 处，即使外螺纹的中径减少一个 f_p 值(或内螺纹中径相应增加一个 f_p 值)，此 f_p 值称为螺距误差的中径当量。

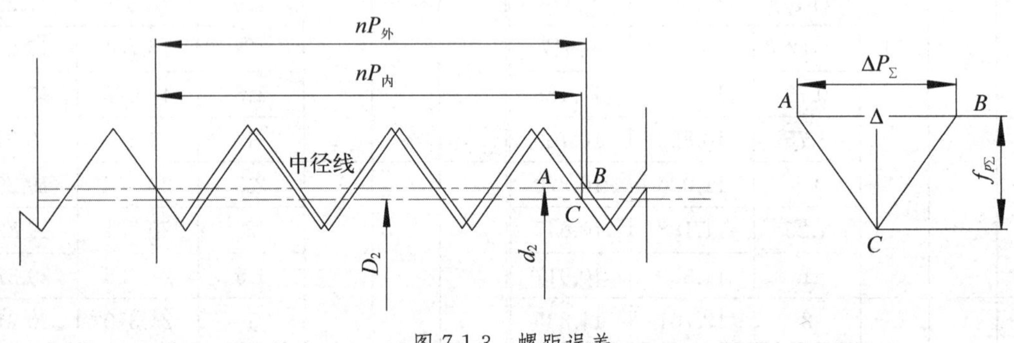

图 7.1.3 螺距误差

从图 7.1.3 的△ABC 中可以看出：

$$f_{p\Sigma} = |\Delta P_\Sigma| \cot(\alpha/2) \tag{7.1.5}$$

对于牙型角 $\alpha=60°$，$\alpha/2=30°$的普通螺纹，$f_{p\Sigma}=1.732\,|\Delta P_\Sigma|\ \mu m$。

为了使螺距有偏差的外螺纹可自由旋入标准的内螺纹，在制造中应将外螺纹实际中径减少一个数值 $f_{p\Sigma}$(或将标准内螺纹中径加大一个数值 $f_{p\Sigma}$)，以防止螺纹旋合干涉。

数值 $f_{p\Sigma}$ 就是补偿螺距偏差的影响而折算到中径上的数值。称为螺距误差中径当量。

式中ΔP_Σ 为螺距累积误差，它之所以取绝对值，是由于ΔP_Σ 不论取正值或负值，对螺纹旋合性的影响性质不变，只是改变牙侧干涉的位置。ΔP_Σ 应是在旋合长度内最大的螺距累积偏差值，而该值并非一定就出现在最大旋合长度位置上。通过以上分析，螺距误差使得外螺纹实际中径增大 $f_{p\Sigma}$，使得内螺纹实际中径减小 $f_{p\Sigma}$。

(3) 牙型半角误差对互换性的影响

牙形半角误差是指牙形半角的实际值与公称值之差。该误差主要是由加工刀具的牙侧角制造误差和安装误差(牙侧与轴线的相对位置不正确)造成的，牙侧角误差对螺纹的旋合性和连接强度均有影响。

设内螺纹为理想牙型，与其相配合的外螺纹仅有牙形半角误差(即内外螺纹的中径和螺距分别相等)，当外螺纹 $\Delta\alpha_1 < 0$、$\Delta\alpha_2 > 0$ 时，内、外螺纹旋合时，牙侧角发生干涉而不能旋合，如图 7.1.4 所示。

为了消除干涉，保证旋合性，可将外螺纹的中径减少至图中 d_2 处，即使外螺纹的中径减少一个 $f_{\alpha/2}$ 的值(或内螺纹中径相应的增加一个 $f_{\alpha/2}$ 的值)，此 $f_{\alpha/2}$ 称为牙形半角误差的中径当量。

根据任意三角形的正弦定理，考虑到左、右牙形半角误差可能出现的各种情况及必要的单位换算，得出式 7.1.4。

综合以上分析，牙形半角误差对螺纹的旋合性和联接强度均有影响。

外螺纹存在牙型半角偏差时，必须将外螺纹牙型沿垂直螺纹轴线的方向下移，从而使外螺纹的中径减小一个数值 $f_{\alpha/2}$，也就是说牙形半角误差使得外螺纹实际中径增大。

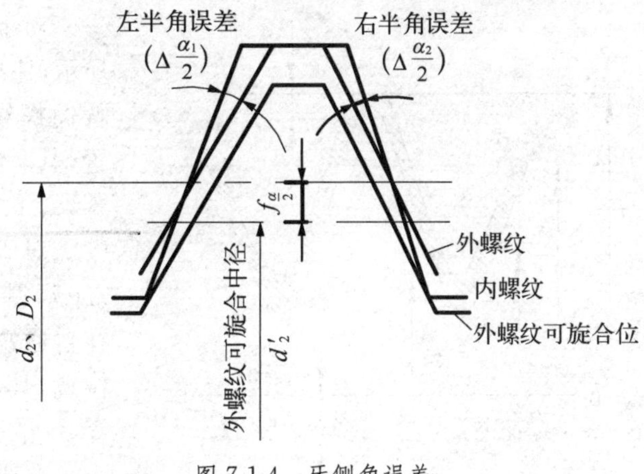

图 7.1.4　牙侧角误差

外螺纹作用中径 d_{2fe} 为：

$$d_{2fe}=d_{2s}+(f_{p\Sigma}+f_{\alpha/2}) \tag{7.1.6}$$

式中：d_{2s}——外螺纹单一实际中径。

内螺纹存在牙型半角偏差时，必须将内螺纹中径增大一个数值 $f_{\alpha/2}$。即牙形半角误差使得内螺纹实际中径减小。

内螺纹作用中径 D_{2fe} 为：　$D_{2fe}=D_{2s}-(f_{p\Sigma}+f_{\alpha/2})$　(7.1.7)

式中：D_{2s}——内螺纹单一实际中径。

3. 普通螺纹公差

由上节可知，在普通螺纹中，对螺距和牙型半角误差不单独规定公差，而是将它们折算到中径上来控制，即用螺纹中径公差综合控制中径、螺距和牙型半角等几何要素的误差。

① 在普通螺纹中，只须规定大径、中径和小径的公差。

② 由于外螺纹和内螺纹的底径（d_1 和 D）是在加工时和中径一起由刀具切出，其尺寸由刀具保证，因此不规定公差。

③ 螺纹公差中，只规定了外螺纹的大径 d、中径 d_2 和内螺纹的小径 D_1、中径 D_2 的公差等级和公差，如表 7.1.2 所示。

表 7.1.2　螺纹公差等级（摘自 GB/T197—2003）

螺纹直径	公差等级	螺纹直径	公差等级
内螺纹小径 D_1	4、5、6、7、8	外螺纹大径 d	4、6、8
内螺纹中径 D_2	4、5、6、7、8	外螺纹中径 d_2	3、4、5、6、7、8、9

零件的尺寸公差可由公差带表示，公差带有两个参数：一是公差带的大小（即宽度）；二是公差带相对于零线的位置。国标已将它们标准化，形成标准公差和基本偏差两个系列。

④ 国家标准 GB/T197—2003《普通螺纹 公差》对螺纹大径、中径和小径规定了相同的基本偏差。

⑤ 螺纹的基本牙型是计算螺纹偏差的基准，内、外螺纹公差带相对基本牙型位置由其基本偏差决定（如同圆柱体尺寸 0 线位置一样）。

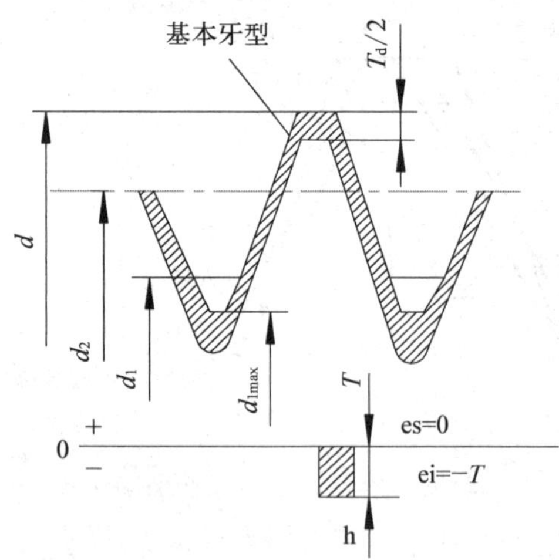

图 7.1.5　普通外螺纹公差带位置示意图

对于外螺纹，公差带布置在“0”线以下，如图 7.1.5 所示，基本偏差为上偏差 es，下偏差 ei＝es－T。在普通螺纹标准中，对外螺纹规定了四种公差带位置，其基本偏差分别为 e、f、g、h，h 的基本偏差为零，e、f、g 的基本偏差为负值，如图 7.1.6 所示。

对于内螺纹：公差带布置在“0”线以上如图 7.1.7，基本偏差为下偏差 EI，上偏差 ES= EI+T，在普通螺纹标准中。对内螺纹规定了两种公差带位置，其基本偏差分别为 G、H，H 的基本偏差为零，G 的基本偏差为正值。

普通螺纹的基本偏差和顶径公差数值见表 7.1.3。普通螺纹的中径公差数值见表 7.1.4。

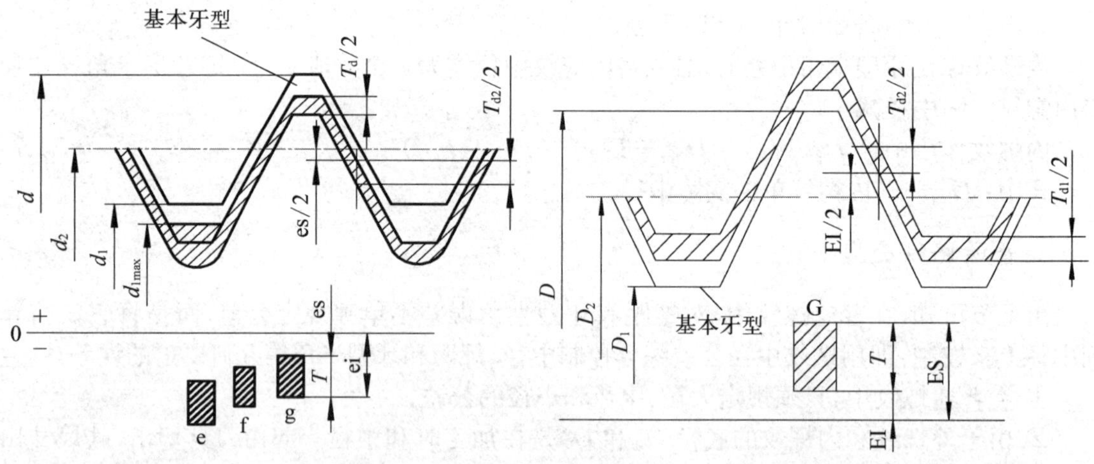

图 7.1.6　外螺纹公差带位置

图 7.1.7　普通内螺纹公差带位置示意图

表 7.1.3　普通螺纹的基本偏差和顶径公差

螺距 ***P*/mm**	内螺纹的基本偏差 EI		外螺纹的基本偏差 es				内螺纹小径公差 T_{D1} 公差等级					外螺纹大径公差 T_d 公差等级		
	G	H	e	f	g	h	4	5	6	7	8	4	6	8
1	+26	0	−60	−40	−26	0	150	190	236	300	375	112	180	280
1.25	+28		−63	−42	−28		170	212	265	335	425	132	212	335
1.5	+32		−67	−45	−32		190	236	300	375	485	150	236	375
1.75	+34		−71	−48	−34		212	265	355	425	530	170	365	425
2	+38		−71	−52	−38		236	300	400	475	600	180	380	450
2.5	+42		−80	−58	−42		280	355	450	560	710	212	225	530
3	+48		−85	−63	−48		315	400	500	630	800	236	275	600
3.5	+53		−90	−70	−53		355	450	560	710	900	265	425	670
4	+60		−95	−75	−60		375	475	600	750	950	300	475	750

表 7.1.4　普通螺纹的中径公差(μm)

公称直径 D/mm		螺距	内螺纹中径公差 T_{D2}					外螺纹中径公差 T_{d2}						
>	≤	P/mm	公差等级					公差等级						
			4	5	6	7	8	3	4	5	6	7	8	9
5.6	11.2	0.5	71	90	112	140	—	42	53	67	85	106	—	—
		0.75	85	106	132	170	—	50	63	80	100	125	—	—
		1	95	118	150	190	236	56	71	90	112	140	180	224
		1.25	100	125	160	200	250	60	75	95	118	150	190	236
		1.5	112	140	180	224	280	67	85	106	132	170	212	295
11.2	22.4	0.5	75	95	118	150	—	45	56	71	90	112	—	—
		0.75	90	112	140	180	—	53	67	85	106	132	—	—
		1	100	125	160	200	250	60	75	95	118	150	190	236
		1.25	112	140	180	224	280	67	85	106	132	170	212	265
		1.5	118	150	190	236	300	71	90	112	140	180	224	280
		1.75	125	160	200	250	315	75	95	118	150	190	236	300
		2	132	170	212	265	335	80	100	125	160	200	250	315
		2.5	140	180	224	280	355	85	106	132	170	212	265	335
22.4	45	0.75	95	118	150	190	—	56	71	90	112	140	—	—
		1	106	132	170	212	—	63	80	100	125	160	200	250
		1.5	125	160	200	250	315	75	95	118	150	190	236	300
		2	140	180	224	280	355	85	106	132	170	212	265	335
		3	170	212	265	335	425	100	125	160	200	250	315	400
		3.5	180	224	280	355	450	106	132	170	212	265	335	425
		4	190	236	300	375	475	112	140	180	224	280	355	450
		4.5	200	250	315	400	500	118	150	190	236	300	375	475

一般螺纹公差带的选用可按表 7.1.5 推荐的公差带选取，特殊需要则例外。

表 7.1.5　普通螺纹推荐公差带

旋合长度		内螺纹推荐公差带			外螺纹推荐公差带		
		S	N	L	S	N	L
公差精度	精密	4H	4H5H	5H6H	(3h4h)	4h*	(5h4h)
	中等	5H* (5G)	6H* 6G	7H* (7G)	(5h6h) (5g6g)	6e* 6f* 6g* 6h*	(7h6h) (7g6g)
	粗糙	—	7H (7G)	—	—	(8h) 8g	—

注：大量生产的精制紧固件螺纹，推荐采用带方框的公差带；带 * 号的公差带优先选用，其次是不带 * 的公差带，带( )的公差带尽可能不用。

零件的公差带由标准公差和基本偏差所决定。按螺纹不同的公差带位置(G、H、e、f、g、h)以及不同的公差等级(3 至 9 级)可组成各种不同的公差带。

根据使用场合,螺纹分成三个精度等级:

精密级:用于精密螺纹;

中等级:用于一般用途;

粗糙级:用于制造螺纹比较困难或对精度要求不高的场合。

国标对螺纹的旋合长度进行了规定,分为短旋合长度 S、中旋合长度 N、长旋合长度 L 三组,一般情况下应采用中旋合长度 N。旋和长度数值表见表 7.1.6。

表 7.1.6 螺纹的旋和长度(摘录) (mm)

公称直径 *D*、*d*		**螺距 *P***	**旋和长度**			
			S	**N**		**L**
>	≤		≤	>	≤	>
5.6	11.2	0.5	1.6	1.6	4.7	4.7
		0.75	2.4	2.4	7.1	7.1
		1	2	2	9	9
		1.25	4	4	12	12
		1.5	5	5	15	15
11.2	22.4	0.5	1.8	1.8	5.4	5.4
		0.75	2.7	2.7	8.1	8.1
		1	3.8	3.8	11	11
		1.25	4.5	4.5	13	13
		1.5	5.6	5.6	16	16
		1.75	6	6	18	18
		2	8	8	24	24
		2.5	10	10	30	30

考虑不同旋合长度螺距累积误差有不同的影响,标准中,不同旋合长度的螺纹中径采用不同的公差等级。理论上,标准中所列内、外螺纹的各种公差带可以任意组成各种配合。但从保证足够的接触高度出发,螺纹最好选用 H/g(间隙)、H/h(零间隙)、G/h(间隙)的配合。对于直径小于等于 1.4 mm 的螺纹副($d\,(D)\leqslant 1.4$ mm),应采用 5H/6h、4H/6h 或更精密的配合,以保证足够接触高度。

4. 梯形螺纹公差简介

(1) 梯形螺纹的作用及种类

梯形螺纹是常用的传动螺纹,精度要求比较高。如车床的丝杠和中、小滑板的丝杆等。梯形螺纹有两种,国家标准规定梯形螺纹牙型角为 30°。英制梯形螺纹的牙型角为 29°,在我国较少采用。

(2) 梯形螺纹的标记

梯形螺纹的标记如下：

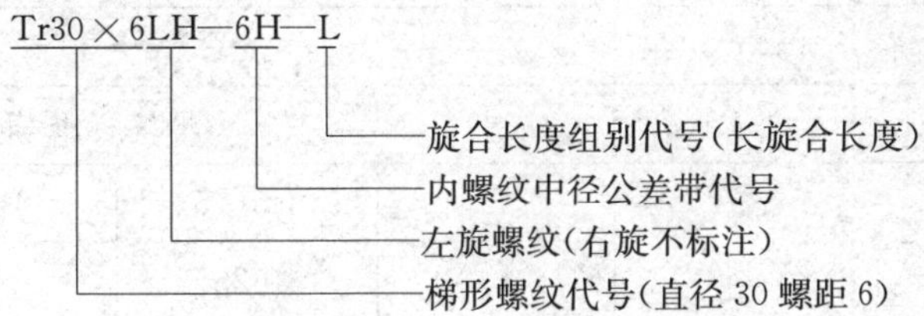

梯形螺纹副的标记：

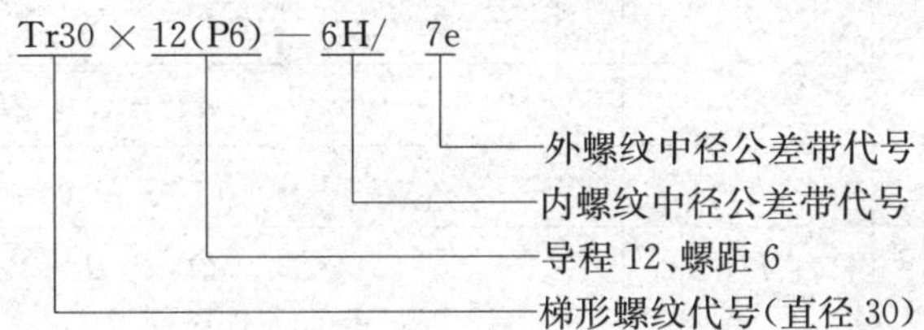

梯形螺纹的标记由螺纹代号、公差带代号及旋合长度代号组成。梯形螺纹代号用字母 Tr 及公称直径×螺距与旋向表示，左旋螺纹旋向为 LH，右旋不标。

梯形螺纹公差带代号仅标注中径公差带，如 6H、7e，大写为内螺纹，小写为外螺纹。

梯形螺纹的旋合长度代号分 N、L 两组，N 表示中等旋合长度，L 表示长旋合长度。

标记示例：Tr22×5—7H

表示梯形内螺纹，公称直径为 22 mm，螺距为 5 mm，中径公差带代号为 7H。

(3) 梯形螺纹的牙型

梯形螺纹的牙型如图 7.1.8 所示。

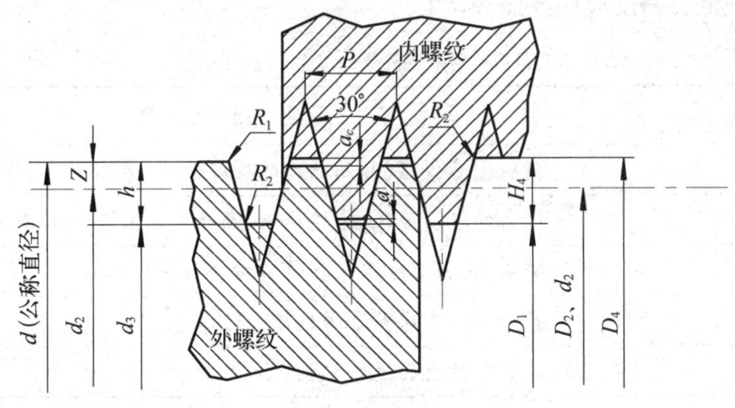

图 7.1.8 梯形螺纹牙型

(4) 梯形螺纹各部分名称、代号、计算公式及基本尺寸确定

牙型计算如表 7.1.7 所示。

(5) 基本偏差及精度等级规定

标准对内螺纹的大径 D_4、中径 D_2 和小径 D_1 只规定了一种基本偏差 H(下偏差)其值为零；对外螺纹的中径 d_2 规定了 h、e 和 c 三种基本偏差，对大径 d 和小径 d_3 规定了一种基本偏差 h，其中 h 的基本偏差(上偏差)为零，e 和 c 的基本偏差(上偏差)为负。

表 7.1.7 梯形螺纹汇总表

名称		代号	计算公式			
牙型角		α	$\alpha=30^\circ$			
螺距		P	由螺纹标准确定			
牙顶间隙		a_C	P	1.5～5	6～12	14～44
			a_C	0.25	0.5	1
外螺纹	大径	d	公称直径			
	中径	d_2	$d_2=d-0.5P$			
	小径	d_3	$d_3=d-2h_3$			
	牙高	h_3	$h_3=0.5P+a_C$			
内螺纹	大径	D_4	$D_4=d+2a_C$			
	中径	D_2	$D_2=d_2$			
	小径	D_1	$D_1=d-p$			
	牙高	H_4	$H_4=h_3$			
牙顶宽		f、f'	$F=f'=0.366P$			
牙槽底宽		W、W'	$W=W'=0.366P-0.536a_C$			
螺旋升角		Φ	$\tan\Phi=P/\pi d_2$			

JB/12886－1992 按用途和使用要求对机床丝杠、螺母的精度规定分为 3～9 级，3 级精度最高，9 级精度最低。精度应用参照表 7.1.8。

表 7.1.8 丝杠、螺母的精度和应用范围

丝杠精度	应用范围
3、4	精密测量仪器、超高精度的坐标镗床、磨床
5、6	精密的螺纹磨床、齿轮磨床、高精度丝杠车床和测量仪器
7	铲床、精密螺纹车床和精密齿轮机床
8	普通螺纹车床和普通铣床
9	没有分度盘的进给机构

梯形螺纹按中径公差分为 1、2、3 三个精度等级，对于 3 级精度的外螺纹，又分为 3 级和 3s 级两种。一般要求同级相配，但也允许内、外螺纹采取不同等级的配合。

2、3 级精度主要用于一般机床的传动丝杠及调节螺杆，其中 2 级精度最好用于结合长度不大于 16 牙；3 级精度最好用于结合长度不大于 24 牙。2 级精度内螺纹与 3s 级精度外螺纹的配合，一般用于结合长度不大于 16 牙。

由于作用中径的存在以及螺纹中径公差的综合性，因此中径合格与否是衡量螺纹互换性的主要依据。判断中径的合格性应遵循泰勒原则：

实际螺纹的作用中径不允许超出最大实体牙型的中径，任何部位的单一中径不允许超出最小实体牙型的中径。即：

$$外螺纹：d_{2fe} \leqslant d_{2max} \quad d_{2s} \geqslant d_{2min} \tag{7.1.8}$$

$$内螺纹：D_{2fe} \geqslant D_{2min} \quad D_{2s} \leqslant D_{2max} \tag{7.1.9}$$

例 7.1.1 对标记为 M20－4h 的某实际螺纹进行测量，测得：螺距累积误差 $\Delta P_{\Sigma}=0.01$ mm，左半角误差 $\Delta\left(\frac{\alpha_1}{2}\right)$ 和右半角误差 $\Delta\left(\frac{\alpha_2}{2}\right)$ 为：$\Delta\left(\frac{\alpha_1}{2}\right)=\Delta\left(\frac{\alpha_2}{2}\right)=+10'$，单一实际中径 $d_{2s}=18.28$ mm。验收该螺纹中径是否合格。

解：(1) 查螺纹基本尺寸表得：公称中径 $d_2=18.376$ mm，螺距 $P=2.5$ mm，

查外螺纹中径公差表得：$T_{d2}=106\ \mu m=0.106$ mm，基本偏差 es=0，

则最大极限中径 $d_{2max}=18.376$ mm，

最小极限中径 $d_{2min}=d_{2max}-T_{d2}=18.270$ mm。

(2) 螺距误差中径当量：

$f_{p\Sigma}=1.732\ |\Delta P_{\Sigma}|=(1.732\times 0.01)\ \text{mm}=0.017\,32\ \text{mm}\approx 0.017\ \text{mm}$。

(3) 半角误差的中径当量：

$f_{\alpha/2}=0.073P\left[K_1\left|\Delta\frac{\alpha_1}{2}\right|+K_2\left|\Delta\frac{\alpha_2}{2}\right|\right]=0.073\times 2.5\times 4\times 10=7.3\ \mu m$。

(4) 作用中径：

$d_{2fe}=d_{2s}+f_{p\Sigma}+f_{\alpha/2}=18.304$ mm，

按泰勒原则验收，由于 $d_{2fe}<d_{2max}$，$d_{2s}>d_{2min}$，则验收为合格。

五、总结与评价

(1) 普通螺纹的主要术语和几何参数

基本牙型、大径(D、d)、小径(D_1、d_1)、中径(D_2、d_2)、作用中径、单一中径、实际中径、螺距(P)、牙型角(α)与牙型半角($\alpha/2$)、螺纹旋合长度等。

(2) 作用中径的概念及中径合格条件

作用中径的大小影响可旋合性，实际中径的大小影响联接可靠性。中径合格与否应遵循泰勒原则，将实际中径和作用中径均控制在中径公差带内。

(3) 普通螺纹公差等级

螺纹公差标准中，规定了 d、d_2 和 D_1、D_2 的公差。它们各自的公差等级、螺距和牙型不规定公差(由中径公差带控制)，外螺纹的小径 d_1 和内螺纹的大径 D 也不规定公差。

(4) 基本偏差

对于外螺纹，基本偏差是上偏差(es)，有 e、f、g、h 四种；对于内螺纹，基本偏差是下偏差(EI)，有 G、H 两种。

(5) 普通螺纹公差带选择

公差等级和基本偏差组成了螺纹公差带，国标规定了常用公差带。一般情况下，应尽可能选用表中规定的优先选用的公差带。

表 7.1.9 完成工作任务评价表

评价项目	评价内容	具体要求、指标	配分	评分		
				自评	小组	教师
用工具显微镜测量螺纹	螺纹种类的认识	圆柱、圆锥螺纹的参数指标	5分			
	测量原理及测量方法的判别	工具显微镜测量螺纹	3分			
	测量过程	仪器操作正确,测量步骤正确,读数正确,小组分工明确,团结互助,配合良好	4分			
	误差分析	中径当量计算	4分			
	作用中径	评定作用中径合格性	4分			
安全操作	安全使用仪表设备,正确使用工具显微镜,能够正确采用安全措施保护自己,保证工作安全					
完成工作任务的表现	积极完成工作任务,认真学习相关知识,遵守安全操作规程和劳动纪律,有良好的职业道德和职业习惯		10分			
你完成本次工作任务的体会:(学到了哪些知识、掌握了哪些技能,有哪些收获)			20分			
小组同学对你在完成本次工作任务过程中,工作和学习方面的总体评价:			20分			
老师对你在完成本次工作任务过程中,工作和学习方面的总体评价:			20分			
成绩评定			合计得分			
备　注						

六、拓展与提高

自行导处螺纹中径当量计算式。

习　题

1. 普通螺纹的精度是怎么划分的?试述各种精度螺纹的用途。
2. 普通螺纹分几种?用代号如何表示?
3. 普通螺纹按其性质与用途可分几种类型?各有何使用要求?
4. 普通螺纹的中径与单一中径之间有何区别?
5. 影响螺纹互换性的主要因素有哪些?

6. 已知对某 M20－6e 螺纹的测量数据为：螺距累积误差 $\Delta P_{\Sigma}=0.01\ \mathrm{mm}$，左半角误差 $\Delta\left(\frac{\alpha_1}{2}\right)=+8'$，右半角误差 $\Delta\left(\frac{\alpha_2}{2}\right)=+10'$，单一实际中径 $d_{2s}=18.275\ \mathrm{mm}$。验收该螺纹中径是否合格。

任务二 圆柱外螺纹参数检测

一、任务目标

1. 了解外螺纹检测的方法；
2. 熟悉了解螺纹量规测量螺纹的方法；
3. 了解外螺纹单项参数的测量。

二、任务描述

外螺纹参数的测量涉及的方法和计量器具有很多，如千分尺、测长仪、万工显、极限量规等。熟悉运用各种仪器的使用方法，并掌握其中的两种测量方法。

三、任务实施流程

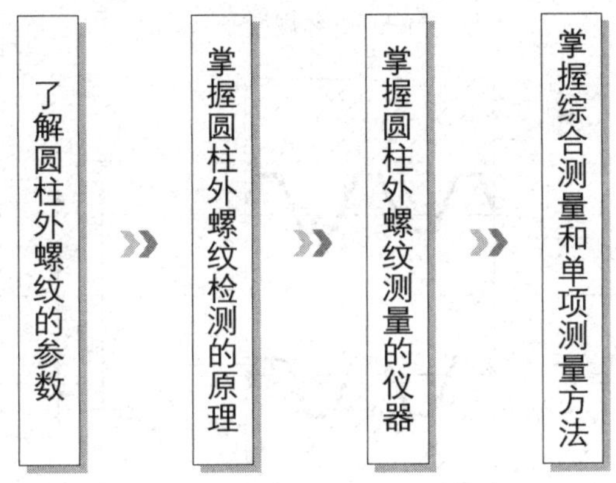

四、任务知识仓库及任务实施过程

螺纹连接在工业中应用非常广泛，快速而准确地测量螺纹各项参数，对保证工业零部件的质量和可靠性有着相当重要的作用。我国制造业中主要使用机械检测方法对螺纹进行检测，常用的有螺纹量规、工具显微镜、三针法和其他通用量仪等，批量产品检测基本利用螺纹极限量规进行检测，这些传统的螺纹检测方法大多依赖人工操作，虽然操作简单，但对于大批量螺纹的检测，测量过程费事费力，检测精度较低，影响生产周期而且无法实现自动化以及对螺纹的中径、螺距、牙型半角等参数进行检测。

通过本情境的学习，要求读者了解螺纹基本参数的概念及测量方法；了解外螺纹的基本参数和测量仪器的使用方法；至少能掌握其中的一种测量方法。

圆柱外螺纹参数的检测，其检测方法可分为综合测量和单项测量两类。

1. 综合测量

如图 7.2.1 用光滑极限量规来检验外螺纹。通端螺纹环规用来检验螺母作用中径和螺母大径的最小极限尺寸，采用完整牙型和跟旋合长度相当的螺纹长度。止端螺纹塞规只用来控制螺母实际中径一个参数，采用截短牙型和较少的螺纹圈数，其旋合量要求与螺纹环规相同。

对螺纹进行综合检测时使用的是螺纹量规和光滑极限量规，它们都是由通规(通端)和止规(止端)组成。

① 光滑极限量规：光滑极限量规用于检验外螺纹顶径尺寸的合格性，如图 7.2.1(c)。

② 螺纹量规：按极限尺寸判断原则设计，他的通规用于检验外螺纹的作用中径及底径的合格性，他的止规用于检验被检螺纹的单一中径。

检验内螺纹用的是螺纹量规，称为螺纹塞规；检验外螺纹用的螺纹量规，称为螺纹环规。

检验时通规能够通过被测螺纹图 7.2.1(a)，止规不能通过被测螺纹图 7.2.1(b)，其被测螺纹为合格，否则不合格。图 7.2.1(a)仅有螺纹通规，图 7.2.1(b)仅有螺纹止规，图 7.2.1(c)仅有卡规。

用卡规先检验外螺纹顶径的合格性，再用螺纹环规的通端检验，若外螺纹的作用中径合格，且底径(外螺纹小径)没有大于其最大极限尺寸，通端应能在旋合长度内与被检螺纹旋合。若被检螺纹的单一中径合格，螺纹环规的止端不应通过被检螺纹，但允许旋进 2～3 牙。

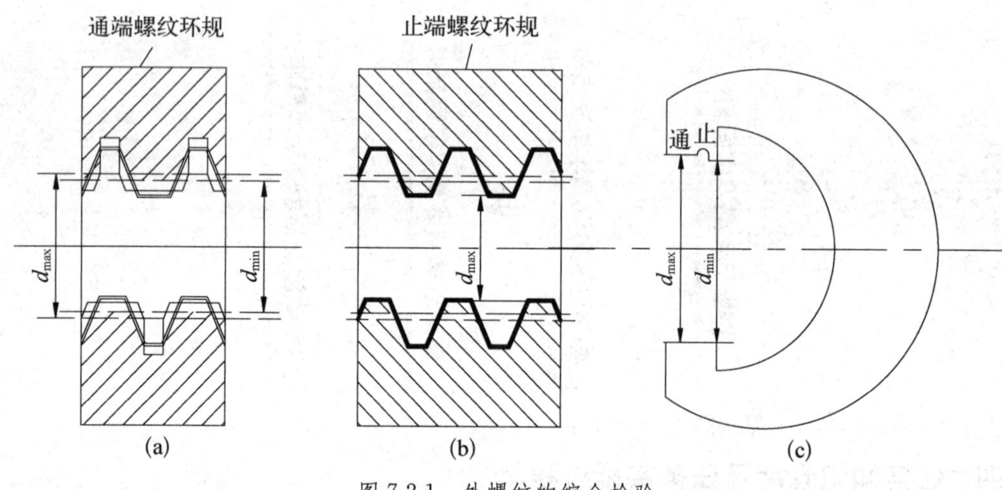

图 7.2.1　外螺纹的综合检验

2. 外螺纹单项参数测量

单项测量每次只测量螺纹的一项几何参数，并以所测得的实际值来判断螺纹的合格性。单项测量主要用于高精度螺纹、螺纹类刀具及螺纹量规的测量。生产中在分析与调整螺纹加工工艺时，也需要采用单项测量。

(1) 用螺纹千分尺测量外螺纹中径

用螺纹千分尺测量外螺纹中径是生产车间测量低精度螺纹的常用计量器具。它的结构与一般外径千分尺相似，如图 7.2.2 所示，只是它的两个测量头形状不同，且可以根据不同螺纹牙型和不同螺距选用不同的测量头。螺纹千分尺的分度值为 0.01 mm，测量范围分 0～25 mm、25～50 mm、50～75 mm 等。测量时 V 型槽测头卡入被测螺纹牙凸处，其锥形测头旋入被测对径牙槽进行读数，读数原理同外径千分尺。

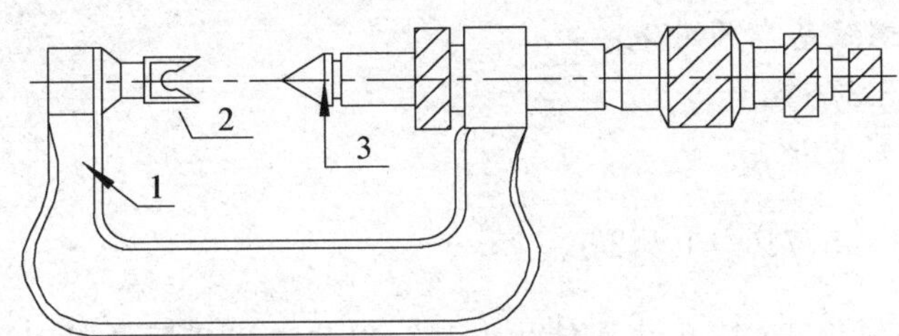

1—千分尺身　2—V 型槽测头　3—锥形测头

图 7.2.2　螺纹千分尺

(2) 三针法测量

三针量法是一种间接测量法，主要用于测量精密螺纹(如丝杠、螺纹塞规)的中径(d_2)。如图 7.2.3 所示，根据被测螺纹的螺距 P 和牙型半角，选取三根直径相同的量针(直径为 d_0)，分别放在对径牙槽里，用接触式量仪量出 M 值，再根据几何关系换算出被测的单一中径。

按如图 7.2.3 检测，选择适当直径 d_0 的量针，使得量针与牙侧的切点在中径线上，按理论牙形和螺距根据几何关系导出如下公式。

$$d_{2实际}=M-d_0\left[1+\frac{1}{\sin(\alpha/2)}\right]+\frac{p}{2}\cot\frac{\alpha}{2} \tag{7.2.1}$$

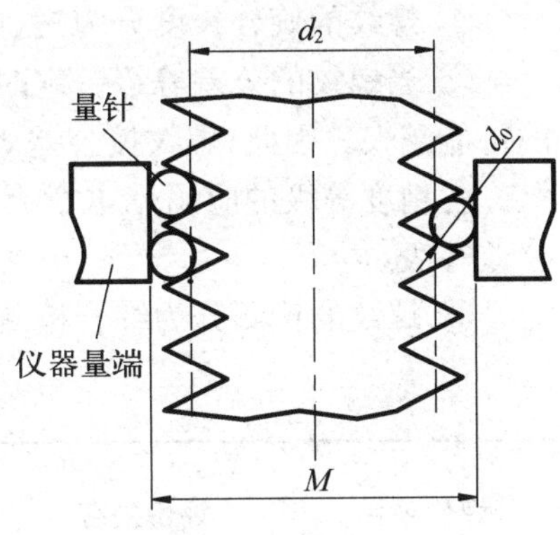

图 7.2.3　三针量法测量中径

式中：M——对径量针间测量值；

d_0——量针直径；

p——螺距；

α——牙形角。

对于公制普通螺纹，$\alpha=60°$，则：

$$d_{2实际}=M-3d_0+0.866P \tag{7.2.2}$$

对于梯形螺纹，$\alpha=30°$，则：

$$d_{2实际}=M-4.863d_0+1.866P \tag{7.2.3}$$

为避免牙型半角误差对测量结果的影响，量针直径应按照螺纹螺距选择，使量针与牙侧的接触点落在中径线上，此时的量针直径称为最佳量针直径。

$$d_{0最佳}=P/2\cos\left(\frac{\alpha}{2}\right) \tag{7.2.4}$$

对普通公制螺纹：

$$d_{0最佳}=\frac{P}{1.732} \tag{7.2.5}$$

由于量针是按系列制造，因此在实际测量中应选用最接近 $d_{0最佳}$ 的量针以减少测量误差。

例 7.2.1 测量 M20－4h 的单一实际中径。

解：(1) 查普通螺纹基本尺寸表：

$P=2.5$，$d_2=18.376$ mm。

(2) 计算最佳量针直径：

$$d_{0最佳}=\frac{P}{1.732}=0.577P=1.4425。$$

在量针系列中最接近 1.442 5 的量针是 1.443，因此选用实际量针 $d_{0实}=1.443$。

(3) 测量。

将三根直径相同且直径 $d_{0实}=1.443$ 的量针按图 7.2.3 放入牙槽读取 M 值。

如某被测螺纹读取的 M 值是 20.500，则实际中直径是：

$d_{2S}=M-3d_{0实}+0.866P=20.500-4.329+2.165=18.336$ mm。

五、总结与评价

① 螺纹的旋合长度分为短、中、长三种，分别用代号 S、N 和 L 表示。

② 当螺纹的公差等级一定时，旋合长度越长，加工时产生螺距累积偏差和牙型半角偏差的可能越大。因此，螺纹按公差等级和旋合长度规定了三种精度等级：精密级、中等级、粗糙级。各精度等级的应用见本章有关内容。同一精度等级，随旋合长度的增加应降低螺纹的公差等级。

③ 螺纹的检测分为综合检测和单项检测。

表 7.2.1 完成工作任务评价表

评价项目	评价内容	具体要求、指标	配分	评分		
				自评	小组	教师
在万能测长仪上用三针测螺纹中径	万能测长仪使用	安装、调试、检测等操作正确	5 分			
	测量原理及测量方法的判别	了解三针选用恰当	3 分			
	测量过程	仪器操作正确，测量步骤操作正确，读数正确，小组分工明确，团结互助，配合良好	4 分			
	误差分析	中径偏差的评定方法合理	4 分			
	作用中径的评定	作用中径的评定方法判定正确	4 分			
安全操作	安全使用仪表设备，正确使用万能测长仪，能够正确采用安全措施保护自己，保证工作安全		10 分			
完成工作任务的表现	积极完成工作任务，认真学习相关知识，遵守安全操作规程和劳动纪律，有良好的职业道德和职业习惯		10 分			

续　表

评价项目	评价内容	具体要求、指标	配分	评　分		
				自评	小组	教师
你完成本次工作任务的体会：（学到了哪些知识、掌握了哪些技能，有哪些收获）			20 分			
小组同学对你在完成本次工作任务过程中，工作和学习方面的总体评价：			20 分			
老师对你在完成本次工作任务过程中，工作和学习方面的总体评价：			20 分			
成绩评定			合计得分			
备　　注						

六、拓展与提高

对机床进给系统选用适当的计量器具，测量传动丝杠的基本参数。

习　　题

1. 为什么说螺纹中径是影响螺纹互换性的主要参数？
2. 为什么说螺纹精度与螺纹的旋合长度有关？
3. 螺纹在图样上的标注主要有哪些内容？
4. 解释下列螺纹标记的含义：

(1) M10×1－5g6g－S。

(2) M10×1－6H。

(3) M20×2 LH 6H/5g6g。

5. 用三针测量 M20－5g 的某螺纹的读数值 M＝20.520，其 $d_{0实}$＝1.443，判断该螺纹合格性（螺距、半角均无误差）。

任务三　圆柱内螺纹参数的检测

一、任务目标

1. 了解内螺纹检测的方法；
2. 熟悉掌握螺纹塞规测量内螺纹的方法；
3. 了解内螺纹单项参数的测量。

二、任务描述

内螺纹参数的测量涉及测量仪器较多。熟悉运用各种仪器的使用方法，并掌握其中的两种测量方法。

三、任务实施流程

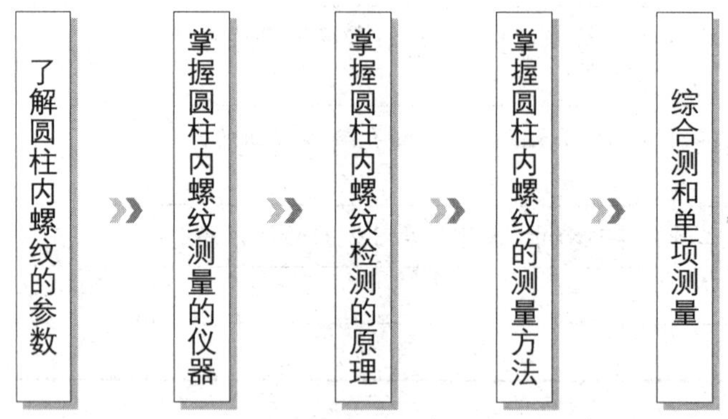

四、任务知识仓库及任务实施过程

螺纹零件作为机械领域的常用件，涉及领域广泛、数量巨大，其广泛应用于紧固连接、密封、精密定位、传递运动和动力等，因此螺纹连接在机器制造和仪器制造工业中有着极其重要的地位。螺纹的精度在一定程度上决定着螺纹连接的可靠性，而螺纹参数则直接影响了螺纹的精度。因此，螺纹参数的检测是螺纹生产制造或工艺设计中重要的一项测量技术，特别对于精密螺纹，如螺纹量规、测微螺纹等等。长期以来，我国制造业中主要采用螺纹塞规、阿贝式测长仪、内螺纹中径千分尺等接触式测量方法测量内螺纹参数。

随着工业的发展，现代工业品的设计要求对螺纹制品的品质要求越发苛刻，对螺纹连接的互换性和可靠性要求越来越高，在此互换性主要是指螺纹零件在几何参数上能够具有相互替换的性能。然而，由于螺纹零件参数较多且其特殊的形貌，决定了在大批量生产时很难及时进行单项参数的测量，多以综合检测为主。只有对精密螺纹或对螺纹做必要工艺分析时，才进行单项参数的检测。

量规的综合测量主要用来控制作用中径，而作用中径的公差带可用来综合限制螺距误差和牙型半角误差，如此可简化测量满足最低连接要求，却可能使螺纹受损，导致连接强度和可靠性下降。

通过本情境的学习，要求读者了解螺纹基本参数的概念及测量方法；了解内螺纹的基本参数和测量仪器的使用方法；能掌握其中的一种测量方法。

1. 内螺纹参数的综合测量

如图 7.3.1 用光滑极限量规（塞规）检验内螺纹顶径的合格性。再用螺纹塞规的通端检验内螺纹的作用中径和底径，若作用中径合格且内螺纹的底径（内螺纹大径）不小于其最小极限尺寸，通规应能在旋合长度内与内螺纹旋合。若内螺纹的单一中径合格，螺纹塞规的止端就不通过，但允许旋进 2～3 牙。

由于内螺纹的单项测量比较困难，测量误差比较大，所以在实际生产中大部分内螺纹都用螺纹塞规进行综合检验，单项测量用的很少，下面仅作一般介绍。

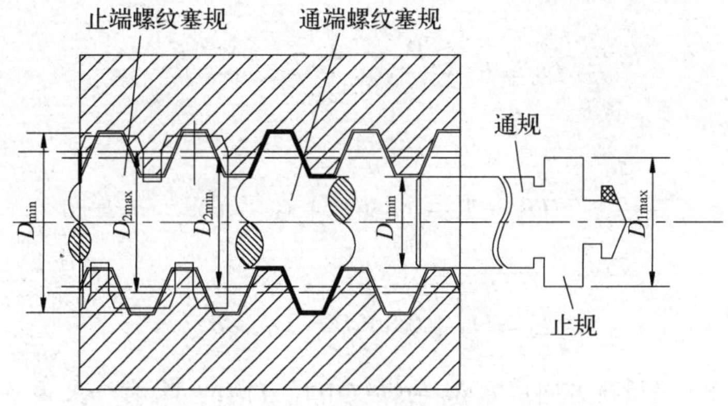

图 7.3.1　内螺纹参数的综合测量

2. 双球法(测钩法)测量内螺纹中径

内螺纹的中径测量可以在卧式光学计、万能测长仪、测量机等仪器上用双球接触法进行测量。

以下介绍在卧式光学计和万能测长仪上测量内螺纹中径。

直径大于 18 mm 的内螺纹中径,可以在卧式光学计或万能测长仪上利用一套专用附件来测量。测量时在仪器测钩上装有测球。测量前用带有标准螺纹牙型缺口的专用测块和量块组成标准螺纹,用来调整仪器零位,然后进行测量。

在专用测块下垫量块尺寸为 $\frac{P}{2}$ 时,如图 7.3.2 所示,这时量块组 E 的尺寸计算如下:

因为:

$$E = x - (a + b)$$

$$x = D_2 + \frac{P}{2}\cot\frac{\alpha}{2}$$

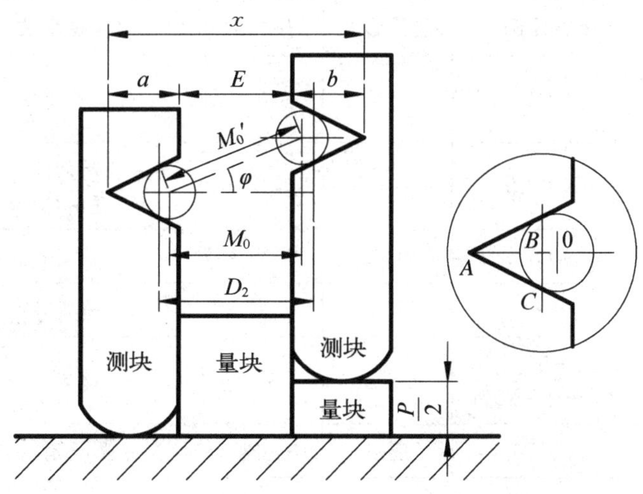

图 7.3.2　内螺纹中径测量

故得：

$$D_2 = E - \frac{P}{2}\cot\frac{\alpha}{2} + (a+b) \tag{7.3.1}$$

当 $\alpha = 60°$，

$$D_2 = E - 0.866P + (a+b) \tag{7.3.1A}$$

所以：

$$E = D_2 + 0.866P - (a+b) \tag{7.3.1B}$$

由图 7.3.2 可知，测量线方向尺寸 M_0' 与螺纹中径方向的 M_0 有一夹角 ϕ，但因此角很小，对测量精度影响不大。一般把测得的偏差 $\Delta M_0'$ 作为被测中径偏差 Δd_2，即 $\Delta M_0' \approx \Delta d_2$。用专用测块和量块组成的标准螺纹对仪器进行调整，然后放上被测螺纹环规，仪器的示值变化即为被测螺纹的中径偏差。当 ϕ 较大时，可取 $\Delta d_2 = \Delta M_0' \cos\phi$。这种方法的测量误差一般为 $\pm 5 \sim 7\ \mu m$。

3. 印模法

印模法在生产中是应用较早的一种方法。此法是将配制好的印模材料压铸在被测内螺纹的牙槽内，经过一定时间的硬化过程后取出。取出的印模形同外螺纹，因而可用测量外螺纹的方法进行测量。关键是印模材料的选择与印模的制造工艺。

对印模材料应满足以下条件：

① 硬化过程中收缩变形小，硬化后有足够的强度。

② 有化学稳定性，避免因氧化、腐蚀等原因而损伤内螺纹表面，或因放出有毒的气体而影响人体健康。

③ 有适当的硬化过程时间，并能在室温条件下进行硬化，以便既有充分时间进行操作，又能提高制模效率。各种印模材料的性能见下表 7.3.1。

表 7.3.1　各种印模材料的性能

印模材料	配方比例	硬化温度	硬化时间	化学稳定性	形状稳定性
石膏＋重铬酸钾溶液	1∶1	室温	≤3 分钟	对铁有锈蚀	硬化后立即测量
石膏＋亚硝酸钠溶液	6.5∶3.5	室温	≤3 分钟	长时间测有锈蚀	同上
硫磺＋石墨	9∶1	119℃	3—5 分钟	稳定	收缩率较大
硫磺	—	119℃	同上	稳定	同上
伍氏合金	25%＋50%＋12.5%＋12.5%	68℃	3 分钟	稳定	收缩率小
铜汞合金(铜＋汞)	24%＋76%	室温	18—24 小时	汞蒸气有毒	收缩率小于 0.01
牙托粉＋牙托水	1∶1	室温	15 分钟	有臭味	收缩率较小

五、总结与评价

表 7.3.2　完成工作任务评价表

<table>
<tr><th rowspan="2">评价项目</th><th rowspan="2">评价内容</th><th rowspan="2">具体要求、指标</th><th rowspan="2">配分</th><th colspan="3">评　分</th></tr>
<tr><th>自评</th><th>小组</th><th>教师</th></tr>
<tr><td rowspan="5">用极限量规测量内螺纹</td><td>螺纹塞规使用</td><td>操作正确</td><td>5 分</td><td></td><td></td><td></td></tr>
<tr><td>测量原理及测量方法的判别</td><td>螺纹塞规测量方法选用恰当</td><td>3 分</td><td></td><td></td><td></td></tr>
<tr><td>测量过程</td><td>操作正确,测量步骤正确</td><td>4 分</td><td></td><td></td><td></td></tr>
<tr><td>误差分析</td><td>影响测量的因素</td><td>4 分</td><td></td><td></td><td></td></tr>
<tr><td>极限尺寸的评定</td><td>最大极限尺寸和最小极限尺寸的评定方法判定正确</td><td>4 分</td><td></td><td></td><td></td></tr>
<tr><td>安全操作</td><td colspan="2">安全使用仪表设备,正确使用螺纹塞规,能够正确采用安全措施保护自己,保证工作安全</td><td>10 分</td><td></td><td></td><td></td></tr>
<tr><td>完成工作任务的表现</td><td colspan="2">积极完成工作任务,认真学习相关知识,遵守安全操作规程和劳动纪律,有良好的职业道德和职业习惯</td><td>10 分</td><td></td><td></td><td></td></tr>
<tr><td colspan="3">你完成本次工作任务的体会:(学到了哪些知识、掌握了哪些技能,有哪些收获)</td><td>20 分</td><td></td><td></td><td></td></tr>
<tr><td colspan="3">小组同学对你在完成本次工作任务过程中,工作和学习方面的总体评价:</td><td>20 分</td><td></td><td></td><td></td></tr>
<tr><td colspan="3">老师对你在完成本次工作任务过程中,工作和学习方面的总体评价:</td><td>20 分</td><td></td><td></td><td></td></tr>
<tr><td>成绩评定</td><td colspan="2"></td><td>合计得分</td><td></td><td></td><td></td></tr>
<tr><td>备　　注</td><td colspan="6"></td></tr>
</table>

六、拓展与提高

测量机床进给系统传动螺母螺纹的基本参数。

习　　题

1. 查表确定 M20×2－6H 的中径、小径的极限偏差及公差。

2. 查表确定 M20×2－5H6G 的中径和顶径的上下偏差。

3. 查表确定 M40－6H/6h 中径和顶径的上下偏差。

4. 查表确定 M40－6H/6h 内、外螺纹的中径、小径和大径的基本偏差,计算内、外螺纹的中径、小径和大径的极限尺寸,绘出内、外螺纹的公差带图。

5. 用三针(d_0＝1.732 mm)测量 M24 外螺纹的中径时,测得 M＝24.57 mm,问该螺纹的实际中径为多少?

学习情境八

渐开线圆柱齿轮精度与检测

情境导入

齿轮传动的应用是极为广泛的，主要用来传递动力或运动，具有自身重量轻、传递功率大、转速和工作精度高等特点，但齿轮传动的工作性能、承载能力、使用寿命及工作精度等都与齿轮制造精度有密切关系。因此，研究齿轮加工精度和检测误差，对其使用性能和提高齿轮加工质量具有重要意义。

情境目标

知识目标

1. 认识渐开线圆柱齿轮的精度指标；
2. 学习渐开线圆柱齿轮副的精度指标；
3. 理解渐开线圆柱齿轮的齿坯精度。

技能目标

1. 熟悉齿轮参数表的应用；
2. 熟练掌握渐开线圆柱齿轮参数综合测量；
3. 熟练掌握渐开线圆柱齿轮参数单项测量。

任务一　渐开线圆柱齿轮精度

一、任务目标

1. 了解渐开线圆柱齿轮的精度指标；
2. 掌握渐开线圆柱齿轮的精度标注；
3. 了解齿轮副的精度指标；

4. 认识齿坯精度。

二、任务描述

认识渐开线圆柱齿轮精度标准及其应用，了解齿轮副的安装误差对于齿轮传动的使用性能影响，对这类误差加以控制。认识掌握齿轮精度的标注方法。了解齿坯的精度对于齿轮的加工、测量和装配的影响。

三、任务实施流程

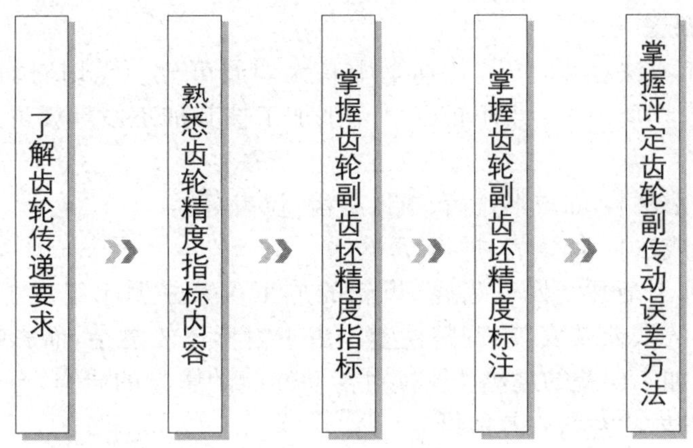

四、任务知识仓库及任务实施过程

影响齿轮传递运动的误差有：影响运动准确性的误差、影响传动平稳性的误差、影响载荷分布均匀性的误差、齿轮副传动误差以及影响齿坯精度的误差，各项误差均不能超过标准中规定的公差。

1. 渐开线圆柱齿轮精度指标

齿轮传动是一种重要的机械传动形式，通常用来传递运动或动力。由于齿轮传动具有结构紧凑，能保持恒定的传动比，传动效率高，使用寿命长及维护保养方便等特点，所以在机器和仪器仪表中应用极为广泛。

凡是用齿轮传动的机械产品，其工作性能、承载能力、使用寿命等都与齿轮的制造精度和装配精度密切相关。

齿轮传动是由齿轮副、轴、轴承与箱体等主要零件组成的，由于组成齿轮传动装置的这些主要零件在制造和安装时不可避免地存在误差，因此必然会影响齿轮传动的质量。为了保证齿轮传动质量，就要规定相应的公差。

齿轮传动的主要特点：① 适用范围广；② 效率高；③ 传动平稳、结构紧凑；④ 工作可靠、寿命长。

(1) 齿轮传递运动要求

① 传递运动的准确性：要求齿轮转一圈，最大的转角误差在一定范围内，如图 8.1.1 所示。

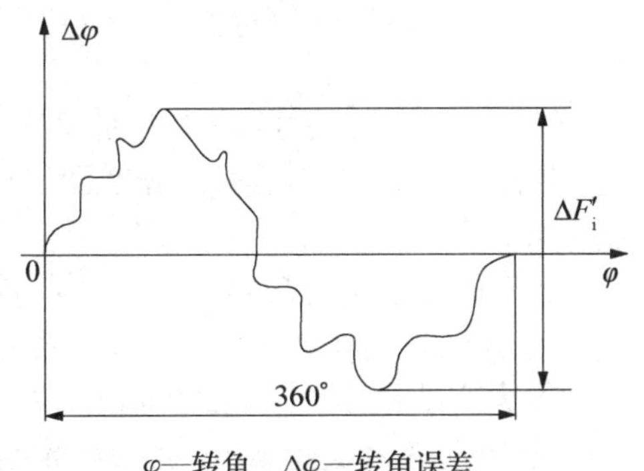

φ—转角　$\Delta\varphi$—转角误差
$\Delta F_i'$——一周内最大幅度转角误差

图 8.1.1　传递运动的准确性

转角误差：实际转角与公称转角之差。

② 传递运动的平稳性：要求齿轮的瞬间传动比变化不大(在一定范围内)因为瞬间传动比的突然变化，会引起齿轮冲击，产生噪声和震动。

③ 载荷分布的均匀性：要求齿轮啮合时，齿面接触良好，以免引起应力集中，造成齿面局部磨损，影响齿轮的使用寿命。

④ 合理的齿轮副侧隙：为了贮存润滑油，补偿齿受力后的弹塑性变形、热变形以及制造和安装中产生的误差，要求齿轮副啮合时非工作齿面间应留有一定的间隙，即齿侧间隙，以防止齿轮在传动中出现卡死和烧伤，保证齿轮正常回转。

(2) 齿轮加工误差

圆柱齿轮的加工方法很多，按其在加工中有无切屑可分为无切屑加工(压铸、热轧、冷挤、粉末冶金等)和有切屑加工(切削加工)。切削加工按其加工原理又可分为仿形法和范成法两类。

仿形法(又称成形法)：如成形铣齿、成形磨齿、拉齿等。

范成法(又称展成法)：如滚齿、插齿、磨齿等。

用范成法切削加工渐开线圆柱齿轮，齿轮的加工误差来源于组成工艺系统的机床、夹具、刀具和齿坯本身的误差及安装、调整误差。由于齿形比较复杂，而影响加工误差的工艺因素比较多，对齿轮加工误差的规律性及其对传动性能的影响的研究，至今还不很充分。以下介绍目前所要求的齿轮参数误差项目。

(3) 影响运动准确性的误差

① 切向综合总误差 $\Delta F_i'$：被测齿轮与理想精确齿轮单面啮合时，在被测齿轮转一圈内，实际转角与公称转角之幅度值，如图 8.1.2 所示。

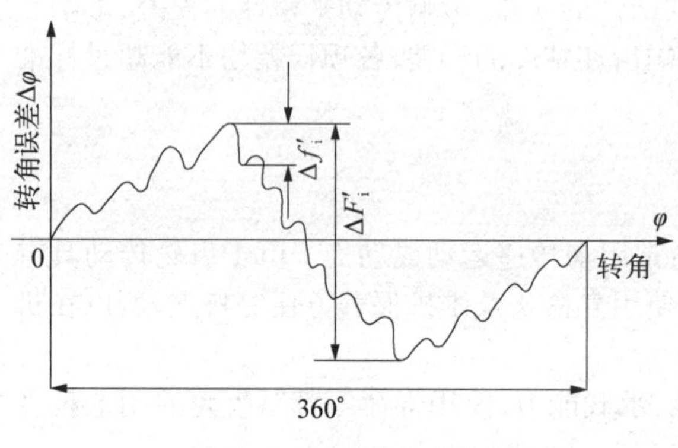

图 8.1.2　切向综合误差 $\Delta F_i'$

$\Delta F_i'$是评定齿轮运动准确性的综合指标，应控制在切向综合总偏差 F_i'内。

$\Delta f_i'$是一齿切向综合误差，应控制在一齿切向综合偏差 f_i'内。

② 齿距累积误差 ΔF_p：在齿轮加工中不可避免存在偏心，从而使被加工齿轮实际齿廓的位置偏离其公称齿廓，使齿轮齿距不均匀，影响齿轮运动准确性。这种误差由齿距累积误差评定。齿距累积误差是指，在分度圆上，任意两同侧齿面间的实际弧长与公称弧长的最大差值，如图 8.1.3 所示。k 个齿距累积误差 ΔF_{pk}：在分度圆上，k 个齿距间的实际弧长与公称弧长的最大差值，如图 8.1.4 所示。

ΔF_p应控制在齿距累积总偏差 F_p内，ΔF_{pk}应控制在 k 个齿距累积偏差$\pm F_{pk}$内。

③ 齿圈径向跳动 ΔF_r：齿轮一转范围内，测头与齿高中部双面接触，测头相对于齿轮轴线的最大变动量，应控制在径向跳动 F_r内。

④ 径向综合误差 $\Delta F_i''$：被测齿轮与理想精确测量齿轮双面啮合时，在被测齿轮转一圈内，双啮中心距的最大变动量，如图 8.1.5 所示。双啮中心距是指被测齿轮与测量齿轮双面啮合时的中心距。

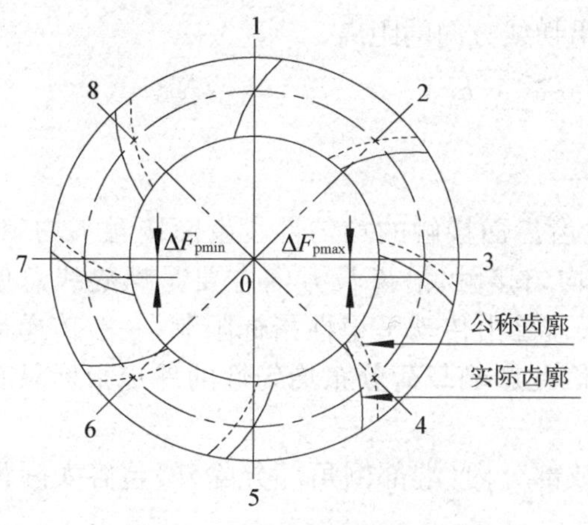

图 8.1.3　齿距累积误差 ΔF_p

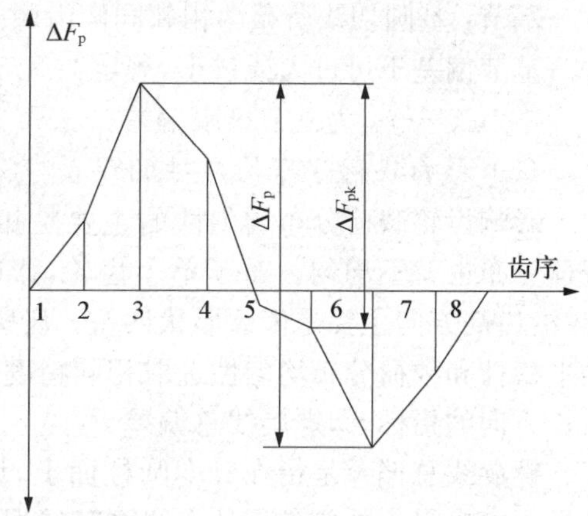

图 8.1.4　k 个齿距累积误差 ΔF_{pk}

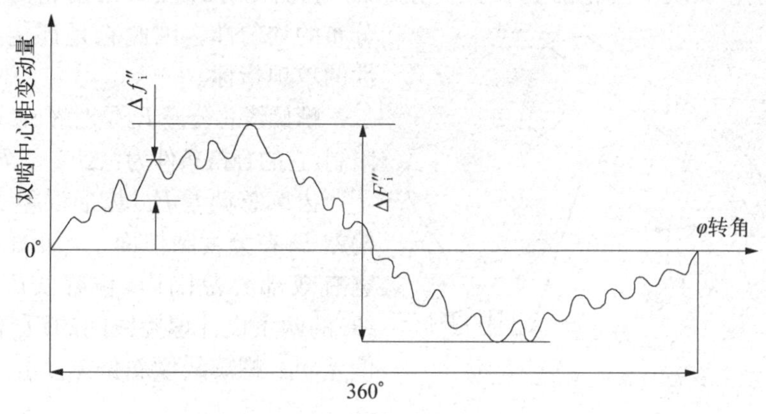

图 8.1.5　双啮中心距的最大变动量

(4) 影响传动平稳性的误差

① 一齿切向综合误差 $\Delta f_i'$：被测齿轮与理想精确齿轮单面啮合时，在被测齿轮转一齿距角内，实际转角与公称转角之差的最大幅度值。$\Delta f_i'$是以分度圆弧长计算的，用单面啮合仪测量，如图 8.1.2。

② 一齿径向综合误差 $\Delta f_i''$：被测齿轮与理想精确测量齿轮双面啮合时，在被测齿轮转一齿距角内，双啮中心距的最大变动量。如图 8.1.5 用双面啮合仪测量。

③ 齿形误差 Δf_f：齿轮端截面上，齿形工作部分内包容实际齿廓(齿形)的两条设计齿廓线间的法向距离。由齿廓形状偏差 $f_{f\alpha}$ 齿廓倾斜偏差 $f_{H\alpha}$ 及齿廓总偏差 F_α 按要求控制。

④ 单个齿距偏差 Δf_{pt}：在分度圆上，实际齿距与公称齿距之差，控制在单个齿距极限偏差 $\pm f_{pt}$ 内。

(5) 基节偏差

基节偏差 Δf_{pb}：实际基节与公称基节之差，如图 8.1.6 所示。

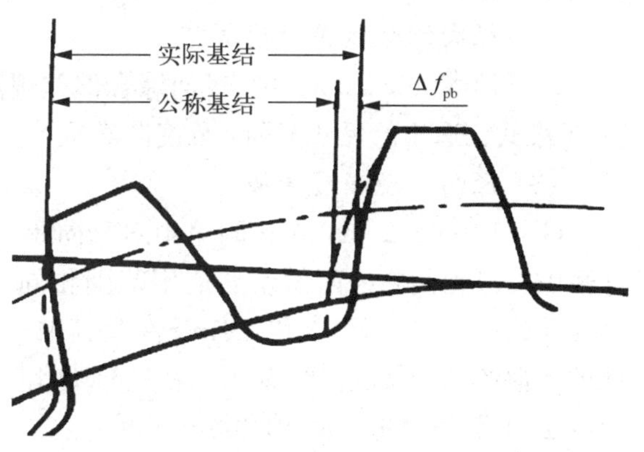

图 8.1.6　基节偏差 Δf_{pb}

基节：基圆切线所截两相邻同侧齿廓的交点沿切线方向的距离。

基节偏差不可过大或过小，规定：$-f_{pb} \leqslant \Delta f_{pb} \leqslant +f_{pb}$。

$+f_{pb}$、$-f_{pb}$为基节极限偏差。

(6) 影响载荷分布均匀性的误差

影响齿轮载荷分布均匀性的主要是相啮合轮齿齿面接触的均匀性。齿面接触不均匀，载荷分布也就不均匀。对于单个齿轮，影响齿面均匀接触，沿齿长方向主要是螺旋线总偏差；沿齿高方向主要是齿廓形状误差。齿廓形状误差已由传动平稳性指标限制，一般传递运动平稳性和载荷分布均匀性选取相同精度等级。因此影响载荷分布均匀性的评定指标只有齿长方向的指标，即螺旋线总偏差 F_β。

螺旋线总偏差是指在分度圆柱面上，齿宽有效部分内（端部倒角部分除外）包容实际齿线且距离为最小的两条设计齿线之间的端面距离。

螺旋线总偏差反映出齿轮沿齿长方向接触的均匀性，亦即反映出齿轮沿齿长方向载荷分布的均匀性。因此它是评定载荷分布均匀性的单项指标。

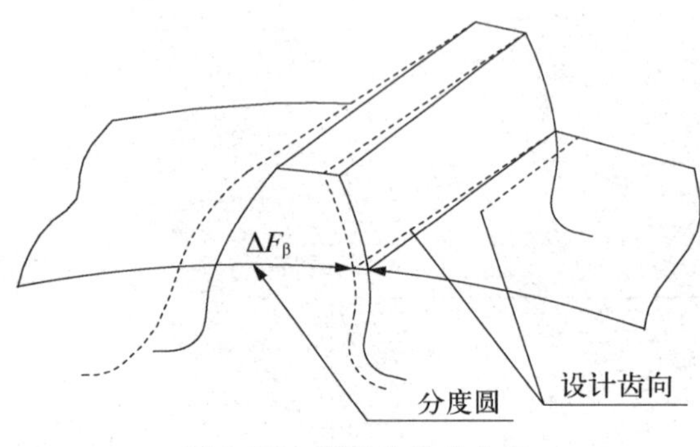

图 8.1.7　螺旋线总偏差 F_β

螺旋线总公差 F_β是对螺旋线总误差 ΔF_β的限制，它的合格条件为：$\Delta F_\beta \leqslant F_\beta$。

齿廓总偏差 F_α，齿形误差 ΔF_α，螺旋线总偏差 F_β在分度圆柱面上，如图 8.1.7 所示，齿宽有效部分范围内，包容实际螺旋线（齿向线）的两条设计螺旋线间的距离。螺旋线形状偏差 $f_{f\beta}$，螺旋线倾斜偏差 $f_{H\beta}$。

2. 渐开线圆柱齿轮精度等级

渐开线圆柱齿轮精度等级 GB/T10096.1－2001 和 GB/T10096.2－2001 对渐开线圆柱齿轮的精度作了如下规定：

(1) 齿轮同侧齿面偏差精度等级

齿轮同侧齿面偏差规定了 13 个精度等级，即 0，1，2，…，12 级。其中，0 级最高，12 级最低。适用于分度圆直径 5～10 000 mm、法向模数 0.5～70 mm、齿宽 4～1 000 mm 的渐开线圆柱齿轮。

(2) 径向综合偏差精度等级

GB/T10096.2－2001 中，径向综合偏差规定了 4，5，…，12 共 9 个精度等级，4 级最高，12 级最低。适用的尺寸范围：分度圆直径 5～1 000 mm，法向模数 0.2～10 mm。

(3) 径向跳动精度等级

GB/T10096.2—2001 在附录中对径向跳动规定了 0，1，…，12 共 13 个等级，适用的尺寸范围与齿轮同侧齿面偏差的适用范围相同。确定齿轮精度等级目前多采用类比法，即根据齿轮的用途、使用要求和工作条件及其他技术条件，查阅有关参考资料，参照经过实践验证的类似产品的精度进行选用。在进行类比时应注意以下问题：

① 了解各级精度应用的大体情况。

② 根据使用要求，齿轮同侧齿面各项偏差的精度等级可以相同，也可以不相同。

③ 径向综合总偏差 F_i''、一齿径向综合偏差 f_i''径向跳动 F_r 的精度等级应相同，但它们与齿轮同侧齿面偏差的精度等级可以相同，也可以不相同。齿轮精度等级中，5 级精度为基本等级，是计算其他等级偏差允许值的基础。

0～2 级目前加工工艺尚未达到标准要求，是为将来发展而规定的特别精密的齿轮；

3～5 级为高精度齿轮；

6～8 级为中等精度齿轮，应用最为广泛；9 级为较低精度齿轮；10～12 级为低精度齿轮。

表 8.1.1 和表 8.1.2 列出了机械传动中常用的齿轮精度等级和齿轮精度等级的适用范围，以供参考。

表 8.1.1　机械传动中常用的齿轮精度等级

齿轮用途	精度等级	齿轮用途	精度等级	齿轮用途	精度等级
精密仪器，测量齿轮	3～5	轻型汽车	5～8	轧钢机	6～10
汽车轮减速器	3～6	载重汽车	6～9	起重机械	7～10
金属切削机床	3～8	一般减速器	6～9	矿山绞车	8～10
航空发动机	3～7	机车	6～7	农业机械	6～11

表 8.1.2　齿轮精度等级的适用范围

精度等级	圆周速度/$(m \cdot s^{-1})$		齿面的终加工	工　作　条　件
	直齿	斜齿		
3 级 极精密	到 40	到 75	特别精密的磨削和研齿，用精密滚刀或单边剃齿后的大多数不经淬火的齿轮	要求特别精密的或在最平稳且无噪声的特别高速下工作的齿轮传动；特别精密机构中的齿轮；特别高速传动（透平齿轮）；检测 5～6 级齿轮用的测量齿轮
4 级特 别精密	到 35	到 70	精密磨齿；用精密滚刀和挤齿或单边剃齿后的大多数齿轮	特别精密分度机构中或在最平稳且无噪声的极高速下工作的齿轮传动；特别精密分度机构中的齿轮；高速透平传动；检测 7 级齿轮用的测量齿轮
5 级 高精密	到 20	到 40	精密磨齿；大多数用精密滚刀加工，进而挤齿或剃齿的齿轮	精密分度机构中或要求极平稳且无噪声的高速工作的齿轮传动；精密机构用齿轮；透平齿轮；检测 8 级和 9 级齿轮用测量齿轮
6 级 高精密	到 16	到 30	精密磨齿或剃齿	要求最高效率且无噪声的高速下平稳工作的齿轮传动或分度机构的齿轮传动；特别重要的航空、汽车齿轮；读数装置用特别精密传动的齿轮
7 级 精密	到 10	到 15	无需热处理，仅用精确刀具加工的齿轮；至于淬火齿轮必须精整（磨齿、挤齿或珩齿等）	增速或减速用齿轮传动；金属切削机床送刀机构用齿轮；高速减速器用齿轮；航空、汽车用齿轮；读数装置用齿轮

续　表

<table>
<tr><th rowspan="2">精度等级</th><th colspan="2">圆周速度/(m·s⁻¹)</th><th rowspan="2">齿面的终加工</th><th rowspan="2">工　作　条　件</th></tr>
<tr><th>直齿</th><th>斜齿</th></tr>
<tr><td>8 级
中等精密</td><td>到 6</td><td>到 10</td><td>不磨齿，必要时光整加工或对研</td><td>无需特别精密的一般机械制造用齿轮；包括在分度链中的机床传动齿轮；飞机、汽车制造中的不重要齿轮；起重机构用齿轮；农业用机械中的重要齿轮，通用减速器齿轮</td></tr>
<tr><td>9 级
较低精密</td><td>到 2</td><td>到 4</td><td>无需特殊光整工作</td><td>用于粗糙工作的齿轮</td></tr>
</table>

齿轮传动使用要求的评定指标如表 8.1.3 齿轮传动使用要求的评定指标(单个齿轮)所示。

表 8.1.3　齿轮传动使用要求的评定指标

<table>
<tr><th colspan="3">评　定　指　标</th><th colspan="3">评　定　指　标</th><th>对传动性能的主要影响</th></tr>
<tr><td rowspan="11">齿轮同侧齿面偏差</td><td rowspan="3">齿距偏差</td><td>单个齿距偏差 f_{pt}</td><td rowspan="11">径向综合偏差与径向跳动</td><td rowspan="10">径向综合偏差</td><td rowspan="5">径向综合总偏差 F_i''</td><td rowspan="11">F_p
F_i'
F_i''
F_t
F_{pt}
f_i'
f_i''
F_α
F_β</td></tr>
<tr><td>齿距累积偏差 F_{pk}</td></tr>
<tr><td>齿距累积总偏差 F_p</td></tr>
<tr><td rowspan="3">齿廓偏差</td><td>齿廓总偏差 F_α</td></tr>
<tr><td>齿廓形状偏差 $f_{f\alpha}$</td></tr>
<tr><td>齿廓倾斜偏差 $f_{H\alpha}$</td><td rowspan="5">一齿切向综合偏差 F_i''</td></tr>
<tr><td rowspan="2">切向综合偏差</td><td>切向综合总偏差 F_i</td></tr>
<tr><td>一齿切向综合偏差 f_t'</td></tr>
<tr><td rowspan="3">螺旋线偏差</td><td>螺旋线总偏差 F_β</td></tr>
<tr><td>螺旋线形状偏差 $f_{f\beta}$</td></tr>
<tr><td>螺旋线倾斜偏差 $f_{H\beta}$</td><td colspan="2">径向跳动 F_r</td></tr>
</table>

3. 渐开线圆柱齿轮精度数值

按国标规定数值进行，例如表 8.1.4～表 8.1.8。

表 8.1.4　5 级精度的齿轮偏差允许值的计算式
(摘自 GB/T10096.1-2008 及 GB/T10096.2-2008)

项 目 代 号	允 许 值 计 算 公 式
单个齿距偏差 $\pm f_{pt}$	$f_{pt}=0.3(m_n+0.4\sqrt{d})+4$
k 个齿距累积偏差 $\pm F_{pk}$	$F_{pk}=f_{pt}+1.6\sqrt{(k-1)m_n}$
齿距累积总偏差 F_p	$F_p=0.3m_n+1.25\sqrt{d}+7$

续　表

项目代号	允许值计算公式
齿廓总偏差 F_{α}	$F_{\alpha}=3.2\sqrt{m_n}+0.22\sqrt{d}+0.7$
螺旋线总偏差 F_{β}	$F_{\beta}=0.1\sqrt{d}+0.63+\sqrt{b}+4.2$
螺旋线形状偏差 $f_{f\beta}$	$f_{f\beta}=0.07\sqrt{d}+0.45\sqrt{b}+3$
螺旋线倾斜偏差 $f_{H\beta}$	$f_{H\beta}=0.07\sqrt{d}+0.45\sqrt{b}+3$
齿廓形状偏差 $f_{f\alpha}$	$f_{f\alpha}=2.5\sqrt{m_n}+0.17\sqrt{d}+0.5$
齿廓倾斜偏差 $f_{H\alpha}$	$f_{H\alpha}=2\sqrt{m_n}+0.14\sqrt{d}+0.5$
切向综合总偏差 F_i'	$F_i''=F_p+f_i'$
一齿切向综合偏差 f_i'	$f_i'=K(9+0.3m_n+3.2\sqrt{m_n}+0.34\sqrt{d})$
	式中，当 $\varepsilon_{\gamma}<4$ 时，$K=0.2\times\frac{\varepsilon_{\gamma}+4}{\varepsilon_{\gamma}}$；当 $\varepsilon_{\gamma}\geqslant4$ 时，$K=0.4$
一齿径向综合偏差 f_i''	$f_i''=2.96m_n+0.01\sqrt{d}+0.8$
径向综合总偏差 F_i''	$F_i''=3.2m_n+1.01\sqrt{d}+6.4$
径向跳动 F_{γ}	$F_{\gamma}=0.8F_p=0.24m_n+1.0\sqrt{d}+5.6$

4. **渐开线圆柱齿轮的精度标注**

当齿轮所有精度指标的公差同为某一精度等级时，图样上可标注该精度等级和标准号。例如同为 7 级时，可标注为：7 GB/T10096.1—2001。

当齿轮各个精度指标的公差的精度等级不同时，图样上可按齿轮传递运动准确性、齿轮传动平稳性和轮齿载荷分布均匀性的顺序分别标注它们的精度等级及带括号的对应公差、极限偏差符号和标准号，或分别标注它们的精度等级和标准号。例如，齿距累积总公差 F_p 和单个齿距极限偏差 f_{pt}、齿廓总公差 F_{α} 皆为 8 级，而螺旋线总公差 F_{β} 为 7 级时，可标注为：

8(F_p、f_{pt}、F_{α})、7(F_{β})GB/T10096.1—2001 或标注为 8－8－7　GB/T10096.1—2001

标注示例如下

① 7 GB/T10096.1—2008

7 为齿轮各项偏差的精度等级，GB/T10096.1—2008 为精度标准代号。

7 表示轮齿同侧齿面偏差项目应符合 GB/T10096.1 的要求，精度均为 7 级。

② 7F_p6(F_{α}、F_{β})GB/T10096.1—2008

7F_p6(F_{α}、F_{β})为齿轮各项偏差的精度等级，GB/T10096.1—2008 为精度标准代号。

③ 6(F_i''、f_i'')GB/T10096.2—2008

6(F_i''、f_i'')为齿轮各项偏差的精度等级，GB/T10096.2—2008 为精度标准代号。

6 表示径向综合偏差 F_i''，f_i'' 符合 GB/T10096.2 的要求，精度均为 6 级。

④ 7GB/T10096.1

7 表示齿轮各项偏差项目均应符合 GB/T10096.1 的要求，精度均为 7 级。

⑤ 7F_p 6(F_{α}、F_{β})GB/T10096.1

表 8.1.5　$\pm f_{pt}$、F_p、F_γ 偏差的允许值、f_i'/K 比值(摘自 10096.1～10096.2)　(μm)

分度圆直径 d/mm	偏差项目精度等级模数 m/mm	单个齿距偏差 $\pm f_{pt}$					齿距累积总偏差 F_p					径向跳动公差 F_γ					f_i'/K 值				
		5	6	7	8	9	5	6	7	8	9	5	6	7	8	9	5	6	7	8	9
≥5～20	≥0.5～2	4.7	6.5	9.5	13	19	11	16	23	32	45	9.0	13	18	25	36	14	19	27	38	54
	≥2～3.5	5.0	7.5	10	15	21	12	17	23	33	47	9.5	13	19	27	38	16	23	32	45	64
≥20～50	≥0.5～2	5.0	7.0	10	14	20	14	20	29	41	57	11	16	23	32	46	14	20	29	41	58
	>2～3.5	5.5	7.5	11	15	22	15	21	30	42	59	12	17	24	34	47	17	24	34	48	68
	>3.5～6	6.0	8.5	12	17	24	15	22	31	44	62	12	17	25	35	49	19	27	38	54	77
≥50～125	≥0.5～2	5.5	7.5	11	15	21	18	26	37	52	65	15	21	29	42	59	16	22	31	44	62
	>2～3.5	6.0	8.5	12	17	23	19	27	38	53	74	15	21	30	43	61	18	25	36	51	72
	>3.5～6	6.5	9.0	13	18	26	19	28	39	55	76	16	22	31	44	62	20	29	40	57	81
≥125～280	≥0.5～2	6.0	8.5	12	17	24	24	35	49	69	78	20	28	39	55	78	17	24	34	49	69
	>2～3.5	6.5	9.0	13	18	26	25	35	50	70	82	20	28	40	56	80	20	28	39	56	79
	>3.5～6	7.0	10	14	20	28	25	36	51	72	88	20	29	41	58	82	22	31	44	62	88
≥280～560	≥0.5～2	6.5	9.5	13	19	27	32	46	64	91	96	26	36	51	73	103	19	27	39	54	77
	>2～3.5	7.0	10	14	20	29	33	46	65	92	98	26	37	52	74	105	22	31	44	62	87
	>3.5～6	8.0	11.0	16	22	31	33	47	66	94	100	27	38	53	75	106	24	34	48	68	96

表 8.1.6　F_{α} 的允许值、$f_{f\alpha}$ 和 $f_{f\beta}$ 的数值（摘自 GB/T10096.1－2008）

(μm)

分度圆直径 d/mm	偏差项目 精度等级 / 模数 /mm	齿廓总偏差 F_{α}					齿廓形状偏差 $f_{f\alpha}$					齿廓倾斜偏差 $f_{f\beta}$				
		5	6	7	8	9	5	6	7	8	9	5	6	7	8	9
≥5～20	≥0.5～2	4.6	6.5	9.0	13	18	3.5	5.0	7.0	10.0	14.0	2.9	5.2	6.0	8.5	12.0
	>2～3.5	6.5	9.5	13	19	26	5.0	7.0	10.0	14.0	20.0	5.2	6.0	8.5	12.0	17.0
>20～50	≥0.5～2	5.0	7.5	10	15	21	4.0	5.5	8.0	11.0	16.0	3.3	4.6	6.5	9.5	13.0
	>2～3.5	7.0	10	14	20	29	5.5	8.0	11.0	16.0	22.0	4.5	6.5	9.0	13.0	18.0
	>3.5～6	9.0	12	18	25	35	7.0	9.5	14.0	19.0	27.0	5.5	8.0	11.0	16.0	22.0
>50～125	≥0.5～2	6.0	8.5	12	17	23	4.5	6.5	9.0	13.0	18.0	3.7	5.5	7.5	11.0	15.0
	>2～3.5	8.0	11	16	22	31	6.0	8.5	12.0	17.0	24.0	5.0	7.0	10.0	14.0	20.0
	>3.5～6	9.5	13	19	27	38	7.5	10.0	15.0	21.0	29.0	6.0	8.5	12.0	17.0	24.0
>125～280	≥0.5～2	7.0	10	14	20	28	5.5	7.5	11.0	15.0	21.0	4.4	6.0	9.0	12.0	18.0
	>2～3.5	9.0	13	18	25	36	7.0	9.5	14.0	19.0	28.0	5.5	8.0	11.0	16.0	23.0
	>3.6～6	11	15	21	30	42	8.0	12.0	16.0	23.0	33.0	6.5	9.5	13.0	19.0	27.0
>280～560	≥0.5～2	8.5	12	17	23	33	6.5	9.0	13.0	18.0	26.0	5.5	7.5	11.0	15.0	21.0
	>2～3.5	10	15	21	29	41	8.0	11.0	16.0	22.0	32.0	6.5	9.0	13.0	18.0	26.0
	>3.5～6	12	17	24	34	48	9.0	13.0	18.0	26.0	37.0	7.5	11.0	15.0	21.0	30.0

表 8.1.7 F_β 允许值、$f_{f\beta}$和$\pm f_{H\beta}$数值(摘自 GB/T10096.1－2008)

(μm)

分度圆直径 d/mm	齿宽 b/mm \ 偏差项目 / 精度等级	螺旋线总偏差 F_β					螺旋线形状偏差 $f_{f\beta}$和螺旋线倾斜偏差$\pm f_{H\beta}$				
		5	6	7	8	9	5	6	7	8	9
≥5～20	≥4～10	6.0	8.5	12	17	24	4.4	6.0	8.5	12	17
	>10～20	7.0	9.5	14	19	28	4.9	7.0	10	14	20
>20～50	≥4～10	6.5	9.0	13	18	25	4.5	6.5	9.0	13	18
	>10～20	7.0	10	14	20	29	5.0	7.0	10	14	20
	>20～40	8.0	11	16	23	32	6.0	8.0	12	16	23
>50～125	≥4～10	6.5	9.5	13	19	27	4.8	6.5	9.5	13	19
	>10～20	7.5	11	15	21	30	5.5	7.5	11	15	21
	>20～40	8.5	12	17	24	34	6.0	8.5	12	17	24
	>40～80	10	14	20	28	39	7.0	10	14	20	28
>125～280	≥4～10	7.0	10	14	20	29	5.0	7.0	10	14	20
	>10～20	8.0	11	16	22	32	5.5	8.0	11	16	23
	>20～40	9.0	13	18	25	36	6.5	9.0	13	18	25
	>40～80	10	15	21	29	41	7.5	10	15	21	29
	>80～160	12	17	25	35	49	8.5	12	17	25	35
>280～560	≥10～20	8.5	12	17	24	34	6.0	8.5	12	17	24
	>20～40	9.5	13	19	27	38	7.0	9.5	14	19	27
	>40～80	11	15	22	33	44	8.0	11	16	22	31
	>80～160	13	18	26	36	54	9.0	13	18	26	37
	>160～250	15	21	30	43	60	11	15	22	30	43

表 8.1.8　F_i''、f_i''公差值(摘自 GB/T10096.2－2008)　　(μm)

分度圆直径 d/mm	公差项目 / 精度等级 / 模数 m/mm	径向综合总偏差 F_i''					一齿径向综合偏差 f_i''				
		5	6	7	8	9	5	6	7	8	9
≥5～20	≥0.2～.05	11	15	21	30	42	2.0	2.5	3.5	5.0	7.0
	＞0.5～0.8	12	16	23	33	46	2.5	4.0	5.5	7.5	11.0
	＞0.8～1.0	12	18	25	35	50	3.5	5.0	7.0	10	14.0
	＞1.0～1.5	14	19	27	38	54	4.5	6.5	9.0	13	18.0
＞20～50	≥0.2～0.5	13	19	26	37	52	2.0	2.5	3.5	5.0	7.0
	＞0.5～0.8	14	20	28	40	56	2.5	4.0	5.5	7.5	11.0
	＞0.8～1.0	15	21	30	42	60	3.5	5.0	7.0	10	14.0
	＞1.0～1.5	16	23	32	45	64	4.5	6.5	9.0	13	18.0
	＞1.5～2.5	18	26	37	52	73	6.5	9.5	13	19	26.0
＞50～125	≥1.0～1.5	19	27	39	55	77	4.5	6.5	9.0	13	18.0
	＞1.5～2.5	22	31	43	61	86	6.5	9.5	13	19	26.0
	＞2.5～4.0	25	36	51	72	102	10	14	20	29	41.0
	＞4.0～6.0	31	44	62	88	124	15	22	31	44	62.0
	＞6.0～10	40	57	80	114	161	24	34	48	67	95.0
＞125～280	≥1.0～1.5	24	34	48	68	97	4.5	6.5	9.0	13	18.0
	＞1.5～2.5	26	37	53	75	106	6.5	9.5	13	19	27.0
	＞2.5～4.0	30	43	61	86	121	10	15	21	29	41.0
	＞4.0～6.0	36	51	72	102	144	15	22	48	67	62.0
	＞6.0～10	45	64	90	127	180	24	34	48	67	95.0
＞280～560	≥1.0～1.5	30	43	61	86	122	4.5	6.5	9.0	13	18.0
	＞1.5～2.5	33	46	65	92	131	6.5	9.5	13	19	27.0
	＞2.5～4.0	37	52	73	104	146	10	15	21	29	41.0
	＞4.0～6.0	42	60	84	119	169	15	22	31	44	62.0
	＞6.0～10	51	73	103	105	205	24	34	48	68	96.0

表示偏差 F_p、F_α、F_β均按 GB/T10096.1 要求，但是 F_p为 7 级，F_α与 F_β均为 6 级。

⑥ 6(F_i''、f_i'')GB/T10096.2

表示偏差 F_i''、f_i''均按 GB/T10096.2 要求，精度均为 6 级。

5. 齿轮副的精度指标

齿轮副的误差是组成齿轮传动的齿轮副以及有关零件的制造和安装误差的综合反映。

(1) 齿轮副传动误差的评定指标

齿轮副的传动误差是指一对齿轮在装配后的啮合传动条件下测定的综合性误差。为了保证齿轮副传动的使用要求，国家标准对其传动误差规定了 4 项评定指标。

1) 齿轮副的切向综合误差 $\Delta F_{ic}'$与切向综合公差 F_{ic}'

$\Delta F_{ic}'$是指装配好的齿轮副，在啮合转动足够多的转数内，一个齿轮相对于另一个齿轮的实际转角与公称转角之差的总幅度值。

定义中所谓“啮合转动足够多的转数”，通常是指大齿轮相对于小齿轮要转过足够多的转数，以便使误差在齿轮相对位置变化全周期中能够充分显示出来。$\Delta F_{ic}'$是评定齿轮副传递运动准确性的综合指标，对于分度传动链用的精密齿轮副，它是重要的评定指标。F_{ic}'是齿轮副切向综合误差 $\Delta F_{ic}'$的最大允许值，其值等于两配对齿轮的切向综合公差 F_{i1}'，F_{i2}'之和，即：

$$F'_{ic}=F'_{i1}+F'_{i2}$$

$\Delta F_{ic}'$的测量是将被测齿轮箱放在传动精度检查仪上进行，也可在齿轮型单啮仪上装上相配的两个齿轮进行测量，或按两个齿轮分别在单啮仪上测得的切向综合误差 $\Delta F_i'$之和进行评定。

2) 齿轮副的一齿切向综合误差 $\Delta f_{ic}'$与一齿切向综合公差 f_{ic}'

$\Delta f_{ic}'$是指装配好的齿轮副，在啮合转动足够多的转数内，一个齿轮相对于另一个齿轮，转过一个齿距的实际转角与公称转角之差的最大幅度值。从误差曲线上可见，$\Delta f_{ic}'$是短周期误差，它是评定齿轮副传动平稳性的综合指标。

f_{ic}'是齿轮副的一齿切向综合误差 $\Delta f_{ic}'$的最大允许值，其值等于两配对齿轮的齿切向综合公差 f_{i1}'、f_{i2}'之和，即 $f'_{ic}=f'_{i1}+f'_{i2}$；$\Delta f_{ic}'$的测量可在测量齿轮副的切向综合误差 $\Delta F_{ic}'$时同时测出。

(2) 齿轮副的接触斑点

齿轮副的接触斑点是指安装好的齿轮副，在轻微制动下，运转后齿面上分布的接触擦亮痕迹。接触痕迹的大小在齿面展开图上用百分比计算，如图 8.1.8 所示。

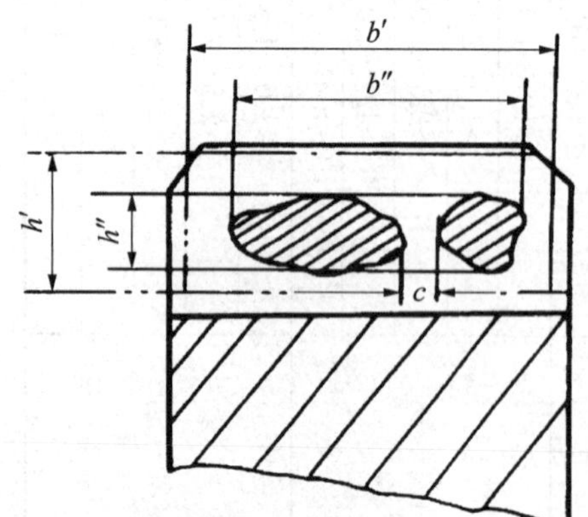

图 8.1.8 齿轮副的接触斑点

沿齿长方向：接触痕迹的长度 b''(扣除超过模数值的断开部分 c)与工作长度 b'之比的百分数，即 $[(b''-c)/b']\times100\%$ 沿齿高方向，接触痕迹的平均高度 h''与工作高度 h'之比的百分数，即$(h''/h')\times100\%$。

对检验方法作了如下的规定：

① 接触斑点仅作为安装好的齿轮副的检验项目，应在装配后出厂前进行检验。

② 要在轻微制动下检验，制动扭矩的大小应以不使啮合齿面脱离而又不致使任何零件(包括齿轮)产生

可觉察的弹性变形为限度。

③ 检验时不用涂料，按齿面实际接触擦亮痕迹为依据。因为涂料粒度和着色厚度影响检验结果，很难用标准作统一规定。实际生产中必要时也允许用规定的薄膜涂料，但验收检验时必须按标准规定进行。

④ 要在运转后对两个齿轮的许多齿加以观察，以斑点面积最小的齿面来评定齿轮副的接触精度。

沿齿长方向的接触斑点主要影响齿轮副的承载能力，沿齿高方向的接触斑点主要影响工作平稳性。齿轮副的接触斑点综合反映了齿轮副的加工误差和安装误差，是一个特殊的非几何量的检验项目。对于斑点，GB/Z18620.4—2008 给出了直齿轮装配后的推荐值，见表 8.1.9。

表 8.1.9　直齿轮装配后的接触斑点

精度等级	*bc*1 占齿宽的百分比	*hc*1 占有效齿面高度的百分比	*bc*2 占齿面的百分比	*hc*2 占有效齿面高度的百分比
≤4	50%	70%	40%	50%
5、6	45%	50%	35%	30%
7、8	35%	50%	35%	30%
9～12	25%	50%	25%	30%

注：b_{c1} 为接触斑点的较大长度，b_{c2} 为接触斑点的较小长度，h_{c1} 为接触带的较大高度，h_{c2} 为接触带的较小高度。

(3) 齿轮副侧隙

侧隙是齿轮副装配后自然形成的(如图 8.1.9)。它对于每一对非工作的齿廓是不相等的，因为齿轮在加工时不可避免地会有一定的运动偏心，导致各轮齿厚度不均，同时齿圈径向跳动也会影响侧隙。考虑到齿轮工作时，齿轮受力有弹性变形，发热时会膨胀，为了防止工作温度升高而卡死，就要求预先将齿轮的齿厚减薄一些，使齿轮工作时留有一定的保证侧隙来补偿这些影响。另外，齿轮在啮合时，需要正常的润滑，因此也要求有一定的保证侧隙。但是，如果侧隙过大，对于要求经常正反转的齿轮和仪器中的读数齿轮是不利

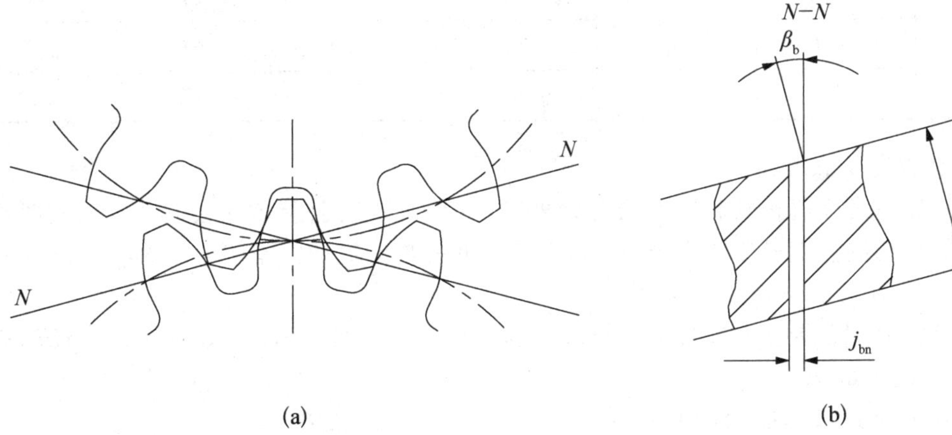

图 8.1.9　齿轮副侧隙

的。为了避免齿轮反转时的过大冲击和空程误差，必须控制最大侧隙。圆周侧隙便于测量，但法向侧隙是基本的，它可以与法向齿厚、公法线平均长度、齿轮变形量、油膜厚度等建立函数关系。因此，需要将测得的圆周侧隙通过关系式，换算成法向侧隙（$j_{bn}=j_{wt}\cos\alpha_n\cos\beta_b$）。齿轮副的侧隙要求应按工作要求，用最小法向侧隙 j_{bn1} 与最大法向侧隙 $j_{bn\max}$ 来规定。J_{wt}为圆周侧隙：齿轮副中一个齿轮固定时，另一个齿轮的圆周晃动量，以分度圆上弧长计。

6. 齿坯精度

齿坯是指成齿轮除了齿面以外的轮体。用控制齿坯精度来保证并提高齿轮的加工、检验和安装精度，是一项积极的技术措施。齿轮的基准面通常是：安装在轴上的孔或带轴齿轮用安装在支承上的轴颈、定位端面、齿顶圆柱面（校正或测齿厚齿距时的基准），在加工、检验和安装时的基准面，应尽可能一致。

（1）基准端面跳动公差

基准端面的跳动公差按表 8.1.10 中的规定。当齿轮加工时的安装定位，以齿轮端面为主要基准时，端面跳动会引起齿向误差，此时端面跳动公差为：$T=(0.25\sim0.33)d_0/b\cdot F_\beta$。

式中：d_0——基准端面的直径；

b——齿宽；

F_β——齿向公差。

此计算结果与规定值比较，二者中取较小者。

表 8.1.10　基准端面的跳动公差表

齿坯基准面径向圆和端面圆跳动公差(μm)						
分度圆直径		精度等级				
大于	到	1 和 2	3 和 4	5 和 6	7 和 8	9 和 12
—	125	2.8	7	11	18	28
125	400	3.6	9	14	22	36
400	800	5.0	12	20	32	50
800	1 600	7.0	18	28	45	71
1 600	2 500	10.0	25	40	63	100
2 500	4 000	16.0	40	63	100	160

（2）齿坯校正基准面

齿坯校正基准面（齿顶圆、轴颈或凸台外圆）的径向跳动公差齿坯径向基准面的跳动量主要影响切齿后的齿圈径向跳动误差。因此校正面的径向跳动公差 $T=(0.25\sim0.33)F_r$。

（3）齿顶圆直径公差

当齿顶圆有配合要求（如油泵齿轮）时，应按《公差与配合》标准选取顶圆直径的极限偏差。

（4）齿面及齿坯基准面的粗糙度

齿面及齿坯基准面的粗糙度按表 8.1.11 选用。

表 8.1.11　齿面及齿坯基准面的粗糙度

精度等级		3	4	5	6	7	8	9	10
孔		≤0.2	≤0.2	0.4～0.2	≤0.8	1.6～0.8	≤1.6	≤4.2	≤4.2
轴颈		≤0.1	0.2～0.1	≤0.2	≤0.4	≤0.8	≤1.6	≤1.6	≤1.6
端面，顶圆		0.2～0.1	0.4～0.2	0.8～0.4	0.8～0.4	1.6～0.8	4.2～1.6	≤4.2	≤4.2
齿面	Ra	≤0.63	≤0.63	≤0.63	≤0.63	≤1.25	—	—	—
	Re	—	—	—	—	—	≤20	≤40	—

五、总结与评价

齿轮传动的质量将影响到机器或仪器的工作性能承载能力、使用寿命和工作精度。归纳起来有下面几点：传递运动的准确性，传递运动的平稳性，载荷分布的均匀性，传动侧隙的合理性。在齿轮工作图上，应标注齿轮的精度等级，为保证齿轮的四项要求对齿轮副同样有相应的要求。同时也要保证齿坯的精度，用控制齿坯精度来保证并且提高齿轮的加工、检验和安装精度，保证齿轮的传动的稳定。

表 8.1.12　完成工作任务评价表

评价项目	评价内容	具体要求、指标	配分	评分		
				自评	小组	教师
渐开线圆柱齿轮精度	齿轮传递运动要求	了解齿轮传递运动要求	5 分			
	渐开线圆柱齿轮的精度标注	认识渐开线圆柱齿轮的精度标注	3 分			
	齿轮副的精度指标	了解齿轮副的精度指标	4 分			
	齿轮副的接触斑点	齿轮副传动误差的评定指标	4 分			
	齿坯精度	影响齿坯精度的误差	4 分			
知识掌握	圆柱齿轮的精度标注，齿轮副的精度指标和齿坯精度					
完成工作任务的表现	积极完成工作任务，认真学习相关知识，遵守安全操作规程和劳动纪律，有良好的职业道德和职业习惯		10 分			
你完成本次工作任务的体会：（学到了哪些知识、掌握了哪些技能，有哪些收获）			20 分			
小组同学对你在完成本次工作任务过程中，工作和学习方面的总体评价：			20 分			
老师对你在完成本次工作任务过程中，工作和学习方面的总体评价：			20 分			
成绩评定			合计得分			
备　　注						

六、拓展与提高

选一渐开线圆柱齿轮传动机构，分析齿轮及齿轮副的精度指标，试完成各精度指标的标注。

习　题

1. 要求啮合轮齿的非工作齿面间应留有一定的侧隙，是为了（　　）。
2. 齿距累积误差 ΔF_p是指（　　），属于第（　　）公差组。
3. 齿轮精度指标 F_β的名称是（　　），属于第（　　）公差组，控制齿轮的（　　）要求。
4. 齿轮传动有哪些使用要求？
5. 影响齿轮副侧隙大小的因素有哪些？
6. 影响齿轮使用要求的误差有哪些？分别来自哪几方面？
7. 对齿坯有哪些要求？
8. 齿轮公差代号 7－6－6 GB/T10096.1－2001 表示什么？
9. 写出下列代号要求的参数精度及数值：

(1) 7F_p 6(F_α、F_β)GB/T10095.1－2008

(2) 6(F_i''、f_i'')GB/T10095.2－2008

任务二　渐开线圆柱齿轮参数测量

一、任务目标

了解齿轮参数测量。

二、任务描述

了解齿轮参数测量的定义，认识齿轮参数综合测量，并且了解单项测量的优点。掌握齿轮单项测量以及整体误差测量与哪些误差有关。

三、任务实施流程

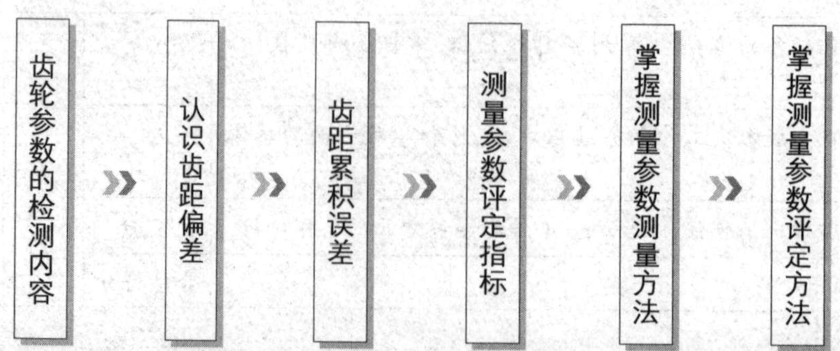

四、任务知识仓库及任务实施过程

在齿轮标准中，虽然对单个齿轮规定了16项误差的公差项目，但其中不少性质相近，且有的项目仅用于斜齿轮，所以在检定和验收齿轮时，不必检验所有项目。因此，标准中对三组公差分别推荐了一些检验组，见表8.2.1。这些检验组是根据各个误差对齿轮传动质量的影响、产生原因及相互间的关系确定的。

表8.2.1　三组公差检验组

公差组	组号	检　验　组
Ⅰ	1	$\Delta F_i'$
	2	ΔF_p与ΔF_{pk}
	3	ΔF_p
	4	$\Delta F_i''$与ΔF_w①
	5	ΔF_r与ΔF_w①
	6	ΔF_r
Ⅱ	1	$\Delta f_i'$②
	2	Δf_f与Δf_{pb}
	3	Δf_f与Δf_{pt}
	4	$\Delta f_{f\beta}$③
	5	$\Delta f_i''$④
	6	Δf_{pt}与Δf_{pb}⑤
	7	Δf_{pt}或Δf_{pb}⑥
Ⅲ	1	ΔF_β
	2	ΔF_b⑦
	3	Δf_{pt}与Δf_{pb}⑧
	4	Δf_{pt}与Δf_f⑧

① 当其中有一项超差时，应按照ΔF_p检定和验收齿轮的精度。
② 需要时可以加减Δf_{pb}。
③ 用于轴向重合度$\varepsilon>1.25$，6级与高于6′级精度的斜齿轮或人字齿轮。
④ 要保证齿形要求。
⑤ 仅用于9～12精度。
⑥ 仅用于10～12精度。
⑦ 仅用于轴向重合度$\varepsilon<1.25$，齿向线不作修正的斜齿轮。
⑧ 仅用于轴向重合度$\varepsilon>1.25$，齿向线不作修正的斜齿轮

在第Ⅰ公差组中规定了6个检验组。其中$\Delta F_i'$及F_p，都是综合精度指标，能较全面地反映齿轮一转中的转角误差，所以它们中的单独一项就可以成为一个检验组。在采用单项精度指标时，必须由反映切向误差的ΔF、和径向误差的Δf_r或$\Delta F''$，组成检验组，如第4和第5

检验组。对 10～12 级的齿轮，由于所用齿轮机床的精度一般是足够的，故第 6 检验组中只需检验一项径向误差 Δf_r。

在第Ⅰ公差组中规定了 7 个检验组。Δf_i 较全面地反映了齿轮一齿距角范围的转角误差，故可只用此一项指标作为一个检验组。采用单项精度指标时，对直齿轮和窄斜齿轮，由 Δf_f 和 $\Delta f_d'$ 组成一个检验组(第 2 组)。对于成形磨齿和单齿分度磨齿，可用 Δf_d，和 Δf_f 组成检验组，第 4 检验组 $\Delta f_{f\beta}$ 仅用于宽斜齿轮。第 6 检验组由 Δf_{pb} 与 Δf_{pd} 组成，仅用于 9～12 级齿轮。$\Delta f''$ 是代替 $\Delta f'$ 的综合指标，故仅用 $\Delta f''$ 组成一个检验组，但由于 $\Delta f''$ 不能反映由机床周期误差、滚刀轴线歪斜等造成的齿形误差，所以应在保证齿形要求的前提下选用。

第Ⅱ公差组规定了 4 个检验组。Δf_β 适用于直齿轮；窄斜齿轮可用 Δf_β 或 $\Delta f_{b\beta}$；对宽斜齿轮，同时接触的在两对齿以上，所以必须加检 ΔF。

为了正确地评定齿轮的质量或揭示工艺过程的误差，需要正确地选择齿轮的检验组。为了正确评价齿轮的工作质量，检验综合指标较好。因有时单项指标虽有不合格的，但由于各项误差可能相互补偿，其综合指标可能是合格的，如检验 ΔF_p，比检验 ΔF_w 与 ΔF_r 好。另外，检验连续测量的指标比不连续测量的指标能更全面地反映齿轮的误差，所以检验 $\Delta F'$ 比 Δf_p 好。为了揭示工艺误差以改进加工，则必须采用单项指标，如 ΔF_r 可发现几何偏心，ΔF_w 可发现运动偏心。

此外还应考虑以下几个因素：

① 齿轮加工方式：如滚齿加工时，由于机床蜗轮偏心产生公法线长度变动误差；磨齿加工时，则由于分度机构误差而产生齿距累积误差。

② 齿轮精度：高精度齿轮最好检查反映较全面的综合误差。

③ 齿轮大小：大尺寸齿轮一般不适合检验单面啮合或双面啮合的综合指标。

④ 生产规模：单件小批生产一般不适合单面啮合或双面啮合的综合检验。

⑤ 设备条件：要考虑工厂的仪器设备条件。

各种用途的齿轮常用的检验组，可参考表 8.2.2。

表 8.2.2 各种用途的齿轮常用的检验组

用 途	测量、分度齿轮	汽轮机齿轮	航空、汽车、机床、牵引齿轮		拖拉机、起重机、一般齿轮	
精度等级	3～5	3～6	4～6	6～8	6～8	9～11
Ⅰ公差组	$\Delta F_i'$ (ΔF_p)	$\Delta F_i'$ (ΔF_p)	ΔF_b ($\Delta F_i'$)	ΔF_r，ΔF_w $\Delta f_i''$ 与 ΔF_w	ΔF_r，ΔF_w	ΔF_r (ΔF_p)
Ⅱ公差组	$\Delta F'$ Δf_{pb} 与 Δf_f	Δf_β $\Delta f_i'$	Δf_f 与 Δf_{pb} Δf_f 与 Δf_{pt}	Δf_f 与 Δf_{pb} $\Delta f_i'$	Δf_f 与 Δf_{pt} $\Delta f_i'$	Δf_{pt}
Ⅲ公差组	ΔF_β	ΔF_{pt} 与 Δf_f ΔF_{pt} 与 ΔF_b	ΔF_β (接触斑点)	ΔF_β (接触斑点)	ΔF_β (接触斑点)	接触斑点

1. 齿距偏差(Δf_{pt})与齿距累积误差(ΔF_p)的相对测量

(1) 用万能测齿仪测量 Δf_{pt}

齿距偏差 Δf_{pt} 是指在分度圆上，实际齿距与公称齿距之差。齿距累积误差 ΔF_p 是指在

分度圆上，任意两个同侧齿面间实际弧长与公称弧长的最大差值。

相对测量法测量，是以任意一个齿距为基准(称之为调零齿距)，将仪器指示器调至某一示值(通常为零)，然后沿整个齿圈依次测量其他齿距对于基准齿距的偏差值(即相对齿距偏差)，经数据处理后得出齿距偏差 Δf_{pt} 和齿距累积误差 ΔF_p。

(2) 测量原理

测量原理如图 8.2.1 所示，被测齿轮位于测齿仪轴上，测量滑架相对被测齿轮可作进退往复运动。固定量爪与活动量爪同在测量滑架的滑杆上，滑杆轴线与安装齿轮的轴线垂直。进入测量时，活动量爪与固定量爪均在齿轮的分度圆上与其相邻齿的同名齿廓相切。通过测微表读出活动量爪的相对位移量。

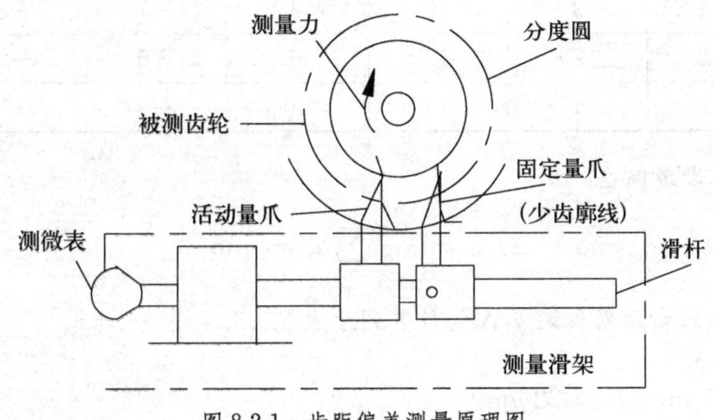

图 8.2.1　齿距偏差测量原理图

(3) 数据处理

测量时以被测齿轮的某一齿距作为调零齿距，即对于该齿距的测微表读数调为“零”。按顺序逐齿测量每个齿距，各齿距的测微表读数以 a_i 表示($i=1, 2, \cdots z$，z 为齿数)，其调零齿距的读数 $a_1=0$。设调零齿距偏差为 Δf_{pt1}。按圆周封闭原则有：

$$\sum_{i=1}^{z}\Delta f_{pti}=0$$

齿距偏差 $\Delta f_{pti}=a_i+\Delta f_{pt1}$，

则：$\sum_{i=1}^{z}(a_i+\Delta f_{pt1})=0$

调零齿距偏差：$\Delta f_{pt1}=-\frac{1}{z}\sum_{i=1}^{z}\Delta a_i$，

齿距累积误差 $\Delta F_{pi}=\sum_{i=1}^{i}\Delta f_{pti}$。

以 Δf_{pti} 绝对值最大的作为齿距偏差，即：

$$|\Delta f_{pt}|=|\Delta f_{pti}|\max$$

Δf_{pt} 的符号与 Δf_{pti} 相同。

以 ΔF_{pi} 的最大值与最小值的差作为齿距累积误差，即：

$$\Delta F_p=|\Delta F_{pi\max}-\Delta F_{pi\min}|$$

例 8.2.1 对 6GB/T10095.1－2008 的某齿轮进行测量，被测齿数 $z=10$、模数 $m=4$ mm、标准压力角，在万能测齿仪上测得齿距相对读数(单位：μm)是 $\alpha_1=0$、$\alpha_2=-1$、$\alpha_3=-1$、$\alpha_4=-2$、$\alpha_5=-3$、$\alpha_6=-7$、$\alpha_7=-8$、$\alpha_8=-7$、$\alpha_9=-6$、$\alpha_{10}=-5$，判断该齿轮的齿距偏差 Δf_{pt} 与齿距累积误差 ΔF_p 是否合格。

表 8.2.3 测量数据

齿序	α_i	Δf_{pti}	ΔF_{pi}	齿序	α_i	Δf_{pti}	ΔF_{pi}
1	0	4	4	6	−7	−3	10
2	−1	3	7	7	−8	−4	6
3	−1	3	10	8	−7	−3	3
4	−2	2	12	9	−6	−2	1
5	−3	1	13	10	−5	−1	0

解：(1) 调零齿距偏差：

$$\Delta f_{pt1}=-\frac{1}{2}\sum_{i=1}^{10}a_i=4\ \mu\text{m}$$

齿距偏差 Δf_{pti}、齿距累积误差 ΔF_{pi} 计算列于表 8.2.3。

(2) 查表 8.1.5。

$\pm f_{pt}=\pm 8.5\ \mu\text{m}$、$F_p=22\ \mu\text{m}$。

(3) $|\Delta f_{pt}|=4\ \mu\text{m}<f_{pt}=8.5\ \mu\text{m}$，齿距偏差合格，

$\Delta F_p=|\Delta F_{pimax}-\Delta F_{pimin}|=13(\mu\text{m})<F_p=22\ \mu\text{m}$，齿距累积误差合格。

2. 径向跳动(ΔF_r)的测量

如图 8.2.2 所示，检测时将测头在齿槽中与左右齿面在分度圆上相切。径向跳动 ΔF_r 是指测头相继置于每个齿槽内时，测微计最大读数和最小读数之差。

图 8.2.3 是一个 18 齿的齿轮径向跳动的曲线图例。图中齿轮偏心量是径向跳动的一部分。因径向跳动也是反映齿轮一转范围内在径向方向起作用的误差，与径向综合总偏差的性质相似。因此，如果检测了 F_i''，就不用再检测径向跳动 F_r。

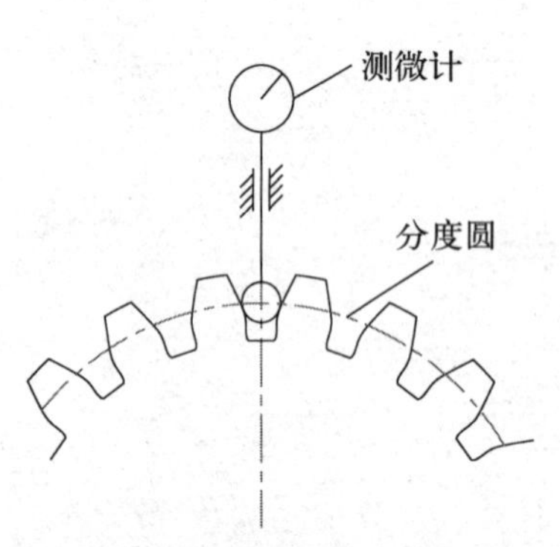

图 8.2.2 径向跳动检测

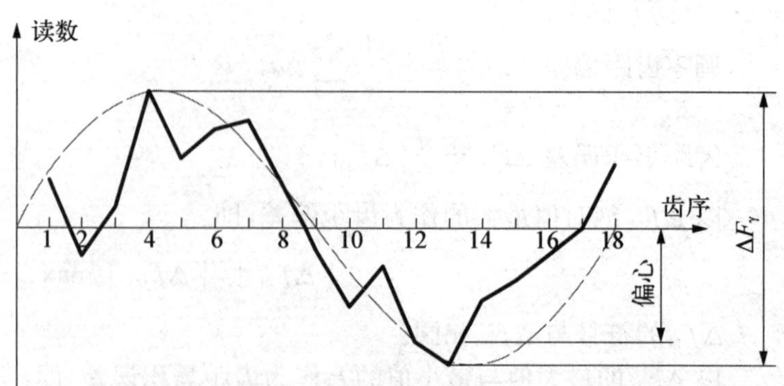

图 8.2.3 齿轮径向跳动曲线图例

3. 径向综合误差 $\Delta F_i''$ 的测量

径向综合误差 $\Delta F_i''$ 指产品齿轮与理想精确的测量齿轮双面啮合时，在产品齿轮一转内，双啮中心距的最大值和最小值之差。如图 8.2.4 所示，用双面啮合仪进行测量。

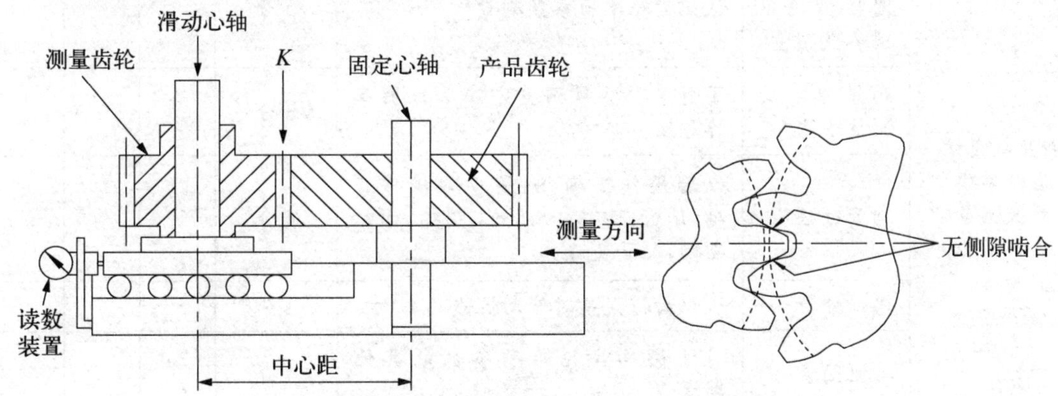

图 8.2.4 齿轮双面啮合仪测量原理

双啮仪上安放产品齿轮和测量齿轮，其中一个齿轮装在固定心轴上，另一个齿轮则装在带有滑道的轴上，该滑道带有弹簧装置，使两个齿轮在径向紧密啮合。在转动过程中，由指示表测出中心距的变动量，也可以用记录装置画出中心距变动曲线，如图 8.2.5 所示。曲线的最大幅度值即为 $\Delta F_i''$。

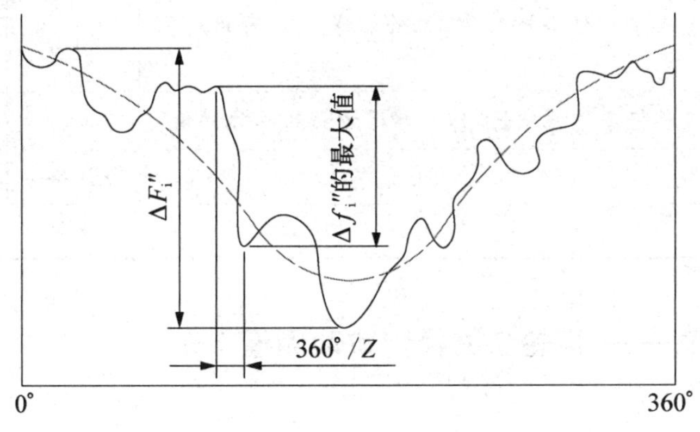

图 8.2.5 径向综合误差

径向综合总偏差包含了右侧和左侧齿面综合偏差的成分，是双面啮合状态，与齿轮的工作状态不相符。但双面啮合综合检查仪比单面啮合综合检查仪结构简单得多，操作方便，测量效率高，故在成批、大批量生产中可用来测量齿轮的径向误差。

五、总结与评价

介绍了齿轮的使用要求、齿轮的评定指标、渐开线圆柱齿轮精度标准及齿轮检验，应当掌握齿轮精度设计方法和检验方面的知识。

表 8.2.4　完成工作任务评价表

<table>
<tr><th rowspan="2">评价项目</th><th rowspan="2">评价内容</th><th rowspan="2">具体要求、指标</th><th rowspan="2">配分</th><th colspan="3">评　分</th></tr>
<tr><th>自评</th><th>小组</th><th>教师</th></tr>
<tr><td rowspan="5">渐开线圆柱齿轮单项参数测量</td><td>了解渐开线圆柱齿轮单项参数测量</td><td>认识齿轮单项参数测量</td><td>5 分</td><td></td><td></td><td></td></tr>
<tr><td>测量原理及测量方法</td><td>了解单项参数测量方法及仪器工作原理</td><td>3 分</td><td></td><td></td><td></td></tr>
<tr><td>测量过程</td><td>仪器操作正确，测量步骤操作正确，读数正确，小组分工明确，团结互助，配合良好</td><td>4 分</td><td></td><td></td><td></td></tr>
<tr><td>误差分析</td><td>认识齿轮误差对传动性能的影响</td><td>4 分</td><td></td><td></td><td></td></tr>
<tr><td>其他因素</td><td>对于影响齿轮单项参数的其他因素</td><td>4 分</td><td></td><td></td><td></td></tr>
<tr><td>安全操作</td><td colspan="2">安全使用仪表设备，正确使用平直度测量仪，能够正确采用安全措施保护自己，保证工作安全</td><td rowspan="2">10 分</td><td></td><td></td><td></td></tr>
<tr><td>完成工作任务的表现</td><td colspan="2">积极完成工作任务，认真学习相关知识，遵守安全操作规程和劳动纪律，有良好的职业道德和职业习惯</td><td></td><td></td><td></td></tr>
<tr><td colspan="3">你完成本次工作任务的体会：（学到了哪些知识、掌握了哪些技能，有哪些收获）</td><td>20 分</td><td></td><td></td><td></td></tr>
<tr><td colspan="3">小组同学对你在完成本次工作任务过程中，工作和学习方面的总体评价：</td><td>20 分</td><td></td><td></td><td></td></tr>
<tr><td colspan="3">老师对你在完成本次工作任务过程中，工作和学习方面的总体评价：</td><td>20 分</td><td></td><td></td><td></td></tr>
<tr><td>成绩评定</td><td colspan="2"></td><td>合计得分</td><td></td><td></td><td></td></tr>
<tr><td>备　　注</td><td colspan="6"></td></tr>
</table>

六、拓展与提高—— 齿轮齿圈径向跳动测量

1. 测量内容

用齿圈径向跳动检查仪测量齿轮齿圈径向跳动。

2. 测量原理及计量器具说明：

齿轮径向跳动 F_r 为计量器测头相继置于每个齿槽内时，从它到齿轮轴线的最大和最小径向距离之差。检查中，测头在齿高中部附近与左右齿面接触（见图 8.2.6）。

齿圈径向跳动误差可用齿圈径向跳动检查仪、万能测齿仪或普通的偏摆检查仪等仪器测量。本实验采用齿圈径向跳动检查仪来测量，图 8.2.7 为该仪器的外形图。它主要由底座 1、滑板 2、顶尖 6、调节螺母 7、回转盘 8 和指示表 10 等组成，指示表的分度值为 0.001 mm。

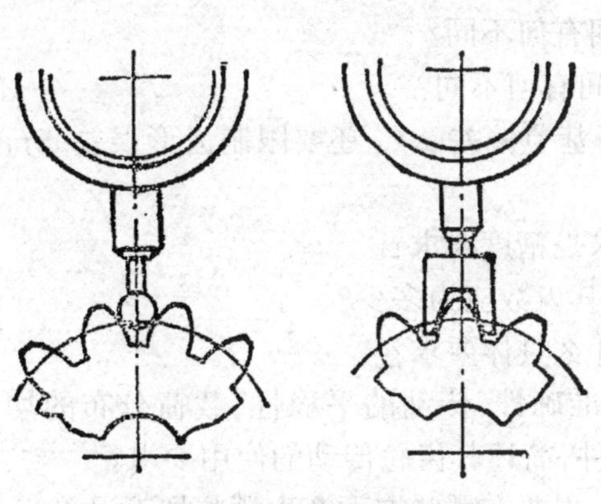

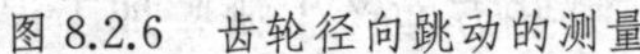

图 8.2.6　齿轮径向跳动的测量

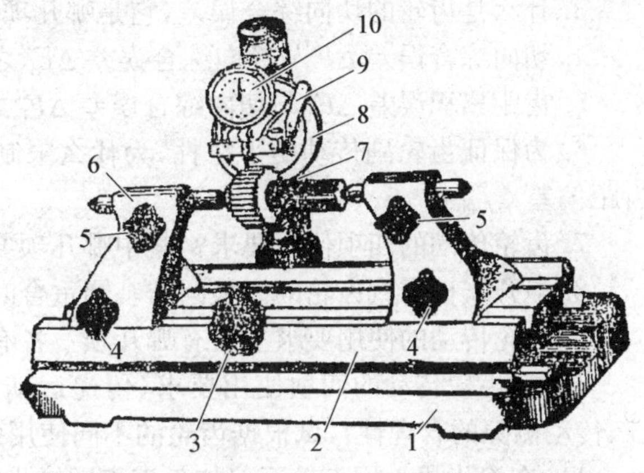

1—底座；2—滑板；3—旋转手柄；4、5—紧固螺钉；6—顶尖；7—调节螺母；8—回转盘；9—提升手把；10—指示表

图 8.2.7　齿圈径向跳动检查仪

为了测量各种不同模数的齿轮，仪器备有不同直径的球形测量头。

按机标 JB179—81 规定，测量齿圈径向跳动误差应在分度圆附近与齿面接触，故测量球或柱的直径 d 应按下述尺寸制造或选取。

$$d = 1.68\ \text{m}。$$

式中：m——齿轮模数(mm)。

此外，齿圈径向跳动检查仪还备有内接触杠杆和外接触杠杆。前者成直线形，用于测量内齿轮的齿圈径向跳动和孔的径向跳动；后者成直角三角形，用于测量圆锥齿轮的齿圈径向跳动和端面圆跳动。本实验测量圆柱齿轮的齿圈径向跳动。测量时，将需要的球形测量头装入指示表测量杆的下端进行测量。

3. 测量步骤

① 根据被测齿轮的模数，选择合适的球形测量头装入指示表 10 测量杆的下端。

② 将被测齿轮和心轴装在仪器的两顶尖上，拧紧固紧螺钉 4 和 5。

③ 旋转手柄 3，调整滑板 2 位置，使指示表测量头位于齿宽的中部。借升降调节螺母 7 和提升手把 9，使测量头位于齿槽内。调整指示表 10 的零位，并使其指针压缩 1—2 圈。

④ 每测一齿，须抬起提升手把 9，使指示表的测量头离开齿面。逐齿测量一圈，并记录指示表的读数。

⑤ 处理测量数据，从 GB/T10095.2—2001 查出齿轮径向跳动公差 F_r，判断被测齿轮的适用性。

习　　题

1. 齿轮综合测量有哪两种方法？

2. 影响齿轮副侧隙大小的因素有哪些？

3. 什么是齿轮的切向综合误差，它是哪几项误差的综合反映？

4. 切向综合误差 $\Delta F_i'$与径向综合误差 $\Delta F_i''$之间有何不同？

5. 齿距累积误差 ΔF_p与切向综合误差 $\Delta F_i'$之间有何不同？

6. 为保证齿轮副传动的平稳性，为什么限制了基节偏差 Δf_{pb}还要限制齿形误差 Δf_t或齿距偏差 Δf_{pb}？

7. 齿轮传动的四项使用要求？其中哪几项要求是精度要求？

8. 渐开线标准直齿轮的齿根圆与基圆重合时，其齿数应为多少？

9. 齿轮传动的使用要求主要有哪几项？各有什么具体要求？

10. 对齿轮传动的四项使用要求(传递运动的准确性、传动的平稳性、载荷分布的均匀性、传动侧隙的合理性)，试根据齿轮的不同使用条件，简述其齿轮传动的使用要求？

11. 在滚齿机上用齿轮滚刀加工直齿圆柱齿轮，主要在哪些方面产生哪些加工误差？

综合训练

一、选择题

1. 保证互换性生产的基础是（　　）。

A. 标准化　　B. 生产现代化　　C. 大批量生产　　D. 协作化生产

2. 下列论述中正确的有（　　）。

A. 因为有了大批量生产，所以才有零件互换性，因为有互换性生产才制定公差制。

B. 具有互换性的零件，其几何参数应是绝对准确的。

C. 在装配时，只要不需经过挑选就能装配，就称为有互换性。

D. 一个零件经过调整后再进行装配，检验合格，也称为具有互换性的生产。

E. 不完全互换不会降低使用性能，且经济效益较好。

3. ϕ30g6 与 ϕ30g7 两者的区别在于（　　）。

A. 基本偏差不同　　B. 下偏差相同，而上偏差不同

C. 公差值相同　　D. 上偏差相同，而下偏差不同

4. 当相配合孔、轴既要求对准中心，又要求装拆方便时，应选用（　　）。

A. 间隙配合　　B. 过盈配合

C. 过渡配合　　D. 间隙配合或过渡配合

5. 相互结合的孔和轴的精度决定了（　　）。

A. 配合精度的高低　　B. 配合的松紧程度

C. 配合的性质

6. 公差带相对于零线的位置反映了配合的（　　）。

A. 精确程度　　B. 松紧程度

C. 松紧变化的程度

7. 具有大角度的棱体有（　　）。

A. 锥柄　　B. 燕尾槽　　C. 楔　　D. 榫

E. V 形体

8. 影响齿轮载荷分布均匀性的公差项目有（　　）。

A. F''　　B. iff　　C. F　　D. βfi″

9. 影响齿轮传递运动准确性的误差项目有（　　）。

A. ΔF　　B. $\Delta f'$　　C. ΔF　　D. ΔF pi βw

10. 一般切削机床中的齿轮所采用的精度等级范围是（　　）。

A. 3—5 级　　B. 3—7 级　　C. 4—8 级　　D. 6—8 级

11. 下列各齿轮及齿轮副的标注中，齿距极限偏差±6 级的有（　　）。

A. 655GM GB10095 - 88

B. 765GH GB10095 - 88

C. 876(GB10095 - 88 mm)nGB0095 - 88

D. 副 6(w0.2100.365 - 0.33 - 0.496fpb 等级为 mm)

二、填空题

1. 根据零部件互换程度的不同,互换性可分(　　　　　)互换和(　　　　　)互换。
2. 互换性是指产品零部件在装配时要求:装配前(　　　　　),装配中(　　　　　),装配后(　　　　　)。
3. 公差标准是对(　　　　　)的限制性措施,(　　　　　)是贯彻公差与配合制的技术保证。
4. 零件几何要求的允许误差称为(　　　　　),简称(　　　　　)。
5. 配合是指(　　　　　)相同的,相互结合的(　　　　　)公差带的关系。
6. 配合公差是指(　　　　　),它表示(　　　　　)的高低。
7. 常用尺寸段的标准公差的大小,随基本尺寸的增大而(　　),随公差等级的提高而(　　)。
8. 尺寸公差带具有(　　　)和(　　　)两个特性。尺寸公差带的大小由(　　　　　)决定;尺寸公差带的位置由(　　　　　)决定。
9. 配合公差带具有(　　　　　)和(　　　　　)两个特性。配合公差带的大小由(　　　　　)决定;配合公差带的位置由(　　　　　)决定。
10. 配合分为间隙配合、(　　　　　)和(　　　　　)。
11. 选择基准制时,应优先选用(　　　　　)配合,原因是(　　　　　)。
12. 公差等级的选择原则是(　　　　　)的前提下,尽量选用(　　　　　)的公差等级。
13. 如综合训练图 1,被测要素采用的公差原则是(　　　　　),最大实体尺寸是(　　　　　)mm,最小实体尺寸是(　　　　　)mm,实效尺寸是(　　　　　)mm,垂直度公差给定值是(　　　　　)mm,垂直度公差最大补偿值是(　　　　　)mm。设孔的横截面形状正确,当孔实际尺寸处处都为 $\phi60$ mm 时,垂直度公差允许值是(　　　　　)mm,当孔实际尺寸处处都为 $\phi60.10$ mm 时,垂直度公差允许值是(　　　　　)mm。

综合训练图 1　零件图

14. 微小的峰谷高低程度及其间距状况称为(　　　　　)。
15. 评定长度是指(　　　　　),它可以包含几个(　　　　　)。
16. 测量表面粗糙度时,规定取样长度的目的在于(　　　　　)。
17. 国家标准中规定表面粗糙度的主要评定参数有(　　　　　)三项。
18. 在取样长度内,轮廓顶线和轮廓谷底之间的距离称为(　　　　　)。
19. 加工齿轮时,如果齿坯内孔直径过大,会影响(　　　)误差的大小;如果齿坯内孔端面跳动超差,会影响(　　　)误差大小。
20. 齿轮公法线长度变动 ΔF 是控制(　　　　　)的指标,公法线平均长度偏差是控制齿轮副(　　　　　)的指标。
21. 齿轮精度指标 f_{pt} 的名称是(　　　　　),属于第(　　　)公差组,控制齿轮(　　　　　)要求。

22. 齿轮标记 877GJ GN10095—88 的含义是：8 表示(　　)，77 表示(　　)，G 表示(　　)，J 表示(　　　　)。
23. 齿轮公法线长度变动(　　)是控制(　　)的指标，公法线平均长度偏差(　　)是控制齿轮副(　　)的指标。
24. 齿轮标记 6DF GB10095－88 的含义是：6 表示(　　)，D 表示(　　)，F 表示(　　)。

三、判断题

(　　) 1. 为了使零件具有完全互换性，必须使零件的几何尺寸完全一致。
(　　) 2. 有了公差标准，就能保证零件的互换性。
(　　) 3. 为使零件的几何参数具有互换性，必须把零件的加工误差控制在给定的公差范围内。
(　　) 4. 完全互换的装配效率必定高于不完全互换。
(　　) 5. 基本偏差决定公差带的位置，标准公差决定公差带的大小。
(　　) 6. 孔的基本偏差即下偏差，轴的基本偏差即上偏差。
(　　) 7. 配合公差的大小，等于相配合的孔轴公差之和。
(　　) 8. 最小间隙为零的配合与最小过盈等于零的配合，二者实质相同。
(　　) 9. 齿轮传动的振动和噪声是由于齿轮传递运动的不准确性引起的。
(　　)10. 在齿轮的加工误差中，影响齿轮副侧隙的误差主要是齿厚偏差和公法线平均长度偏差。
(　　)11. 高速动力齿轮对传动平稳性和载荷分布均匀性都要求很高。
(　　)12. 同一齿轮的三项精度要求，可以取成相同的精度等级，也可以以不同的精度等级组合。

四、改错题

1. 改正综合训练图 2 中各项形位公差标注上的错误(不得改变公差项目)。

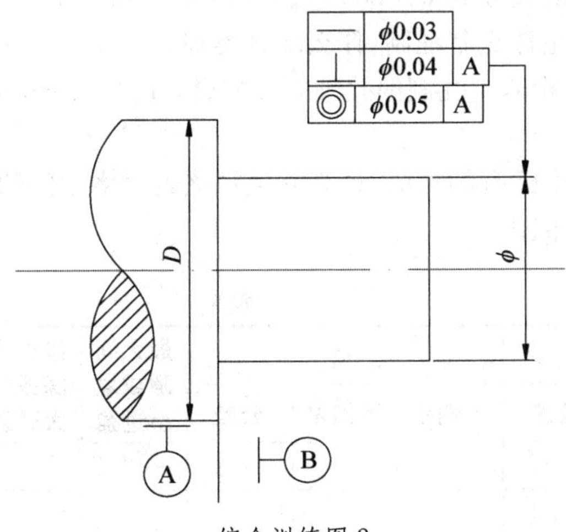

综合训练图 2

2. 将综合训练图 3 所示轴承套标注的表面粗糙度的错误之处改正过来。

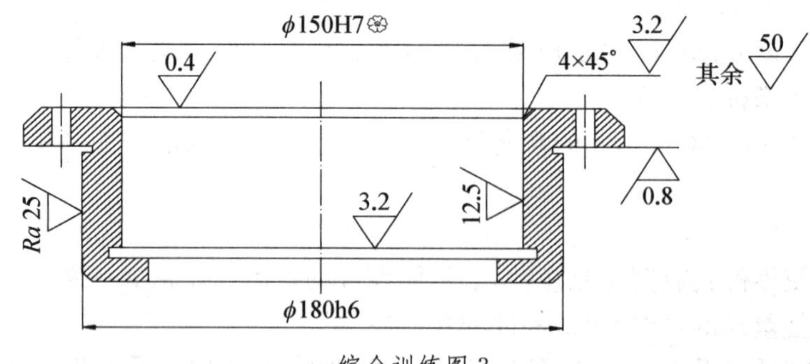

综合训练图 3

五、简答题

1. 以基孔制为例，简要说明各类配合的应用。
2. 试比较极限偏差与尺寸公差。
3. 一个孔的直径为 $\phi40\pm0.005$，那么孔的合格尺寸的条件是什么？
4. 某孔尺寸为 $\phi45\pm0.004$，求其上偏差、下偏差和公差。
5. 设基本尺寸为 30 mm 的 N7 孔和 m6 的轴相配合，试计算极限间隙或过盈及配合公差。
6. 设某配合的孔径为 ϕmm，轴径为 ϕmm，试分别计算其极限尺寸、尺寸公差、极限间隙（或过盈）、平均间隙（或过盈）、配合公差。
7. 有一孔、轴配合，基本尺寸 $L=60$ mm，最大间隙 $X_{max}=+40\ \mu m$，孔公差 $T_D=30\ \mu m$ 轴公差 $T_d=20\ \mu m$，es= 0。试求 ES、EI、T_f、X_{min}(或 Y_{max})，并按标准规定标准孔、轴的尺寸。
8. 某孔、轴配合，基本尺寸为 $\phi50$ mm，孔公差为 IT8，轴公差为 IT7，已知孔的上偏差为 +0.039 mm，要求配合的最小间隙是 +0.009 mm，试确定孔、轴的尺寸。
9. 某孔为 ϕmm 与某轴配合，要求 $X_{max}=+0.011$ mm，$T_f=0.022$ mm 试求出轴的上、下偏差。
10. 孔轴配合的基本尺寸为 $\phi30$ mm，最大间隙 $X_{max}=+23\ \mu m$，最大过盈 $Y_{max}=20\ \mu m$，孔的尺寸公差 $Th=20\ \mu m$，轴的上偏差 es=0，试确定孔、轴的尺寸。
11. 某孔、轴配合，已知轴的尺寸为 $\phi10h8$，$X_{max}=+0.07$ mm，$Y_{max}=-0.037$ mm，试计算孔的尺寸并说明该配合是什么基准制，什么配合类别。
12. 已知基本尺寸为 $\phi30$ mm，基孔制的孔轴同级配合，$T_f=0.066\ \mu m$，$Y_{max}=-0.081$ mm，求孔、轴的上、下偏差。
13. 试根据综合训练表 1 中已有的数值，计算并填写该表空格中的数值（单位为 mm），并画出公差带图和配合公差带图。

综合训练表 1

基本尺寸	孔			轴			最大间隙或最小过盈	最小间隙或最大过盈	平均间隙或平均过盈	配合公差	配合性质
	上偏差	下偏差	公差	上偏差	下偏差	公差					
50		0				0.039	+0.103			0.078	
25			0.021	0				−0.048	−0.031		
65	+0.030	0			+0.020			−0.039		0.049	

14. 已知基本尺寸为 60 mm 的一对孔、轴配合，要求配合间隙和过盈在−0.035～+0.045 mm，试确定孔、轴的公差带代号。

15. 已知孔、轴配合的基本尺寸为 50 mm，要求最小过盈 $Y_{min}=-18\ \mu m$，最大过盈 $Y_{max}=-50\ \mu m$，采用基孔制，孔的偏差为 H6。试参照综合训练表 2 确定轴的公差带代号和极限偏差以及配合代号。

综合训练表 2

基本尺寸/mm	标准公差/μm			基本偏差 ei/μm		
	5	6	7	p	r	s
>30—50	11	16	25	+26	+34	+43
>50—60	13	19	30	+32	+41	+53

16. 设某配合的孔径为 ϕ50H7，轴径为 ϕ50m6，试分别计算其极限间隙(或过盈)及配合公差，画出其尺寸公差带及配合公差带图。

17. 设某配合的孔径为 ϕ30P7，轴径为 ϕ30h6，试分别计算其极限尺寸、尺寸极限间隙(或过盈)、平均间隙(或过盈)、配合公差。

18. 圆锥体的配合分哪几类？各用于什么场合？

19. 为什么钻头、铣刀、铰刀等的尾柄与机床主轴孔连接多用圆锥结合？

20. 设有一外圆锥，最大圆锥直径 150 mm，最小圆锥直径 140 mm，圆锥长度 100 mm，计算圆锥角、圆锥素线角和锥度。

21. 对圆锥的配合有什么要求？

22. 圆锥公差的给定方法有几种？

23. 简述圆锥结合的种类和特点。

24. 某圆锥的锥度为 1∶10，最小圆锥直径为 90 mm，圆锥长度为 100 mm，试求最大圆锥直径和圆锥角。

25. 某外圆锥的圆锥角为 10°，最大圆锥直径为 30 mm，圆锥长度为 50 mm，圆锥直径公差带代号为 h7。试确定圆锥直径极限偏差并按包容要求标注在图样上。

26. 形位误差检测是怎么一回事？它在生产中有什么重要作用？

27. 为什么评定形状误差需要规定最小条件？评定形状误差是否都必须符合最小条件？

28. 形位误差检测的目的和要求是什么？

29. 形位误差检测基本规则有哪些规定？

30. 测量误差分为哪几类？其产生原因和消除方法各是怎样的？

31. 形位误差评定的仲裁原则是怎样规定的？

32. 什么是误差的测量过程与评定过程？

33. 怎样用作图法评定直线度误差？

34. 常用平面度误差测量的布点方法有哪些？选择测量点的要求是什么？

35. 什么是平面度误差间接测量法？

36. 什么是任选基准？检测时怎样来体现？

37. 什么是基准体现方法？常用的基准体现方法有哪些？

38. 怎样用目标来体现基准？
39. 怎么检测端面跳动误差？
40. 如综合训练图 4 所示销轴的三种形位公差标注，它们的公差有何不同？

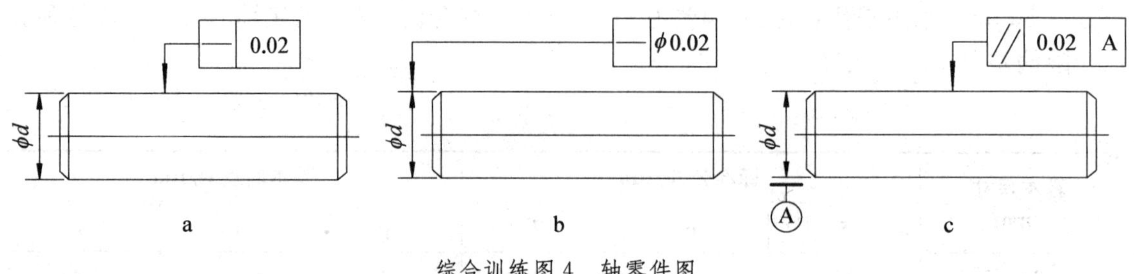

综合训练图 4　轴零件图

41. 被测要素为一封闭曲线(圆)，如综合训练图 5 所示，采用圆度公差和线轮廓度公差两种不同标注有何不同？

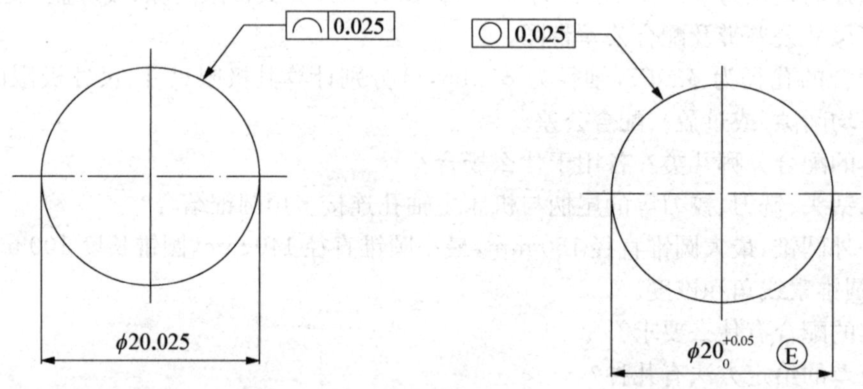

综合训练图 5　零件图

42. 比较综合训练图 6 中垂直度与位置度标注的异同点。

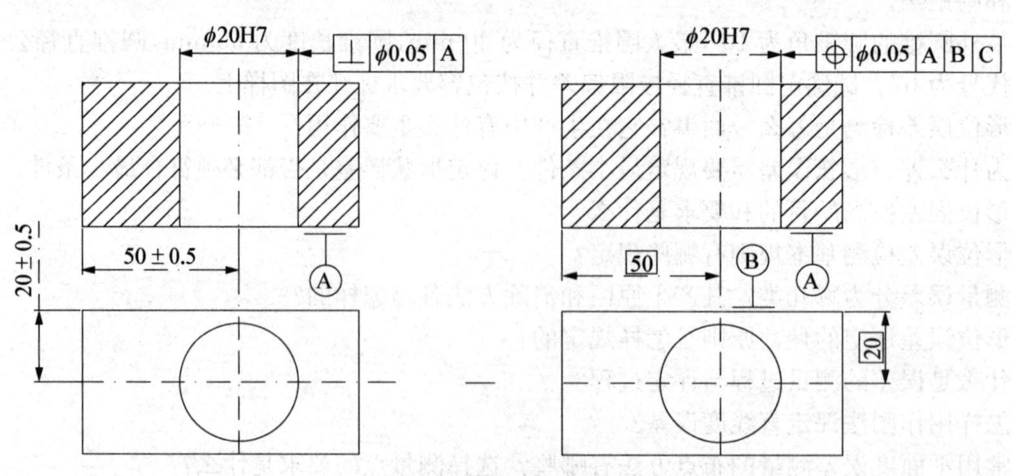

综合训练图 6　零件图

43. 如综合训练图 7 所示的零件，标注位置公差不同，它们所要控制的位置误差有何区别？并分析说明。

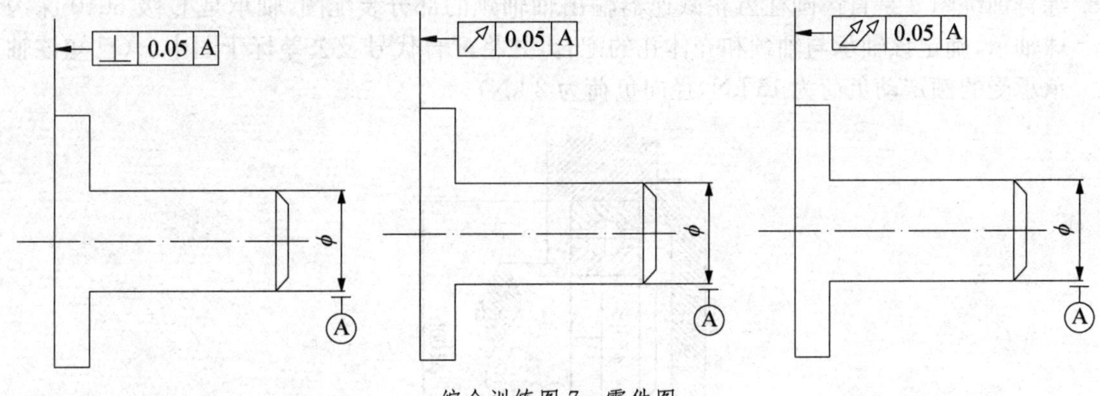

综合训练图 7　零件图

44. 如综合训练图 8 所示，要求：

(1) 指出被测要素遵守的公差原则。

(2) 求出单一要素的实效尺寸、关联要素的实效尺寸。

(3) 求被测要素的形状、位置公差的给定值大小，最大允许值大小。

(4) 若被测实际尺寸处处为 $\phi19.97$ mm，轴线对基准 A 的垂直度误差为 $\phi0.09$ mm，判断其垂直度的合格性并说明理由。

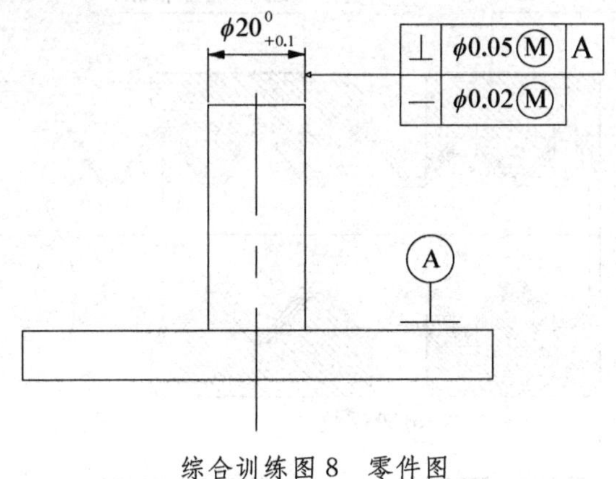

综合训练图 8　零件图

45. 解释下列标注的含义。

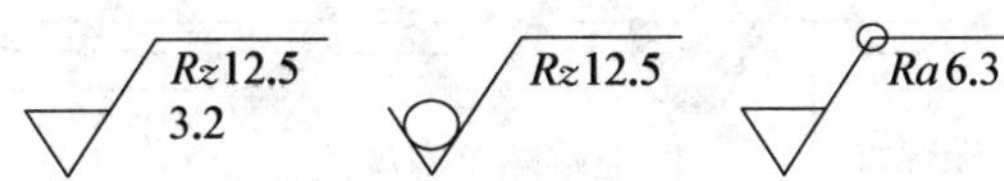

46. 在一般情况下，$\phi40$H7 和 $\phi80$H7 相比，$\phi0$H6/f5 和 $\phi40$H6/s5 相比，哪个表面粗糙度较小？

47. 判断下列每对配合在使用性能相同时，哪一个表面粗糙度要求高？为什么？

(1) $\phi60$H7/f6 与 $\phi60$H7/h6

(2) $\phi30$h7 与 $\phi90$h7

(3) $\phi30$H7/e6 与 $\phi30$H7/r6

(4) $\phi40$g6 与 $\phi40$G6

48. 综合训练图 9 是直齿圆柱齿轮减速器输出轴轴颈的部分装配图，轴承是 E 级 6010 深沟球轴承，确定该轴承与轴颈和壳体孔的配合，并将配合代号及公差标于图中。（已知该轴承承受的额定动负荷为 15 kN，径向负荷为 2 kN）

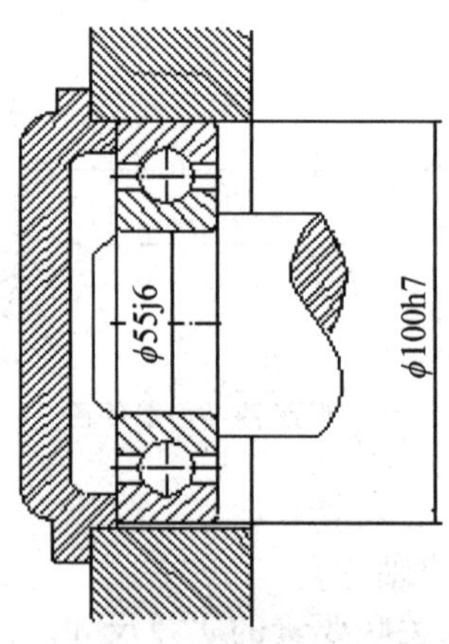

综合训练图 9　轴承配合的精度标注

49. 如综合训练图 10 所示为圆柱内、外螺纹检测示意图，测量出各位置尺寸，并加以标注。

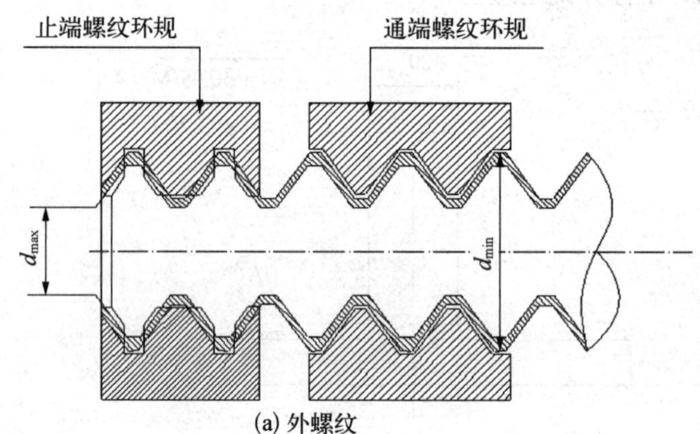

(a) 外螺纹

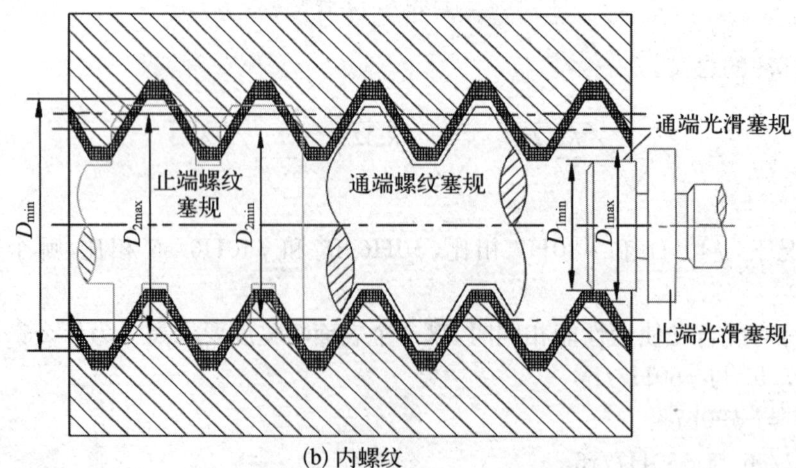

(b) 内螺纹

综合训练图 10　圆柱螺纹检测示意图

50. 标准对齿厚偏差规定了多少种字母代号，其代号顺序是怎样的？为什么齿厚上偏差一般都是负值？

51. 影响齿轮副侧隙大小的因素有哪些？

52. 简述对齿轮传动的四项使用要求。其中哪几项要求是精度要求？

53. 试将下列技术要求标注在综合训练图 11 上。

① ϕd 圆柱面的尺寸为 ϕ300—0.025 mm，采用包容要求，ϕD 圆柱面的尺寸为 ϕ500—0.039 mm，采用独立原则。

② 键槽侧面对 ϕD 轴线的对称度公差为 0.02 mm。

③ ϕD 圆柱面对 ϕd 轴线的径向圆跳动量不超过 0.03 mm，轴肩端平面对 ϕd 轴线的端面圆跳动不超过 0.05 mm。

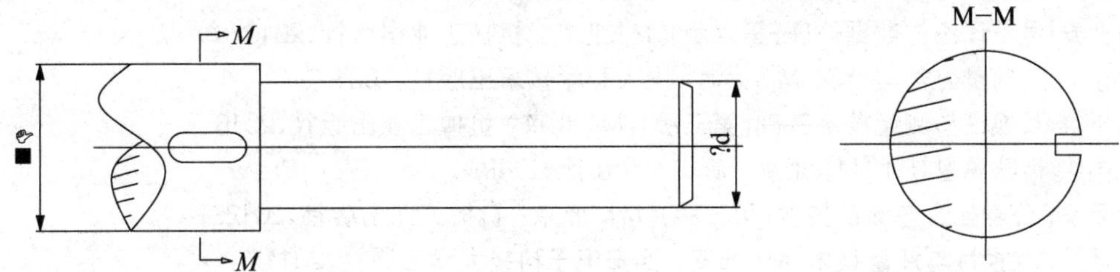

综合训练图 11

54. 某减速器的一直齿轮副，$mn=2.72$ mm，$\alpha=20°$，小齿轮结构如综合训练图 12 所示，$Z1=26$，$Z2=56$，齿宽 $b=28$ mm，两轴承中间距离 $L=90$ mm，小齿轮孔径 $D=30$ mm，圆周速度 $v=7.2$ m/s，小批量生产。试对小齿轮进行精度设计，并将有关要求标注在齿轮零件图上。

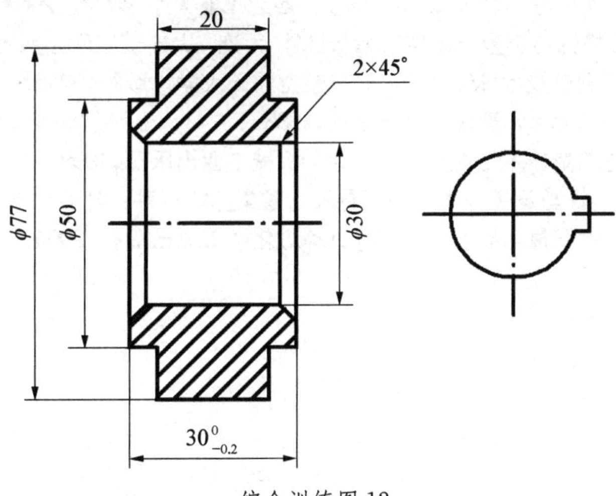

综合训练图 12

参考文献 >>>

[1] 孙京平,魏伟.互换性与测量技术基础[M].北京：中国电力出版社,2009.
[2] 何红华,马振宝.互换性与测量技术[M].北京：清华大学出版社,2008.
[3] 廖念钊等.互换性与技术测量(第五版)[M].北京：中国计量出版社,2007.
[4] 韩进宏.互换性与技术测量[M].北京：机械工业出版社,2017.
[5] 费业泰.误差理论与数据处理(第六版)[M].北京：机械工业出版社,2010.
[6] 甘永立.几何量公差与检测[M].上海：上海科学技术出版社,2001.
[7] 毛平淮.互换性与测量技术基础(第三版)[M].北京：机械工业出版社,2016.
[8] 花国梁.精密测量技术[M].北京：清华大学出版社,1986.
[9] 黄云清. 公差配合与测量技术(第三版)[M]. 北京：机械工业出版社,2012.
[10] 张远平. 互换性与测量技术[M].西安：西安电子科技大学出版社,2014.
[11] 周勤芳. 公差与技术测量(第二版) [M]. 上海：上海交通大学出版社,2004.
[12] 姜明灿, 张正祥, 吴水萍. 公差与测量技术[M]. 武汉：华中科技大学出版社, 2006.
[13] 乔建华, 张秀清. 公差配合与测量技术[M]. 上海：复旦大学出版社, 2010.
[14] 赵宪美. 公差配合与测量技术实训指导[M]. 大连：大连理工大学出版社, 2010.
[15] 魏斯亮,李时俊. 互换性与技术测量(第三版)[M]. 北京：北京理工大学出版社,2014.
[16] 刘岚岚,赵熙萍,周海.《普通螺纹 公差》新标准简介及其应用[J].航天标准化,2005(1).
[17] 边兵兵,陶丹丹. 互换性与测量技术[M]. 西安：西北工业大学出版社,2009.
[18] 葛为民,朱定见. 互换性与测量技术实验指导[M]. 大连：大连理工学出版社,2010.
[19] 耿南平.公差配合与测量技术[M].北京：北京航空航天大学出版社,2010.
[20] 童竞.几何量测量[M].北京：机械工业出版社,1988.
[21] 陈舒拉.公差配合与测量技术习题册[M].北京：机械工业出版社,1998.
[22] 卢志珍,尹玉珍.互换性与测量技术学习指导及习题集[M].成都：电子科技大学出版社,2008.
[23] 何频.公差配合与技术测量习题及解答[M].北京：化学工业出版社,2004.